航空电子模块化综合系统集成技术

陈颖　苑仁亮　曾利　著

国防工业出版社

·北京·

内 容 简 介

本书系统地介绍了模块化综合系统集成技术基本原理与方法,全书共分10章,主要内容包括模块化综合系统基本概念、起源与发展,模块化综合系统集成技术设计目标及设计难点;开放式复杂系统基础理论;模块化综合集成系统开放式体系结构;开放式系统互连技术;通信中间件技术;可视化系统建模与系统框架技术;软件通信体系结构;模块化综合集成系统管理技术;模块化综合集成系统蓝图与重构技术。

本书可供无线电系统集成领域的工程技术人员参考,也可作为高等院校电子工程相关专业研究生和高年级本科生有关专业课的教学参考书。

图书在版编目(CIP)数据

航空电子模块化综合系统集成技术/陈颖,苑仁亮,曾利著. —北京:国防工业出版社,2013.9
ISBN 978-7-118-08406-1

Ⅰ. ①航…　Ⅱ. ①陈…②苑…③曾…　Ⅲ. ①航空电气设备—模块化—系统集成技术　Ⅳ. ①V242

中国版本图书馆 CIP 数据核字(2013)第 151199 号

※

国防工业出版社出版发行

(北京市海淀区紫竹院南路 23 号　邮政编码 100048)
北京嘉恒彩色印刷责任有限公司
新华书店经售

*

开本 710×960　1/16　印张 18¾　字数 348 千字
2013 年 9 月第 1 版第 1 次印刷　印数 1—3000 册　定价 56.00 元

(本书如有印装错误,我社负责调换)

国防书店:(010)88540777　　发行邮购:(010)88540776
发行传真:(010)88540755　　发行业务:(010)88540717

序

　　随着信息技术的飞速发展,航空电子系统的组成越来越复杂、功能也越来越强大,传统的相对松散的基于设备的系统集成方法越来越难以满足需求,体系上更紧耦合的基于模块的系统集成方法逐渐成为航空电子系统,特别是军事航空电子系统综合集成的发展趋势,使得系统的体积、重量、功耗大幅降低,系统的可靠性、可用性、可扩展性显著提升,而系统的全寿命成本能够得到有效控制。例如,美军隐身战斗机 F－22(猛禽)和 F35(闪电),以有源相控阵天线(AESA)为核心,对雷达、通信、电子对抗、电子侦察、敌我识别等系统进行模块级的综合集成。

　　然而,随着系统规模和功能的增长,模块化综合集成面临诸多挑战,如子系统、模块、功能之间耦合程度越来越高,互相联系、互相作用、互相影响的因素越来越突出;系统的工作状态越来越复杂,正常、备份、降级、重构等组合方式越来越多;系统适应技术发展、需求变化要求越来越高,新技术引入、使用需求变更节奏越来越快。因此,模块化综合集成方法的核心理念就是要实现在物理上的紧耦合(硬件组成高度集成),同时又能保持在逻辑上的松耦合(软件架构高度灵活)。

　　《航空电子模块化综合系统集成技术》一书是作者在航空电子领域多年科研和工程实践的结晶,本书对航空电子模块化综合集成的方法和技术进行了系统的梳理,全面总结了模块化综合集成的基础理论、设计方法和工程技术,是关于航空电子模块化综合集成难得的学术专著。书中的主要内容包括:模块化综合集成的基本概念、发展历程、基础理论、体系结构、设计方法、系统互联、通信中间件、系统管理和系统重构等。本书对模块化集成领域的教学、科研和工程有一定参考作用。我相信,本书的出版将有助于我国航空电子系统综合集成技术的发展。

　　是以为序。

于全

2013 年 1 月于北京

前　言

近些年来,随着电子技术的不断发展,现代军事电子装备系统集成进入了一个崭新的时代——模块化高度综合系统集成时代。在该领域中,尤以航空模块化高度综合系统集成发展最为迅速。在航空模块化高度综合系统集成方面,代表性的工作包括美国为 F‐22、F‐35 等新一代战斗机及"全球鹰"无人机等研制的先进航空综合集成电子信息系统,欧洲联合标准航空电子系统委员会为开放式 IMA 体系结构制定的 ASAAC 技术标准等。我国也从 21 世纪初开始,在这方面开展了大量的研究和实践工作。

模块化综合系统集成在思维上打破了传统系统集成的限制,将多个功能独立的设备作为一个整体统一考虑,在模块级进行综合集成,对于现代军事电子装备系统的发展起到了推动作用。一方面,随着系统硬件模块的通用化、可复用、可重构能力的不断提升,系统的体积、质量、功耗大幅度降低,系统可靠性、可用性显著提升。另一方面,随着统一数字网络,可扩展、可成长开放式体系架构的建立,系统战技性能指标得到质的飞跃,系统全生命周期成本显著降低。目前,除航空领域外,模块化综合系统集成技术正向其他领域不断拓展,如车载模块化综合集成系统、船载模块化综合集成系统、空间站模块化综合集成系统等。

在传统的联合式系统集成中,组成系统的各功能设备独立存在,功能设备之间通过标准的总线(如 1553B)互连在一起。这种系统的各独立设备之间耦合程度低,系统集成相对简单。而在模块化高度综合集成系统中,独立的功能设备不再存在,各应用功能以抽象的形式存在于系统之中,组成系统的各软件、硬件实体之间高度耦合,任何一个部件的修改都可能影响到系统的其他实体,牵一发而动全身。同时,系统集成设计时既要考虑到当前的技术现状,又要兼顾技术的未来发展趋势、系统任务需求的变化等因素,导致系统设计的难度和复杂性急剧增加,传统的系统集成设计方法已经很难适应这种全新的高度综合集成的系统。

虽然国内外在模块化综合系统集成设计方面已经开展了大量的科研实践工作,但系统全面地阐述的书籍尚不多见。鉴于此,笔者谨以浅陋之学识,将在这领域的学习、研究及工作实践加以总结及提炼,形成本书,希望对有关科研、工程、教学及管理等方面有所益处。

本书的内容主要包括模块化综合系统集成基本概念、基础理论、设计方法学、体系结构、系统互连、通信中间件、系统框架、系统管理、重构决策等方面的内容,旨在使读者了解模块化综合系统集成设计理念、基本原理及设计方法。

本书的第 1 章介绍了模块化综合系统集成基本概念,包括航空系统集成体系结构的演变过程、国内外发展概况、模块化综合系统集成设计目标、面临的主要困难及技术难点。第 2 章从开放式复杂系统基本概念、系统抽象、系统表征方法等基础理论出发,探讨了模块化综合集成系统设计方法学,总结了国外模块化综合系统集成在研制过程的经验及教训。第 3 章介绍模块化综合系统集成开放式体系结构,包括 ASAAC 体系结构、基于中间件的体系结构及基于 SCA 的体系结构。第 4 章介绍开放式系统互连技术,包括模块化综合系统集成对系统互连总线的需求,系统互连技术的发展趋势,并介绍了几种典型的互连总线。第 5 章介绍通信中间件技术,包括模块化综合系统对中间件的需求及处理器间通信模型,并重点讲述了 RCM 通信中间件设计原理及实现方法。第 6、7 章介绍可视化系统建模及框架技术,包括基础元模型、模块元模型及系统模型的可视化构建方法,及由此形成的系统框架设计技术。第 8 章介绍 SCA 软件通信体系结构,并给出了一个应用实例。软件通信体系结构定义的核心框架为模块化综合系统提供了一种标准的框架技术。第 9 章介绍模块化综合系统管理技术,包括系统管理需求分析、系统管理对象设计、故障管理、应用管理及配置与重构管理等内容。第 10 章介绍模块化综合系统蓝图与重构技术,重点介绍一种基于 Stateflow 的可视化模型驱动系统蓝图与重构设计技术,并给出了一个应用设计实例。

本书的写作过程中得到于全院士的尽心帮助,并为本书作序。课题组成员孙学、潘明、李越镭等所取得的成果对本书的完成起到重要的作用,作者在此一并向他们表示感谢。

本书所讨论的方法、思想及观点,参考了国内外有关作者的文献,但更多的是笔者在多年科研工程实践过程中的认识和思考。由于笔者水平有限,对问题的认识、见解难免有疏漏、不当及错误之处,敬请各位老师、专家、读者批评指正。

著 者

2012 年 10 月

目　录

第1章 概　述

1.1　问题的提出

近些年来,随着电子技术的不断发展,现代军事电子装备系统集成已经进入了一个崭新的时代——模块化高度综合(IME)系统集成时代。在该领域,尤其以航空模块化高度综合(IMA)集成发展最为迅速。采用可重配的通用模块构建复杂的航空电子系统有助于提升系统的可用性、增加系统的成功率、大幅度减少系统的体积/质量/功耗及全寿命周期成本。

潜在的IMA技术研究始于20世纪80年代末,典型的代表为美国的F-22航空电子系统。在过去的20年内,国内外航空界在IMA体系结构方面开展了大量的先期研究工作,花费了数以亿计的研制经费。三大主要因素驱动了IMA体系结构发展。

1)提升任务性能

在现代军事对抗中,对飞机平台提出了许多新的性能要求,如高实时的态势感知能力、高性能的协同作战能力、快速的目标定位及识别能力、快速的多目标攻击能力、精确的目标寻的能力、先进的信息融合能力及辅助决策能力等。这些先进的新作战模式导致航空电子系统越来越庞大,复杂性急剧提升,对航空电子系统提出了更加复杂的新要求。传统的联合式航空电子结构很难满足这种新的作战模式需求,迫切需要研制新的更加先进的航空体系结构,以适应未来飞机平台的作战需求。

2)提升运行性能

现代飞机平台功能、性能需求不断提升,系统越来越庞大、复杂,但出勤率、可靠性要求却不断提高。并且,随着飞机平台的机动能力的提升,航空电子设备的工作运行环境更加苛刻。这导致传统的联合式航空电子结构很难满足现代飞机平台提出的运行环境及可靠性要求,迫切需要一种新的更加先进的航空体系结构,以提高系统的基本可靠性、任务可靠性,减小系统的体积、降低系统的功耗,提升系统的整体运行性能。

3) 降低全生命周期成本

现代军事电子系统越来越依赖于商用器件,商用器件每18个月按摩尔定律性能提升一倍,而军用航空电子系统服役周期一般为20年或更长。因此,军用航空电子系统全生命周期成本主要发生在服役期。联合式航空电子系统结构一旦设计好后很难改变,不能适应器件更新,不能支持新技术的插入,不能支持新功能的扩展,导致系统维护及升级成本非常昂贵,迫切需要一种新的更加先进的航空体系结构,以降低系统的全生命周期成本。

1.2 航空电子系统综合集成结构演变过程

航空电子综合集成系统结构先后经历了4代发展,即分布式模拟结构、分布式数字结构、联合式数字结构及模块化高度综合集成结构。

图1-1所示为从20世纪60年代到现在,航空电子综合集成结构的演变过程。

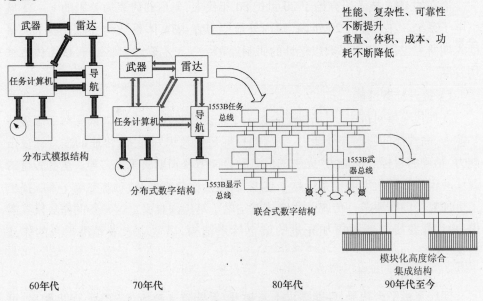

图1-1 航空电子系统综合集成演变过程

分布式模拟结构主要为20世纪60年代的产品,在这种结构中,系统各主要单元之间通过硬线相连,没有采用数据总线。这种结构的直接结果是飞机上布有大量离散硬线,当需要改动时,系统很难修改。另外,这类早期设备体积非常庞大、笨重,导致可靠性不高。这类结构典型的飞机包括 Boeing - 707、VC10、BAC1 -

2

11 等。

20 世纪 70 年代,随着数字计算机的不断成熟,数字计算机被用于航空集成系统,航空系统各主要功能单元都使用了各自的数字计算机及内存,航空综合集成结构进入到分布式数字结构时代。但早期的数字计算机体积庞大、计算速度慢、存储容量受限,很难重编程。这个时代的一个重要技术进步就是出现了数字数据总线 ARINC429 及 Tornado 串行总线,这些总线允许飞机的主要处理单元之间传输重要的数据信息,使得导航、武器跟瞄系统等性能指标大幅提升。采用这种体系结构的飞机主要有 Jaguar、Tornado、Boeing737、Boeing767 等。

航空电子集成系统的下一个大发展是联合式数字结构,在该结构中,一个典型的特点是系统主要依靠 MIL – STD – 1553B 数据总线互连在一起。MIL – STD – 1553B 主要由美国空军 Wright Patterson 实验室开发,经过两次重大修订最终形成的。但 1553B 总线带宽为 2MB,不能满足航电系统扩展的性能要求,因此采用若干子系统模式,各子系统由内部专用的 1553B 总线互连,如任务子系统 1553B 总线、显示子系统 1553B 总线、武器子系统 1553B 总线,这一代的飞机包括 F – 16、Boeing – 777 等。

随着微电子技术的迅猛发展,20 世纪 90 年代,航空电子系统集成进入到一个全新的结构——模块化高度综合集成结构。在该结构中,传统的独立电子装备已经不再存在,取而代之的是将传统的独立电子装备作为一个整体进行统一设计,在质量、成本大大降低的同时,各分系统之间灵活性大幅提升,使得系统不但在物理域上取得发展,而且在信息域、认知域上取得了质的飞跃。

1.3 航空模块化综合集成系统发展概况

有人认为航空模块化综合集成概念最早源自于美军的 F – 22、F – 35 等先进战机,然后移植到商用喷气式飞机。也有人认为航空模块化综合集成概念早在 20 世纪 80 年代后期,90 年代初期就已经在商用喷气式飞机中得到应用。但无论最早起源于何处,模块化系统综合集成已是未来航空电子发展的方向。

国外航空界很早就意识到降低航空信息平台成本的潜在途径在于使用大规模综合集成化处理技术。早在 80 年代末期,国外航空界开始努力开发设计下一代高度综合集成化航空体系结构。在军用飞机领域,美国从 80 年代末期开始了 F – 22 的研制,90 年代末期开始了 F – 35 及"全球鹰"综合集成系统的研制。欧洲联合标准航空结构委员会围绕着 IMA 开放式体系结构,制定了一系列的硬件、软件标准(ASAAC 技术标准);在商业飞机领域,Boeing777 飞机信息管理管理系统(AIMS)

是第一架采用高度集成计算机体系结构的综合集成系统。

1.3.1　F-22综合集成系统

为维护美国空军在 21 世纪空中绝对优势,实现"先敌发现、先敌攻击、先敌杀伤"的作战目标,美国空军于 80 年代末开始了 F-22 战机研制工作。美国联合集成航空工作组(JIAWG)制定了通用 JIAWG 结构,如图 1-2 所示,主要用于 3 个飞机项目的开发,即

美国空军:先进战斗机/F-22Raptor

美国海军:先进战术飞机/A-12(1990 年取消)

美国陆军:RAH-66 科曼齐直升机(2004 年取消)

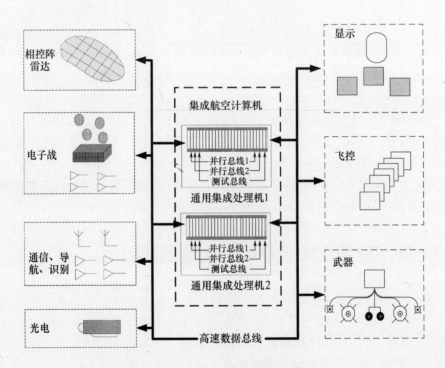

图 1-2　F-22/JIAWG 顶层航空结构

为取得足够的空中优势,F-22 将"先敌发现、先敌攻击、先敌杀伤"作为设计目标之一,强调超视距态势告警功能(包括目标检测、目标定位、目标识别),强调从多个传感器收集数据及对这些数据信息进行融合处理并形成高置信水平、高精度目标轨迹,从而使战机的整体作战性能得到新的飞跃。而其先进的传感器轨迹融合算法及"智能"传感器任务管理算法是实现这种飞跃的基础。

F－22 模块化高度综合集成体系结构为其强大的超视距态势告警功能奠定了坚实的物质基础。F－22 航空体系结构划分为七部分,分别为核心处理机(CIP)、通信/导航/识别、电子战、雷达、惯导、存储管理及显示控制,如图 1－3 所示。射频传感器原始数据经过预处理、数字化后通过 400Mb/s 光纤路由到 CIP 中,在 CIP 中完成原始数据处理,并生成传感器级轨迹,传感器级轨迹经进一步融合处理后,生成最终目标轨迹后通过光纤总线送往显示器。

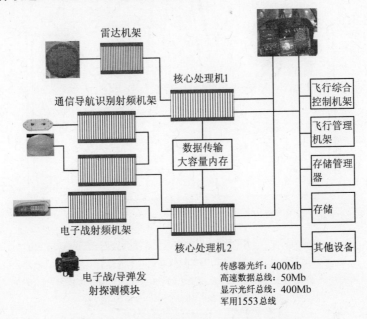

图 1－3　F－22 模块化高度综合集成体系结构

由 Raytheon 系统公司开发的 CIP 是整个 F－22 航电系统的核心,F－22 航电系统安装了两个 CIP,并预留位置安装第三个 CIP 以便功能升级及扩展。每个 CIP 包括 66 个 SEM－E 插槽,为便于功能扩展,目前模块数量仅占 2/3。由于大量采用通用设计,模块种类仅有 13 种。

互连总线是构建 F－22 模块化高度综合集成航电系统的关键,是实现其先进信息融合功能的技术保障。F－22 互连总线如图 1－4 所示,总线类型包括:

(1) 400Mb/s 传感器光纤总线,用于 CIP 与原始传感器数据连接。

(2) 400Mb/s 显示光纤总线,用于 CIP 与显示连接。

(3) 50Mb/s 高速数据光纤总线(HSDB),用于 CIP 之间、CIP 与大容量存储之间互连。

(4) 50MB/sPI 总线(32 位、带校验),用于 CIP 内部模块间互连。

（5）军用 1553B 总线用于与武器、飞控系统之间互连。

（6）6.25MB/sTM 总线用于测试。

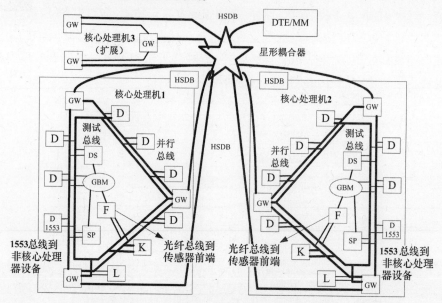

图 1-4　F-22 航电系统 CIP 总线互连结构

D—数据处理单元；K—KOV-5 加解密处理单元；SP—信号处理单元；

L—低延时信号处理单元；FNIU—射频前端到 CIP 内部总线网络接口单元；

FOTR —— 光纤收发器；GW—PI 总线段之间、PI 总线段与 HSDB 总线之间网关；

GBM—全局大容量存储；HSDB—高速数据总线。

　　每个 CIP 分成 3 个 PI 总线段,每段支持 22 个模块插槽,3 个 PI 总线段之间通过网关互连,3 个 CIP 之间通过 HSDB 总线星型互连。

　　信号在 CIP 中的处理流程如下:传感器前端预处理后的射频及非射频数据通过 400M FOTR 线发送到 FNIU 模块,FNIU 模块将这些原始传感器数据实时路由到 GBM 模块临时缓存。之后,信号处理/数据处理模块通过数据传输网络(DN)从 GBM 中抽取出相关数据处理,处理后的结果通过 PI 总线送往其他模块进一步处理。原始传感器信号及数据流容量较大,将对 PI 总线负载及吞吐率带来潜在的容量问题,因此,事实上设计有专门的"后门"(DN 总线)将原始传感器数据发送到对应的信号/数据处理模块。

　　F-22 CIP 软件采用分层体系结构,如图 1-5 所示,它包括硬件支撑层、航空操作系统(AOS)/航空系统管理层(ASM)及应用层 3 个层次。其中 ASM 主要完成 CIP 资源管理,包括系统控制、模块管理、文件服务 3 个基本服务,并为应用程序分配内存、处理器等资源,同时负责 CIP 健康状态监测及功能重构等。

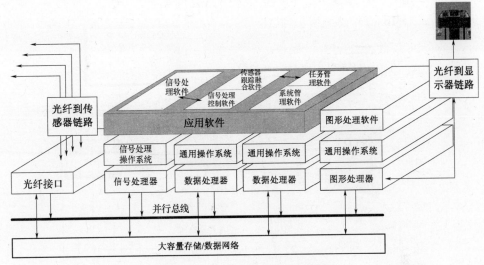

图 1-5　F-22 航电系统软件结构

F-22 航电系统是美国空军第一次采用通用、模块化高度综合集成设计的航电系统,采用 JIAWG 体系结构,在性能、成本、可靠性、可负担性等方面较以前战机都有质的飞跃。尽管 JIAWG 结构采取了许多大胆措施制定航空标准化结构,但由于受当时技术水平、认识水平的限制,该体系结构并不成功,其中一个主要原因就是对未来变化的预见性不足。

JIAWG 结构先后遇到以下主要问题:

(1) JIAWG 结构主用处理器(Intel 80960MX)生产线关闭。

(2) JIAWG 背板总线(PI 总线)生产线关闭。

(3) JIAWG 测试维护总线(TM 总线)非标准。

(4) JIAWG 采用的 50Mb/sHSDB 总线达不到可接受的性能要求。

这些问题使得 F-22 航电系统升级改造非常困难,成本过高。

1.3.2　F-35 综合集成系统

F-35 从 1993 年启动论证,最初从 383 个计划研究点开展论证工作,涉及的范围包括计算机科学、电子器件、集成航空、综合显控、传感器等众多领域。经过 4 轮迭代过滤论证(图 1-6),在 1995 年 5 月最终确定核心处理、综合射频系统、综合光电、综合武器及精确目标寻的 4 个研究领域。1996 年—2000 年开展先期概念验证。

F-35 制定的主要设计目标为:

(1) 具备可成长性及可重配性,软、硬件可升级而不影响系统的其他部分。

(2) 具备可互操作性。

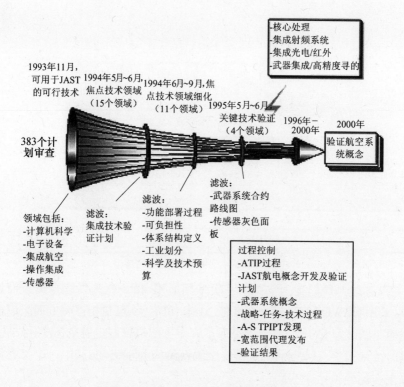

图 1-6　F-35 迭代过滤论证过程[3]

（3）对供应商生产线关停不敏感。

（4）具有鲁棒操作及优雅降级能力。

F-35 将综合航电系统划分为 8 个域,分别为飞行员人机接口、在线传感器、火控、外部通信、任务、诊断及健康检测管理、核心处理、数据收集。其系统布局如图 1-7 所示,包括 CNI、雷达、EW、ICP、显示、飞控灯分区,其中核心处理机包括 2 个液冷机箱,提供大于 25 个模块插槽,内部总线采用 RapidIO 及 FC 总线通信,通过空余槽位及模块自身更新支持系统功能升级。核心处理机主要包含 7 种模块类型,分别为通用处理模块、带 I/O 通用处理模块、信号处理模块、带 I/O 信号处理模块、图像处理模块、FC 交换模块、电源供电模块等。

F-35 软件结构如图 1-8 所示,采用面向对象软件设计技术,系统定义了 150 多种系统类结构,每个系统类为一个软件配置项(CSCI),系统类之间为松耦合,设计了 JSF 中间件,针对 FPGA 设计了 FPGA 抽象层,内部通信协议标准遵循 CORBA CDR 标准,并采用通用设计模式解决通用性问题。

8

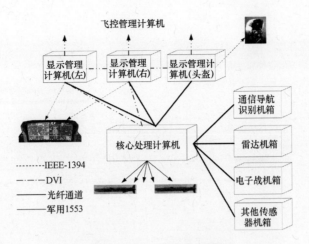

图 1 - 7 F - 35 体系结构

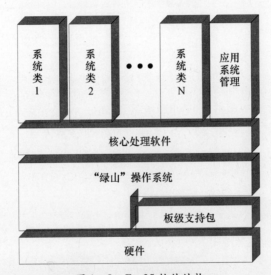

图 1 - 8 F - 35 软件结构

1.3.3 "全球鹰"综合集成系统

"全球鹰"综合航电集成系统是另一个成功的模块化高度综合航空电子信息系统例子,该系统已成功完成了多项新技术更新及新功能插入,如图 1 - 9 所示。"全球鹰"要求综合航电集成系统具备可编程、可扩展、可重构特性,要求大量的传感器数据在飞行过程中实时在线处理。早期的"全球鹰"综合航电集成系统采用 Race + +@266MB/s 传输总线,目前已升级到并行 RapidIO@622MB/s 传输总线。

- 全球鹰需求：可编程、可扩展、可重构

- 快速的音视频处理=更多的数据=更快的流处理能力

- 在线处理，而非将数据下载处理

- 互连：

先前水银公司的MP-510采用RACEWay++,速率266MB/s,半双工
正在升级到并行RapidIOn,速率为266MB/s,约提升6倍

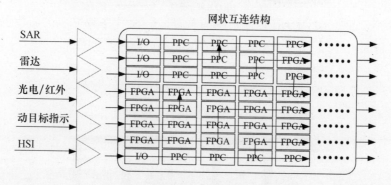

图1-9 "全球鹰"综合航电集成系统

"全球鹰"综合航电集成系统处理机采用 Mercury 公司的 PS7000 系列处理机,具备 24 个 4U 槽位,可容纳 120 个 PPC7447A 处理器,4 个 8U 带有 XMC、PMC I/O的交换槽位,如图 1-10 所示。"全球鹰"核心处理机具备的主要性能指标为:峰值运算能力 960Gflops,最大内存 120GB,峰值交换能力 60GB/s,传感器 I/O 吞吐能力 16GB/s。

图1-10 "全球鹰"综合处理机

1.3.4 Boeing –777 飞机综合信息管理系统(AIMS)

Boeing – 777 AIMS 系统核心单元由 2 个机箱组成,每个机箱包括 4 个核心处理模块(CPM)及 4 个 I/O 模块(IOM),并预留 1 个 CPM 插槽及 2 个 IOM 插槽用于升级扩展,图 1 – 11 所示为 AIMS 机箱内部功能框图,通用的核心处理模块 CPM# 1、#2 主要完成的功能包括图形显示、数据转换网关等。CPM#3 主要完成的功能包括飞机状态监视、飞行管理、数据转换网关等。CPM#4 主要完成的功能包括通信管理、飞行面板管理、飞行数据捕获、维护中心、快速数据记录等。

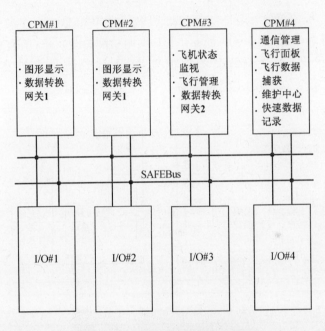

图 1 – 11　AIMS 机箱内部功能框图

图 1 – 12 所示为 AIMS 外形,其中左边机箱仅用于冗余备份。AIMS 共享平台共享资源包括:通用处理器及机械结构、通用输入输出端口、电源模块及机械结构、通用背板总线(SAFEBus)、通用操作系统、BIT 测试及基础软件。

AIMS 机箱内部各模块之间通过双冗余传输速率为 60Mb/s 的"安全"总线(SAFEBus 总线)通信,机箱之间通过 4 条 ARINC629 串行总线通信。每条"安全"总线具有 4 条完全冗余的数据通道,4 个数据通道不断地进行实时比较,以便检测并及时隔离总线故障。

图 1 – 12　AIMS 机箱外形

　　"安全"总线协议设计有总线接口处理单元(BIU),总线工作命令存储于 BIU 单元内的内存表中,如图 1 – 13 所示。BIU 实时检测总线状态,所有总线单元均知道当前总线状况,有意识地避免碰撞发生,因此总线具有较高的传输效率(＞94%)。"安全"总线的主要特点为:

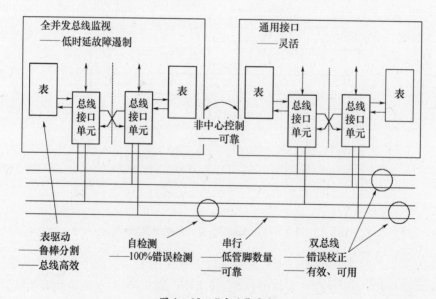

图 1 – 13　"安全"总线

　　(1)表驱动工作方式,提供鲁棒时间片分割能力,具有极高的总线传输效率。
　　(2)自检测功能,100% 错误检测。
　　(3)串行总线接口方式,低管脚数量,可靠性高。
　　(4)双冗余总线,错误校正,可靠性高。

12

1.3.5 ASSAC 标准

为了解决其内部的航空电子系统不标准的问题,北约组织(NATO)成立了联合标准航空电子系统结构委员会(ASAAC),研究标准的航空电子体系结构,降低开发和维护费用。该委员会主要由英国、法国和德国的专家组成,开展了广泛的工作,在 2005 年提交了一套 IMA 体系结构技术标准。该技术标准注重系统的一致性和集成度,目标是以较低的成本提供更强的任务和操作效能。

ASAAC 标准已经发布了 5 个标准,即

(1) 00 - 74 软件。

(2) 00 - 75 通信/网络。

(3) 00 - 76 通用功能模块。

(4) 00 - 77 封装。

(5) 00 - 78 结构。

这些标准分别从软件结构、机械结构、网络/通信和通用功能模块等方面对模块化综合航空电子系统进行了规定。

ASAAC 定义的 IMA 系统结构如图 1 - 14 所示,其中数字处理和通信网络为 IMA 核心系统。

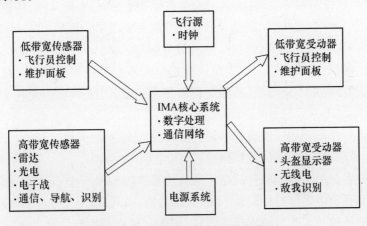

图 1 - 14   ASAAC 定义的 IMA 系统

1.4 IMA 体系结构设计目标

1.4.1 联合式体系结构特点

联合式航空电子体系结构采用一系列的现场可更换单元(LRU)构建系统,每

13

个现场可更换单元完成单一的应用功能。各单元之间通过互连"数据总线"完成系统功能集成,如图 1 – 15 所示。

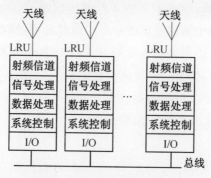

图 1 – 15 联合式体系结构

由于联合式航空电子体系结构上固有的缺陷,使得联合式航空电子体系结构在以下几个方面很难适应航空电子发展的需要。

(1) 全生命周期成本问题。联合式系统由一系列独立 LRU 组成,各 LRU 采用封闭、独立的硬件结构,各 LRU 为设备供应商专有技术,导致一个高成本的 LRU 设备供应商链。

各 LRU 硬件结构完全独立,内部模块设计各不相同,不能互换,构成系统的模块硬件设计冗余(如各 LRU 都包含各自独立使用的结构、电源、信号处理、控制管理、信道模块),系统冗余资源过多,系统成本增加。

航空电子装备服役期长,全生命周期成本大多发生在服役阶段。联合式航空系统一旦设计好后,不能改变,不能支持新技术的插入,维护及升级航空电子系统的成本昂贵。

(2) 运行性能问题。联合式系统硬件资源冗余过多,导致系统体积庞大、功耗庞大、基本可靠性下降,系统维护困难,可用性差。

(3) 技术过时及性能提升问题。联合式系统各 LRU 一旦设计好,很难进行升级修改。而目前半导体器件以每 18 个月性能提升一倍的速度发展,导致系统在性能方面只能依赖技术落后的半导体器件,不能享受商业半导体技术迅猛发展带来的巨大利益。

联合式系统总线上的每个关联部件与其他部件互操作性差,任何部件的软件更改将导致对应的其他部件更改,导致系统难以进行性能提升。

联合式系统各 LRU 功能固定,各软硬件功能模块之间的铰链关系固定,模块之间信息传递网关多、路径长、速度慢、性能差,导致系统总体响应时间长,很难适应现代航空电子系统对高时敏目标"先敌发现、先敌攻击、先敌杀伤"的信息化作

14

战要求。

联合式系统各 LRU 功能软件与特定的硬件绑定,软件重用性差,系统重复开发、升级测试质量成本高。

尽管联合式航空电子系统也能部分解决系统过时、技术落后、能力升级方面的需求,但通常代价很高,不能忍受。并且随着航空电子系统任务功能、性能及运行需求的不断提升,系统变得越来越复杂、庞大,联合式航空电子结构对现代航空电子系统需求的不适应性正在加剧。

1.4.2　IMA 体系结构设计特点

IMA 结构将航空电子系统作为一个整体,在模块级进行高度综合集成设计,从体系结构上解决联合式航空电子结构的固有缺陷。IMA 结构强调系统具有扩展性、成长性及低寿命周期成本,用现场可更换模块(LRM)取代联合式结构中的 LRU,打破了传统 LRU 的固有限制,通过对通用 LRM 的灵活组合配置构成系统,实现预定的系统功能。一种基于 Switch Fabric 网络的 IMA 体系结构如图 1 - 16 所示,系统由通用射频信道模块、通用信号处理模块、通用数据处理模块、网络交换及系统控制模块等组成。对于非重要模块,如通用射频信道模块、通用信号处理模块、通用数据处理模块等,可采用 $M + 1$ 备份设计,对于重要模块,如网络交换、系统控制模块等,可采用 $1 + 1$ 备份设计,以最大化系统的任务可靠性及基本可靠性。

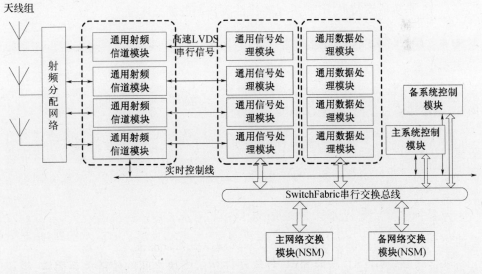

图 1 - 16　IMA 体系结构

15

1.4.3　IMA 体系结构设计目标

早在 1994 年,美国联合先进攻击技术(JAST/F‑35)工作组在 JIAWG 结构的基础上,充分吸收了当时的技术进步及系统设计概念上的演进,制定了 IMA 结构的设计目标:

(1)系统应具有开放性体系结构。

(2)系统应具有可负担性、开放性、可扩展性,能够方便地插入商用技术及产品。

(3)系统应具有高可靠性、可维护性、可支持性及可部署性。

(4)系统应具有可维护性。

(5)系统应支持技术的独立性及可成长性。

(6)系统应采用先进的统一数字互联网络。

(7)基础平台应提供高效、可靠的电源分配、环境适应能力、光电信号可靠互联及高效散热。

(8)系统应具有先进的在线自检能力。

(9)系统应具有出错隔离机制。

(10)系统应具有动态重配能力。

(11)系统应支持分层软件体系结构设计,成熟的软件工程环境及设计方法学。

(12)系统应支持通用性、可互操作性及长期的新技术插入。

1.4.4　IMA 体系结构的优势

一个性能优异的 IMA 系统将为航空电子系统在任务性能、运行性能及全生命周期成本等方面带来巨大的好处,是传统联合式系统不可比拟的。

1. 任务性能的提升

IMA 系统对任务性能的提升作用主要表现在系统的时效性的提升及系统新功能的提升两个方面。

1)系统时效性提升

联合式系统数据/信息处理结构如图 1‑17 所示。

在联合式体系结构中,各设备独立研制,各设备具有独立的信号处理、信息处理、输入/输出模块。数据在不同的设备内多次进行封装、解析、传输,系统对信息处理的整个流程过多,整体时延大,导致信息的时效性不高,许多对信息时效性敏感程度高的任务不能有效运行。

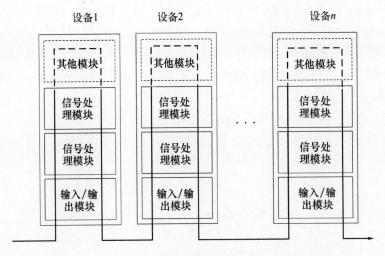

图 1 - 17　联合式系统"多级级联"的数据/信息处理结构

而在 IMA 体系结构中,将多个独立的功能设备作为一个整体进行统一考虑。系统在模块级进行高度综合集成设计,可以方便地建立先进的、统一的数字信息传输网络,各处理器之间具有"任意"自由的信息传输通路,如图 1 - 18 所示。通过这种模式,优化了功能模块之间信息传输途径,大幅度的简化了系统对信息的处理流程,减少了数据封装、解析过程。在这种全新的信息处理结构的基础上,可以方便地构建更加先进的实时信息管理系统,为对信息时间敏感性要求极高,更加先进的任务系统(如先进的传感器综合管理、快速的机内及机外信息源融合、快速的目标识别及精确目标寻的、高实时性态势告警、高性能的协同作战能力、快速的协同多目标攻击手段等),为未来航空电子信息系统趋向智能化、系统化和网络化奠定了物理基础。

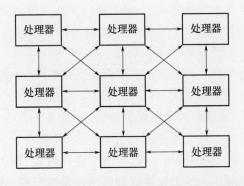

图 1 - 18　IMA 系统"任意"自由的数据/信息处理结构

通常,联合式体系结构对信息的端到端处理时延在秒级,而 IMA 体系结构对信息的端到端处理时延在毫秒级,可提升近千倍。

2）系统新功能提升

在网络中心战中,信息对军事行动的影响要从物理域、信息域及认知域 3 个领域去理解,如图 1－19 所示。

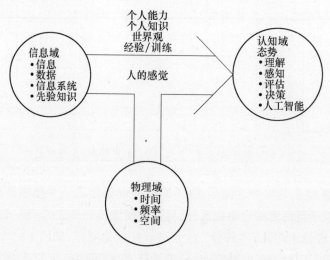

图 1－19　网络中心战三域模型

物理域是以物理平台以及连接物理平台的通信网络的形式体现,是真实的物理装备。

信息域是信息存在的领域,包括信息的生成、处理及共享。信息域促进作战人员之间进行信息交流,在网络中心战环境下,信息域的斗争是争夺信息优势的关键。

认知域存在于作战人员头脑之中,是感知、晓知、理解信息以及价值观存在的领域,是通过觉知做出决策的领域,是最终关系到战争胜败的领域。物理域、信息域功能及性能的提升最终都服务于认知域。

联合式体系结构对战斗力的贡献主要侧重于物理域,传统意义上讲,联合式体系结构更注重各独立设备在空间、频率、时间上的高性能、高指标,如要求各独立设备具有更大的功率,以便探测或通信距离更远,要求各独立设备工作频率更宽,以便具有更好的射频低截获性能及更强的抗干扰能力,要求各独立设备捷变频率更快,以便有效地对付敌方的侦察与干扰。

IMA 体系结构对战斗力的贡献更强调系统的整体性能,更侧重于信息域能力的提升。除要求各独立功能线程性能指标不低于联合式各独立设备性能指标外,

18

一方面注重提升系统对信息处理的响应时间,另一方面注重对信息域,甚至决策域中新功能、新能力的增加及提升,如协同探测、协同防卫、协同攻击、辅助决策等,这些新功能、新能力对未来战斗机作战整体性能的提升起着至关重要的作用。

IMA 系统在软、硬件体系结构上,采取了一系列的措施以支持这种未来信息域、认知域上新功能、新能力的增加及提升。这些具体措施包括灵活的硬件平台结构、良好的软硬件隔离、"虚通道"、软件自由部署、构件化开发、系统框架、系统蓝图配置等。通过这些措施,构建了一个开放式的 IMA 平台。随着认识能力的不断提升,不同厂家、不同研制单位在信息域、认知域上不断认识到的新功能、新能力可以源源不断地加入到该平台上,使系统随着时间的增长而不断成长,系统整体性能不断得到优化。

2. 运行性能的提升

系统在模块级进行高度综合集成设计,一方面减少了冗余的硬件资源,降低了系统的体积、功耗,提升了系统的基本可靠性,另一方面通过通用模块组合装配完成特定的应用功能,当某个通用模块硬件发生故障时,具有故障容忍能力,可通过系统重构功能恢复特定的应用功能,提升了系统特定任务的可靠性,可用性。

3. 系统全生命周期成本降低

IMA 系统采用开放式体系结构,创建了技术透明系统,可以方便地采用 COTS 技术,减少了全生命周期设备独家供应及技术过时的风险。一方面,系统支持长期的技术可插入,可扩展性,使得系统具有高的成长性,系统可以按计划,最优化的进行系统升级及适应系统需求变更,在全生命周期上保障了系统性能指标的优势,降低了系统的全生命周期成本。另一方面,系统在模块级进行高度综合集成设计,对软硬件进行合理的模块划分,使得无论软件/硬件部件需要升级时,影响仅限制在局部,最小化成本。再者,系统在模块级进行高度综合集成设计,通过对软硬件模块的合理划分,可提供模块互操作性,可方便地将软硬件模块移植到其他系统,增加了部件的重用性。

1.5　IMA 系统面临的技术难点

IMA 是一个模块化、通用化、高安全、全动态、可重构、可升级、可扩展、可成长的高性能先进航空体系结构,但由于 IMA 系统本身的复杂性及技术水平的客观限制,使得 IMA 系统设计是一个高风险工程,尤其是涉及高安全的 IMA 应用系统。事实上,在过去 20 年内,国内外在 IMA 相关工程、技术及标准方面开展大量的研究工作,花费了巨额的研制经费,有成功的典范,也有失败的案例。

联合式航空系统采用现场可更换单元(LRU)构建系统,每个LRU完成单一的应用功能。这种系统可以以相对简单清晰的方式进行系统功能分割,定义各LRU的形式、规格、功能及接口要求,这种系统的实现相对简单。而IMA系统通过可重配的通用模块构建复杂的航空电子系统,随着现代航空电子系统功能需求不断增加,性能要求不断提升,导致在模块化进行系统高度综合集成设计的复杂性急剧增加,这种复杂性主要表现在以下3个方面:

(1)内部系统集成的功能项越来越多,功能项之间的耦合程度越来越紧密,系统内部各子系统、各层次、各因素之间的相互联系、相互作用、相互激发复杂。

(2)系统外部需求不断变化,技术发展不断进步,系统需要与时俱进,不断地适应这种需求变化,导致系统设计越来越复杂。

(3)系统正常、备份、降级、重构等工作模式越来越多,系统可配置项越来越多,导致系统工作状态异常复杂。

这种复杂性正是IMA系统设计的难点。如何对高度复杂的紧耦合系统解耦,如何解决IMA系统复杂的配置、重构问题,如何提供统一的设计模式及良好的架构以适应系统不断发生的需求变化及技术更新等问题,是IMA系统集成技术研究的重点。

一个性能优异的IMA系统在系统集成方面需要综合考虑的问题包括:

1)系统需求变更问题

一个军用系统最初的能力需求通常是满足当时或将来某个时刻作战背景要求而提出的。然而,系统的运行环境、作战对象总是在不断发展变化的,这要求系统具有持续的技术更新及升级能力。文献[9]给出了一个关于英国Merlin MK1反潜直升机任务系统需求变更的例子。

早期的海面作战环境比较干净,船只密度低,电磁环境、声纳环境都较好,Merlin MK1反潜直升机与Type23反潜护卫舰协同工作。其作战模式是船载声纳系统提供初始潜艇告警及位置信息,指挥官通过Merlin MK1对目标进行自动重捕、定位及攻击,以消除潜在的威胁。系统最初按这种要求进行最优设计,大量的精力放在复杂的水下声纳传感器上,而裁减了水面雷达/电子战传感器,以便在反潜作战任务中性能最优。而近些年来,海面作战环境越来越恶劣,船只密度高、电磁环境复杂、水下声纳环境嘈杂,这使得作战模式不得不发生改变,需要光电、合成孔径雷达、声纳、海岸防卫等多模式协同工作,需要对目标进行无源综合识别能力。

通常,军用系统服役周期长,系统需求变更是一个复杂的长期过程,这要求系统具有不断演进的能力。而联合式系统结构一旦设计好,对系统进行更改往往代价很高,或根本不能支持系统更高性能要求的增长,这常常导致联合式系统中不得不放弃不断细化的系统性能提升需求。而模块化综合集成系统将硬件及软件划分为一个个模块，通过统一的模块级/芯片级互连总线将这些模块连接在一起，从而在体系结构上为系统的需求变更及演进奠定了基础。

2）系统开放性问题

模块化综合集成系统将硬件及软件划分为模块，模块之间通过预先定义好的标准接口进行互连。对任何一个成功的模块化综合集成系统，模块之间的接口必须清晰的定义。如果这些接口标准对所有的供应商都是公开的，那么这就是一个"开放式"系统。

在模块级进行综合集成的目标之一是：无论软件或硬件模块部件需要升级或扩展时都能最小化成本。如果这个系统又是开放的，那么它将允许以一种极其经济的方式完成对软硬件部件的升级、扩展、测试及重测试。这正如早期计算机行业，通过公开标准的 PCI 总线规范，使得众多的制造商可以经济、方便地开发出不同的计算机外设产品，构建不同的计算机应用。

3）系统设计过时问题

军用航空系统的一个突出特点是一代产品的研制时间长、服役时间长，而商用半导体技术发展迅速，使得系统设计迅速过时。如 20 世纪 80 年代设计的系统，即使采用当时最先进的处理器（如 80386），并提供了充足的内存，经过 10 年的研发后，系统采用的技术已经过时了，系统的能力已经最大化了，如果再加入新的功能将超出系统的最大能力，导致系统风险。事实上，长生命周期的军用航空系统设计受到各方面的限制，如嵌入式处理器运算能力、存储能力、数据总线能力及带宽、数据库能力、系统响应时间等，这些限制往往涉及航空系统的核心基础，而非单一独立的传感器功能或设备。

半导体器件的快速更新常常导致飞机在进入服役期之前器件就已经停产而得不到技术支持。联合式航空结构支持一代飞机平台全生命周期已经变得越来越困难了，与之伴随而来更严重的问题是全生命周期内为提升航空作战性能而带来的系统升级问题。在这种需要不断进行性能增强的系统中，联合式航空结构已经完全被 IMA 结构所替代。

可动态重配的 IMA 结构与联合式结构相比，一个实质性优点是系统功能是由与底层硬件无关的软件实现，通过这种模式解决硬件过时问题。IMA 结构定义一系列的开放式系统接口标准，实现系统软件与硬件之间的解耦。采用 IMA 结构，可以方便地开发一套管理策略，低成本、高效率地实现软硬件技术升级。

4）系统测试验证问题

IMA 结构的一个重要研究领域是系统测试验证以及系统修改后的重测试重

验证问题。IMA 系统测试的复杂性主要体现在以下 3 个方面：

(1) IMA 系统存在多种不同的配置项及故障容忍措施，这导致对系统的分析及测试验证极其复杂，很难遍历所有的系统工作模式。

(2) IMA 系统多数功能由软件实现，一个特定的子系统功能可以分配到一系列的处理模块上。当前系统工程实践在整个设计生命周期都可能引入故障，而目前系统工程师往往通过手工（或通过工具辅助）执行测试，以验证代码是否正确。在 IMA 这种高度复杂的系统中，这种状态与理想的 IMA 系统相差太远。

(3) 软件占 IMA 系统成本 50% 以上，大多数系统故障由软件代码引起，系统的装备服役期尤其如此。对这种隐藏极深、小的软件故障的排查往往要耗费大量的研制时间，耗费极高的研制成本。

因此，对 IMA 系统应在其设计之初就考虑其测试性问题，建立起层次清晰的分层体系结构，对系统进行合理的软、硬件分割，创建标准的软、硬件模块，实现软、硬件无关设计，并根据系统的层次设计及软、硬件分割结果，建立起对应的功能强大的自动化测试系统，实现 IMA 系统的遍历及覆盖性测试。

5) 系统安全性问题

航空 IMA 系统提供的运行功能（如飞控、通信、导航、着陆、识别等）往往涉及飞行安全问题。IMA 系统那些应用映射到那些资源上，存在着种种映射关系及状态模式，每种涉及飞行安全的模式都需要进行安全性测试。IMA 系统的安全状态应预先知道，只要证明没有进入安全状态，系统就必须测试。

另外，为解决复杂大型系统及其具体实现的安全性问题，除了在系统级进行安全性分析，建立安全性准则外，还需对组成系统的各部分模块（包括软件及硬件）建立模块安全性准则。只有这样，整个系统的安全性才能被独立开发，并在一个清晰的模块自身安全边界条件下，替换或修改模块。

6) 系统集成迭代及增量开发问题

对复杂系统的迭代及增量开发设计也是 IMA 系统必须考虑的问题。对系统进行详细的工作分解，制定详细的系统迭代开发各阶段目标、预期的成果形式、测试要求等，将大量的系统开发工作提前安排，并行开展，尽早发现并解决问题，以减轻最后大系统集成阶段的风险。

通常在系统集成联试过程中将遇到大量的问题，如果这些问题能尽早发现，将最大化地降低系统集成联试成本。而如果这些问题都集中在联试阶段才暴露，则系统集成联试成本最高。系统集成问题发现的时间—成本曲线呈指数关系，如图 1-20 所示。问题的发现越到后期，成本越高。这是因为越到后期发现问题，所涉及的系统人力资源、软/硬件资源越多，对计划周期的影响越大，系统集成的压力也越大,系统集成的风险也就越大。

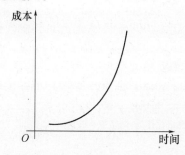

图 1 - 20　系统集成问题发现的时间—成本曲线

　　系统的增量开发也同样重要,首先实现最小、最简化系统,之后通过增量开发,不断地增加新功能,完善系统。通过这种方式,有助于减轻系统集成开发风险,鼓舞开发队伍士气,尽早拿出产品,占领市场,减轻财务负担。

　　系统迭代及增量开发,都依赖于详细的系统开发规划及工作分解。对于复杂的 IMA 系统,系统开发规划及工作分解过程依赖于良好的系统体系结构设计、面向对象设计等技术及方法。

参 考 文 献

[1] Moir I,Seabridge A. Military Avionics Systems. John Wiley & Sons Ltd. ,2005:47 - 97.

[2] Sankey J. F35 JSF Mission Systems Architecture Overview, BAE Systems,2004. 10.

[3] JAST Avionics Lead. Joint Advanced Strike Technology Program Avionics Architecture Definition V1. 0,1994.

[4] Raytheon Space and Airborn Systems. Global Hawk Integrated Sensors Suite.

[5] Viasat Government Systems. Mulit - Function Multi _ mode Digital Avionic(MMDA) Survey and Assesment of Military Avionics. ACAST Worksho PReport Presentation,2004.

[6] Rick Dinkins,Harry D. Integrated Architecture Development and Fielding.

[7] Spitzer C R. The Avionics Handbook. CRC Press,2001.

[8] Brian Stevens. The Use of "Off The Shelf" Technologies in High Integrity Avionics. Through - Life Avionics Symposium, 2002.

[9] Neil Morphett, MERLIN MK 1 - Delivering Through - life Capability. Through - Life Avionics Symposium, 2002.

[10] Martin Buzzard. Challengs of Modern Avionics for the Airline Industry. Through - Life Avionics Symposium, 2002.

[11] Amin Shahsavar. Define a Modular, High Speed and Roubust Avionic Architecture for UAV. Master's Thesis, Lulea University.

[12] Mark C L Patterson. Integrated Sensor Systems for UAS,23rd Bristol UAV Systems Conference , 2008. 4.

[13] Silver Software Inc. Integrated Modular Avionics – The way ahead for aircraft computing platforms.

[14] Integrated modular avionics—the virtual LRU?. Aircraft Technology Engineering & Maintenance, 2002. 4/5.

[15] Lee Yann – Hang, et. al. An Integrated Scheduling Mechanism for Fault – Tolerant Modular Avionics Systems.

[16] Gangkofer M. Transitioning to Integrated Modular Avionics with a Mission Management System. RTO SCI Symposium, Budapest, Hungary, 2000. 10.

[17] Grabowski G. Integrated Modular Avionics with COTS directed to Open Systems and Obsolescence Management RTO SCI Symposium, Budapest, Hungary, 2000. 10.

[18] (美)杰夫·凯尔斯. 分布式网络化作战:网络中心战基础. 北京:北京邮电大学出版社,2006.

第 2 章 开放式复杂系统

航空电子系统模块化综合集成（IMA）系统是一个高度复杂的开放式系统，对工程技术领域中出现的系统复杂性问题应从复杂系统基本概念、特点、系统抽象机制、方法论、系统集成技术路线、系统集成工具链等多方面进行研究。

1）定义

系统是指有相互联系有相互作用的元素之间的有机结合，它包括实体、属性与活动 3 个要素。实体是组成系统的具体对象元素，属性是实体的状态、参数特征，活动是表示对象随时间推移而发生的状态变化。

系统按规模可分为：①小系统，构成系统的实体数目为几个、几十个；②大系统，构成系统的实体数目为几十个，上百个；③巨系统，构成系统的实体数目为成千上万个。

抽象指一种概念或想法，从问题或解决方案领域导出，用于解决问题。一个好的抽象能够通过边界定义，包含理解概念所需的基本信息，排除其他可能影响理解概念的无关或偶然信息。

定义良好的抽象使我们可以不受偶然信息的影响，集中精力查看基本信息，从而更好地管理复杂性。通过捕获一组经过协商的抽象，将有助于管理系统开发中多余信息带来的复杂性。若事无巨细，一切包揽，将很快筋疲力尽，无法管理系统的复杂性。

封装指基于局部化和信息隐藏原理包装抽象。局部化是指将相关部件组合在一起，维护其统一性，增加结合性，减少耦合性。

模块化与封装相关，它有目的的将一个抽象划分为多个更小更简单的抽象。通过模块化可以更好地管理系统的复杂性。根据需要将抽象拆开和分解（或扩大和组合）到适当的粒度级别，使系统复杂性的影响性达到最小，而其可用性达到最大。

内聚性是系统相关性度量标准，说明一个功能实体内的各个部件在逻辑上的相关程度。部件集合的内聚性越高（功能实体各个部件的相互依赖程度最大化），更改越可能被局限在同一功能实体内的那些部件，对系统其他功能实体的影响越小。若内聚性高，相关部件被包装在一起，则局部化程度达到最高。

耦合性是系统依赖性度量标准,说明系统各个功能实体(每个功能实体都包含若干部件,是部件的集合)间的依赖性。功能实体之间的耦合越松散(功能实体之间的内部关联性最小化),更改越可能被局限在各功能实体内部,而不会影响其他实体。

简单系统是指系统内功能实体规模不多,实体间耦合程度不高的系统。

复杂系统是指系统内功能实体规模较多,实体间耦合程度较高的系统。

开放系统是指系统与外部环境之间存在物质、能量和信息交换的系统。

2)开放式复杂系统特征

与其他复杂系统不同,开放式复杂系统常常表现出一些特别的系统复杂性特征,包括开放性、层次性、社会性、演进性等。

(1)开放性。系统的开放性指系统不断地与外部环境之间存在物质、能量和信息交换。对 IMA 系统而言,其相关技术标准应是开放的,以允许不同厂家研制的软硬件功能模块能够方便地集成到系统中,同时随着技术的进步,这些模块能够不断地、方便地进行升级或替代。

(2)层次性。从已经认识的比较清楚的子系统到整个宏观系统之间可以清晰地感觉到系统可以划分为若干层,具有明显的层次性。但系统如何最优的划分层次,层次与层次之间的关系、同一层次内实体划分的粒度等往往不清楚,很难确定。

(3)社会性。这里所指的社会是广义的,社会性的具体表现是:

构成系统的实体之间通过多种交互模式(如协作、协商、协调等社会行为模式),按照一定的规范开展合作,相互影响,相互作用,共同求解问题,完成系统的功能需求。

系统具有明显的时空特性,参与完成系统特定功能的实体可以分布在不同的空间位置,实体之间的数据传输,实体对命令的响应时间等具有明确的时间约束性。

(4)演进性。复杂系统的演进性具体表现在以下几点:

① 系统的组成、实体类型、实体运行状态、实体之间的交互关系随着时间不断发生改变,很难在系统设计时确定系统的所有运行状态或模式。

② 随着时间的变化,系统不断地增加新的实体数量、新的实体类型,系统变得越来越庞大,性能越来越强。

③ 随着时间的变化,构成系统的原来实体随着技术的发展而不断地更新。

复杂系统常常还表现出一些其他方面的特性,如突现性、不稳定性、非线性、不确定性、不可预测性及病态结构等特征。

3)模块级综合系统集成研究任务

模块级高度综合系统集成在模块级对各种电子设备进行一体化综合集成设

计，包括技术的集成、系统的集成、工具的集成、过程的集成。传统的综合集成工程设计方法、技术体系很难适应模块级高度综合集成系统的设计。为有效地处理大规模、复杂的模块级高度综合集成系统，必须开发新的理论、新的抽象机制、新的方法及新的工具。

模块级综合集成对传统技术体系的挑战实际上是要求从根本上认识到大规模系统的复杂性，然后针对这些复杂性问题，开发与问题密切相关的、系统化的分析和设计方法。大规模复杂模块级综合系统集成主要研究的问题包括以下几点：

（1）系统的抽象分析与设计方法。

（2）系统架构与软件体系结构。

（3）系统成长性模式。

（4）系统计算模式。

（5）系统实体间通信模式。

（6）系统重用模式。

（7）系统基础设施。

（8）系统异常与容错处理。

（9）系统可靠性工程。

（10）系统测试与验证。

（11）系统安全性。

（12）系统维护性。

（13）系统开发工具。

（14）系统全生命周期过程管理。

（15）系统研究与开发过程中的经验及教训。

在大规模复杂系统中，系统实体间通信模式的设计具有特别重要的意义。如何实现实体间独立、对等、高效的分布式通信，如何确保实体动态变化（增加或减少）状态下的有效通信，如何实现通信预容错及异常处理等都是需要重点研究的问题。系统实体间通信模式设计的好坏往往直接影响到系统架构、系统提供的成长性模式、系统提供的计算模式、系统功能、系统可靠性等重要指标。

2.1　开放式复杂系统的抽象

系统抽象是大规模复杂系统分析与设计的主要方法，通过对系统进行抽象设计，可以简化建立数学模型或其他模型，并对其进行仿真设计，以便抽取出系统的主要因素，降低系统的复杂性。

2.1.1 复杂系统层次抽象模型

采用分层结构处理是解决电子信息系统领域复杂性问题的有效方法。ISO 依据分层原理,将网络复杂的硬件、软件协议之间的关系描述为计算机网络七层参考模型,为网络理论的发展和应用奠定了基础。

在复杂系统中,采用层、分层模型、层次结构等方法对系统进行描述。通过分层处理,复杂系统可划分为若干层次,各层次由不同的功能实体构成,功能实体完成特定的行为功能并具备接口定义,层与层之间、实体与实体之间通过一定的关系关联。一种典型的模块化综合系统分层模型如图 2 - 1 所示,系统分为应用层、逻辑构件层及物理平台层。应用层包含 4 个应用功能线程,应用功能线程之间存在关联关系;每个应用功能线程的具体实现由逻辑构件层的若干构件组合完成,构件与构件之间存在关联关系;构件部署在物理平台层上,物理平台层由具体的硬件模块(或处理器)组成,模块与模块之间存在关联关系。

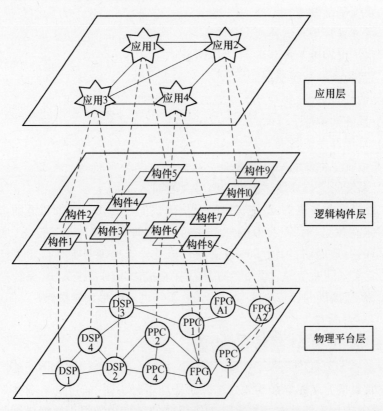

图 2 - 1 复杂系统分层模型

系统可以用构成系统的元素及元素与元素之间关联关系的集合进行描述,参考图 2-1 复杂系统分层模型,在数学上,对于分层后的复杂系统 Y 可描述为

$$Y = \{S, R_S\} \tag{2.1}$$

$$S = \{s_1, s_1, \cdots, s_i, \cdots, s_L\} \tag{2.2}$$

$$R_S = \{R_{s,1,2}, R_{s,2,3}, \cdots, R_{s,(i-1),i}, \cdots, R_{s,(L-1),L}\} \tag{2.3}$$

式中:S 表示系统分层集合;s_i 表示第 i 层;R_S 表示层与层之间的关联关系集合;$R_{s,(i-1),i}$ 表示第 $(i-1)$ 层与第 i 层之间的关联关系集合。

第 i 层系统 s_i 可进一步表示为该层内元素及元素与元素之间关联关系的集合,即

$$s_i = \{E_i, R_{Ei}\} \tag{2.4}$$

式中:E_i 为第 i 层系统元素集,可表示为

$$E_i = \{e_{i1}, e_{i2}, \cdots, e_{ij}, \cdots, e_{iN_i}\} \tag{2.5}$$

$$e_{ij} = \{e_{ij1}, e_{ij2}, \cdots, e_{ijk}, \cdots, e_{ijN_{ij}}\} \tag{2.6}$$

式中:e_{ij} 表示构成系统第 i 层的第 j 类元素种类集;e_{ijk} 表示构成系统的第 i 层的第 j 类元素种类集中的第 k 个元素;N_i 表示系统中第 i 层元素种类数量为 N_i 种;N_{ij} 表示系统中第 i 层第 j 类元素总个数为 N_{ij} 个。

R_{Ei} 为系统第 i 层元素与元素之间的关联关系集,可表示为

$$R_{Ei} = \{r_{i1}, r_{i2}, \cdots, r_{ij}, \cdots, r_{iM_i}\} \tag{2.7}$$

$$r_{ij} = \{r_{ij1}, r_{iji2}, \cdots, r_{ijk}, \cdots, r_{ijM_{ij}}\} \tag{2.8}$$

式中:r_{ij} 表示系统第 i 层的第 j 类元素间关联关系种类集;r_{ijk} 表示构成系统的第 i 层的第 j 类元素间关联关系集中的第 k 个元素关联关系;M_i 表示系统中第 i 层包括的元素间关联关系种类为 M_i 种;M_{ij} 表示系统中第 i 层第 j 类元素间关联关系的总个数为 M_{ij} 个。

元素属性可表示为

$$e_{ijk} = \{\mathrm{Attr}(e_{ijk}), \mathrm{Attr}(r_{ijk})\} \tag{2.9}$$

式中:$\mathrm{Attr}(x)$ 为描述元素 x 的属性集。

2.1.2 组织结构抽象模型

组织结构抽象模型来源于企业,用于描述企业组织结构中实体间的层次和隶属关系。常见的企业组织结构模型按复杂程度可分为简单的树形层次组织机构模型、由垂直方向层次机构和水平方向工作组成的二维矩阵组织机构模型及多维组织机构模型。

企业组织结构模型通常包括4个主要要素:部门、角色、能力、关系。组织是对现实世界中某个组织的抽象描述,属性包括组织名称/描述/性质/部门列表/负责人/地址等。部门是对某个部门的抽象描述,属性包括部门名称/描述/ 性质/ 部门列表/部门领导等。角色是具有某种身份或权限的命名标志,属性包括名称/所属部门/能力列表/充当此角色的执行者列表等,能力是对某个部门的职能属性描述,关系是指部门之间的交互关系。图2-2所示为一个典型的生产型企业的组织结构视图,即组织元模型的可视化描述,各组织单元属性的说明,包括编号、名称、功能等。

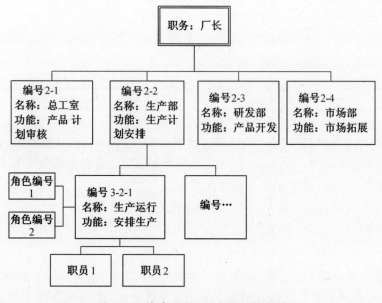

图2-2　生产型企业的组织结构视图

可以借鉴企业中的组织结构模型描述复杂电子系统,通过对组织结构进行建模,利用抽象的模型或元素,按照一定的组织关系来组成一个整体,实现对复杂系统的认识和理解。

大规模复杂系统具有要素和层次众多、结构复杂的特点。在研究和解决这类系统问题时,为求得对问题全面和本质的认识,需要进行系统的组织结构分析。其具体内容包括:对系统目的——功能结构的认识、对系统构成要素的选取、对要素间的联系及其层次关系的系统整体结构的确定及解释。

组织结构分析是系统优化分析,设计和管理的基础,建立系统组织结构模型是分析的基本内容。对于过于复杂的系统,还需要对系统进行分层处理,采用分层复合模型表征。分层复合模型中,不能再细分的模型称为"原子"模型。

在开放式复杂电子信息系统中,面向组织的抽象模型包含 5 个主要要素,即目标、实体、属性、规则、环境,组织结构模型由目标集（G,Goals）、实体集（E, Entity）、属性集（A, Attributes）、关联关系（R,Relation）、环境集（V, Environment）组成。

组织结构模型可表示为

$$O_{struct} = < \{G\}, \{E\}, \{A\}, \{R\}, \{V\} > \qquad (2.10)$$

式中:$\{G\}$ 表示系统的目标集合,在可成长的开放式 IMA 系统中,$\{G\}$ 表示系统实现的功能集合,这种功能集合不是静态的,而是随着时间变化,通过系统增量开发而不断扩展增加的;$\{E\}$ 表示构成系统的实体集合,在可成长的开放式 IMA 系统中,构成系统的实体种类、数量也不是固定不变的,而是随着系统功能目标的不断增加而变化的;$\{A\}$ 表示构成系统实体的属性集合,与实体存在一定的对应关系;$\{R\}$ 表示构成系统实体之间的相互关系,这种关系包括静态关系和动态关系,静态关系指目标与目标之间、实体与目标之间、实体与实体之间、实体与属性之间的关系,动态关系指目标变化、实体变化、关联关系变化等;$\{V\}$ 表示系统所处的环境集合,在可成长的开放式 IMA 系统中,环境变化包括系统随作战环境变化而导致的新功能目标的增加,半导体技术发展而导致的硬件升级及更新等。

对于复杂的分层表征电子信息系统,在构建组织结构模型时,基本步骤是:

（1）对系统进行目标分解,确定系统的目标集合。

（2）根据系统的目标集合,对系统进行层次分解,形成系统层次模型。

（3）在每个层次上对系统进行粒度分割,确定各层实体、实体属性及实体之间的关联关系。

（4）建立层与层之间实体关联关系。

（5）对分解后的目标、层次、实体等,分析与环境之间的变化关系,制定系统升级、扩展、增量开发途径。

组织结构模型通常还具有多样性的特点,当系统过于复杂时, 需对系统进行多视图组织结构描述,不仅仅是物理视图组织结构,通常还包括抽象类视图组织结构,如信息流组织结构视图、控制流组织结构视图等。

与组织结构模型对应的是系统的工作流模型,用于描述系统从启动到结束整个运行过程。

组织状态模型（Organizational State Model）定义一个组织的具体例化,在给定的组织模型框架内,为特定的组织定义了当前组织的配置情况,实现了系统目标到实体的具体映射。

组织状态模型包括目标集 $\{G\}$、实体集 $\{E\}$ 及为完成各目标分配的结构模型实体。

$$O_{state} = < \{G\}, \{E\}, \{assigend\} >\tag{2.11}$$

组织转移函数(Organization Transition Function)指组织的状态变化过程,定义组织如何从一个组织状态转移到另一个组织状态。

$$O_{trans}(\cdot) = f(O_{state(n)} \to O_{state(n+1)})\tag{2.12}$$

组织模型包括组织结构模型、组织状态模型、组织转移函数。

$$O = < O_{struct}, O_{state}, O_{trans} >\tag{2.13}$$

2.2　开放式复杂系统的表征方法

2.2.1　系统结构化表征方法

系统的要素及其关系形成一个系统的特定结构。在通常情况下,可采用示意图、集合、有向图和矩阵等4种对应的方式来表达系统的某种结构。

1)系统结构的示意图表征

一种最方便的表征系统结构的方式是利用图形作示意图。示意图表示是描述的而不是解释的,图2-3为一个混合器系统结构示意图。

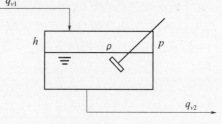

图2-3　混合器系统结构示意图[4]

2)系统结构的集合表征

把上述混合器系统中的物理量作为该系统的要素,可以用集合方式来表示该系统,用 H 表示该混合器系统,则

$$H = \{q_{v1}, q_{v2}, h, p, \rho\}\tag{2.14}$$

一般地,设系统由 $n(n>2)$ 个要素 $(s_1, s_2, \cdots, s_n)$ 组成,记其集合为 S,则

$$S = \{s_1, s_2, \cdots, s_n\}\tag{2.15}$$

系统的诸多要素有机地联系在一起,并且一般都是以两个要素之间的二元关系为基础的。二元关系是根据系统的性质和研究的目的所约定的一种需要讨论的,存在于系统中的两个要素 (s_i, s_j) 之间的关系 R_{ij}(简记为 R)。通常有影响关系、因果关系、隶属关系以及各种可以比较的关系(如大小、先后、轻重、优劣等)。二元关系一般有以下3种情况:

(1) s_i 与 s_j 间有某种二元关系,记为 $s_i R s_j$。

(2) s_i 与 s_j 间无某种二元关系 R,记为 $s_i \bar{R} s_j$。

(3) s_i 与 s_j 间的某种二元关系 R 不明,记为 $s_i \tilde{R} s_j$。

通常情况下,二元关系具有传递性,即 s_i, s_j, s_k 为系统的任意构成要素,若 $s_i R s_j, s_j R s_k$,则有 $s_i R s_k$。传递性二元关系反映两个要素的间接联系,记为 R^t(t 为传递次数),则将 $s_i R s_k$ 记为 $s_i R^t s_k$。

以系统要素结合 S 及二元关系的概念为基础,为便于表达所有要素间的关联方式,将系统构成要素中满足某种二元关系 R 的要素对(s_i, s_j)的集合,称为 S 上的二元关系集合,记为 R_b,即有

$$R_b = \{(s_i, s_j) \mid s_i, s_j \in S, s_i R s_j, i, j = 1, 2, \cdots, n\} \tag{2.16}$$

且在一般情况下,(s_i, s_j)和(s_j, s_i)表示不同的要素对。这样,"要素 s_i 和 s_j 之间是否具有某种二元关系 R"就等价于"要素对(s_i, s_j)是否属于 S 上的二元关系集合 R_b"。

对于图 2-3 所示混合器系统,根据物理知识可以分析出其各变量的相互影响关系。图中 q_{v1}, q_{v2} 表示流入及流出混合器的料液流量。液面高度 h 的大小要受到料液流量 q_{v1}, q_{v2} 的影响,而反过来液面高度 h 又影响流出的料液流量 q_{v2}。液面高度 h 和气体密度 ρ 都会影响压力 p。因此,混合器系统的某种二元关系集合可表示为

$$R_b = \{(q_{v1}, h), (q_{v2}, h), (h, q_{v2}), (h, p), (\rho, p)\} \tag{2.17}$$

所以可以用系统的构成要素集合 S 和在 S 上确定的某种二元关系集合 R_b 来共同表示系统的某种基本结构。

上述混合器系统的基本结构用要素集合 H 和二元关系集合 R_b 来表达,即

$$H = \{q_{v1}, q_{v2}, h, p, \rho\} \tag{2.18}$$

$$R_b = \{(q_{v1}, h), (q_{v2}, h), (h, q_{v2}), (h, p), (\rho, p)\} \tag{2.19}$$

3)系统结构的有向图表征

由节点和连接各节点的有向弧(箭线)构成的图称为有向图,记为 D。系统的结构可用有向图表达。有向图 D 用节点表示系统的各构成要素,用有向弧表示要素之间的二元关系。从节点 $i(s_i)$ 到 $j(s_j)$ 的最小(少)的有向弧称为有向图 D 中节点间的通路长度(路长),也即要素 s_i 与 s_j 间二元关系的传递次数。在有向图中,从某点出发,沿着有向弧通过其他节点各一次可回到初始节点时,形成回路。呈强连接关系的要素节点间具有双向回路。

图 2-3 所示混合器系统的要素及其二元关系的有向图如图 2-4 所示。

4)系统结构的矩阵表征

系统结构还可以用与有向图相对应的矩阵表示,即

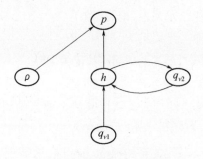

图2-4 混合器系统的结构有向图

$$
\begin{array}{c}
\begin{array}{ccccc} p & \rho & h & q_{v2} & q_{v1} \end{array} \\
\begin{array}{c} p \\ \rho \\ h \\ q_{v2} \\ q_{v1} \end{array}
\left(
\begin{array}{ccccc}
0 & 0 & 0 & 0 & 0 \\
1 & 0 & 0 & 0 & 0 \\
1 & 0 & 0 & 1 & 0 \\
0 & 0 & 1 & 0 & 0 \\
0 & 0 & 1 & 0 & 0
\end{array}
\right)
\end{array}
\qquad (2.20)
$$

这是一个 5×5 阶的方阵,它的每一行和每一列都对应图中一个节点,如果某一要素对另一个要素有直接影响,例如 ρ 对 p,则矩阵中 ρ 行 p 列的元素为 1;如果没有影响,如 ρ 对 h,则矩阵 ρ 行 h 列元素为 0。这个矩阵称为邻接矩阵。

(1)邻接矩阵。邻接矩阵(A)是表示系统要素间基本二元关系或直接关系情况的方阵。设 $A = (a_{ij})_{n \times n}$,则其元素定义为

$$
a_{ij} = \begin{cases}
1, s_i R s_j \text{ 或}(s_i, s_j) \in R_b(s_i \text{ 对 } s_j)(\text{有某种二元关系}) \\
0, s_i \bar{R} s_j \text{ 或}(s_i, s_j) \notin R_b(s_i \text{ 对 } s_j)(\text{没有某种二元关系})
\end{cases}
\qquad (2.21)
$$

有了表达系统结构的集合(S, R_b)或有向图(D),就可以很容易地将 A 写出,反之亦然。很明显,A 中"1"的个数与系统的二元关系集合 R_b 所包含的要素对数目,系统有向图中有向弧的数目相等。

邻接矩阵与有向图的对应关系为:

① 全为"0"的行对应的节点 s_i 称"汇点",它是系统的输出要素。

② 全为"0"的列对应的节点 s_j 称"源点",它是系统的输入要素。

③ 每一节点的行中,"1"的数量为离开该点的有向弧数。

④ 每一节点的列中,"1"的数量为进入该点的有向弧数。

(2)可达矩阵。若在要素 s_i 和 s_j 间存在着某种传递性二元关系,或在有向图上存在着由节点 i 至 j 的有向通路时,则称 s_i 是可以到达 s_j 的,或者说 s_j

是 s_i 可以到达的。可达矩阵 M，就是表示系统要素之间任意次传递性二元关系或有向图上两个节点之间通过一定长的路径可以到达情况的方阵。设 $M = (m_{ij})_{n \times n}$，且在无回路条件下的最大路长或传递次数为 $r < +\infty$，即有 $0 \leqslant r$，则可达矩阵的定义为

$$m_{ij} = \begin{cases} 1, s_i R^t s_j (0 \leqslant t \leqslant r) (\text{存在着 } i \text{ 至 } j \text{ 的路长最大为 } r \text{ 的通路}) \\ 0, s_i \overline{R}^t s_j (\text{不存在 } i \text{ 至 } j \text{ 的通路}) \end{cases} \quad (2.22)$$

当 $t = 1$ 时，表示基本的二元关系，M 即为 A；当 $t = 0$ 时，表示 s_i 到达自身，或 $s_i R s_i$，也称反射性二元关系；当 $t \geqslant 2$ 时，表示传递性二元关系。

矩阵 A 和 M 的元素只能为"1"或"0"，是 $n \times n$ 阶 0 - 1 矩阵，且符合布尔代数的运算规则。

通过对邻接矩阵 A 的运算，可求出系统要素的可达矩阵 M，其计算公式为

$$M = (A + I)^r \quad (2.23)$$

式中：I 为 A 同阶次的单位净值（即其主对角线元素全为"1"，其余元素为"0"），反映要素自身到达；最大传递次数（路长）r 根据下式确定：

$$(A + I) \neq (A + I)^2 \neq (A + I)^3 \neq \cdots \neq (A + I)^r = (A + I)^{r+1} = \cdots = (A + I)^n$$
$$(2.24)$$

以图 2 - 3 混合器系统为例，邻接矩阵为

$$A = \begin{array}{c} \\ p \\ \rho \\ h \\ q_{v2} \\ q_{v1} \end{array} \begin{array}{ccccc} p & \rho & h & q_{v2} & q_{v1} \\ \begin{pmatrix} 0 & 0 & 0 & 0 & 0 \\ 1 & 0 & 0 & 0 & 0 \\ 1 & 0 & 0 & 1 & 0 \\ 0 & 0 & 1 & 0 & 0 \\ 0 & 0 & 1 & 0 & 0 \end{pmatrix} \end{array}$$

$$A + I = \begin{array}{c} \\ p \\ \rho \\ h \\ q_{v2} \\ q_{v1} \end{array} \begin{array}{ccccc} p & \rho & h & q_{v2} & q_{v1} \\ \begin{pmatrix} 1 & 0 & 0 & 0 & 0 \\ 1 & 1 & 0 & 0 & 0 \\ 1 & 0 & 1 & 1 & 0 \\ 0 & 0 & 1 & 1 & 0 \\ 0 & 0 & 1 & 0 & 1 \end{pmatrix} \end{array} \quad (2.25)$$

其中：主对角线上的"1"表示诸要素通过零步（自身）到达情况（单位矩阵 I），其余

35

的"1"表示要素间通过一步(直接)到达情况(邻接矩阵 A)。

式(2-26)中带括号的"1"表示要素间通过两步(间接)到达情况(矩阵 A^2)。按照前述布尔代数的运算规则,在原式 $(A+I)^2$ 的展开中利用了 $A+A=A$ 的关系,则

$$(A+I)^2 = A^2 + A + I = \begin{array}{c} \\ p \\ \rho \\ h \\ q_{v2} \\ q_{v1} \end{array} \begin{array}{ccccc} p & \rho & h & q_{v2} & q_{v1} \\ \begin{pmatrix} 1 & 0 & 0 & 0 & 0 \\ 1 & 1 & 0 & 0 & 0 \\ 1 & 0 & 1 & 1 & 0 \\ 1 & 0 & 1 & 1 & 0 \\ 1 & 0 & 1 & 1 & 1 \end{pmatrix} \end{array} \qquad (2.26)$$

进一步计算发现,$(A+I)^3 = (A+I)^2$,故混合器系统有向图对应的可达矩阵为

$$M = (A+I)^2 = \begin{array}{c} \\ p \\ \rho \\ h \\ q_{v2} \\ q_{v1} \end{array} \begin{array}{ccccc} p & \rho & h & q_{v2} & q_{v1} \\ \begin{pmatrix} 1 & 0 & 0 & 0 & 0 \\ 1 & 1 & 0 & 0 & 0 \\ 1 & 0 & 1 & 1 & 0 \\ 1 & 0 & 1 & 1 & 0 \\ 1 & 0 & 1 & 1 & 1 \end{pmatrix} \end{array} \qquad (2.27)$$

2.2.2 系统可视化表征方法

对系统进行可视化表征是研究复杂系统的重要方法之一。在多数情况下,系统描述可能需要由一系列不同的视图组成,以获得足够多的系统描述,以适应不同的用户信息需求。

在宏观上,对系统的描述包括系统描述级可视化描述、系统概念级可视化描述及系统级可视化表述,如图2-5所示。

在实现上,对系统的描述包括系统静态物理组织结构描述、系统静态逻辑组织结构描述、系统动态物理组织结构描述、系统动态逻辑组织结构描述、系统信息流组织结构描述、系统工作流描述等多个部分。

可采用多种可视化描述方法对系统进行可视化描述,通常包括以下几类:

(1)基于整体和部分的系统组织结构描述。这种描述通常采用树状结构,如图2-6所示。

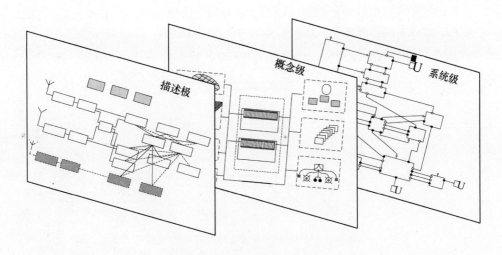

图 2-5　系统多视图可视化描述

（2）基于系统完整性的描述。这种描述通常采用连通网络,重点表征各部分的相互关系,如图 2-7 所示。

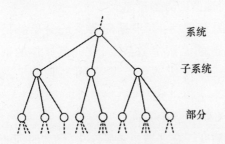

图 2-6　系统树状可视化描述

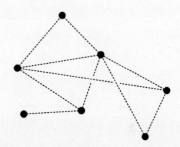

图 2-7　系统连通网络可视化描述

（3）将前面的(1)和(2)结合起来,基于连通网络及组织结构的系统可视化描述。重点表征系统的连通性视图和组织结构视图之间的正交,如图 2-8 所示。

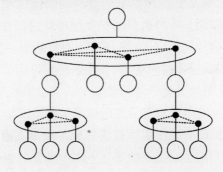

图 2-8　系统连通网络及组织结构可视化描述

37

（4）多视角的连通网络描述。通过用多个连通网络来描述系统,从不同的视角描述系统的不同关联关系,如图2-9所示。

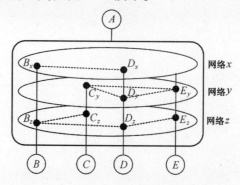

图2-9 系统多视角连通网络可视化描述

2.3 开放式复杂系统的复杂性度量

系统的复杂性可从系统的静态及动态特性两个方面度量。

在静态方面,影响系统复杂性的主要因素包括:①根据需要系统分层的层数;②构成系统的元素种类数量;③构成系统的元素个数数量;④元素属性的数量;⑤构成系统元素之间关联关系的种类;⑥构成系统元素之间关联关系的数量。

在动态方面,系统的动态特性主要体现在以下3个方面:

（1）系统目标、规模随着时间的增加而演变。在多数复杂系统中,随着时间的增加,系统目标将不断演变,新的功能可能增加,旧的功能可能删除。系统的目标不断发生变化,系统规模也将不断发生变化,新的功能实体在增加,旧的功能实体在删减,导致构成系统的元素种类及数量在发展变化。

（2）构成系统的元素及其属性本身随着时间的增加而演变。随着时间的增加,构成系统的元素及其属性本身也在不断发展变化过程中。如在电子信息系统中,微电子技术呈摩尔定律向前发展,每18个月性能提升一倍,导致构成系统的基本硬件模块在不断的更新变化过程中。

（3）构成系统的元素与元素之间的关联关系及其属性随时间的增加而演变。随着时间的增加,构成系统的元素与元素之间的关联关系及其属性也将不断变化,构成系统的新元素增加,旧元素的删减都将导致关联关系的变化。同时随着时间的增加,元素与元素之间的关联关系的类型也将不断发生变化。

通常,随着系统动态特性的增加,系统的复杂性急剧增加。

2.4 模块化综合集成系统计算模式

2.4.1 分布式计算模式

在模块级对系统进行综合设计,通过模块级(甚至芯片级)互连总线将系统各功能模块高效的组织在一起,为系统提供更强的信息分发及计算能力。正是这种信息分发及计算能力的提升,使得 IMA 系统在性能方面脱离了传统"联合式"体系结构的束缚,产生了新的"质"的飞跃,为未来航空信息化作战应用打开了新的篇章。

这种能力称为"分布式计算"能力。IMA 系统通过模块级或芯片级互连总线将各处理节点、控制节点,如 DSP、PowerPC、CPU 等高效地组织在一起,构成一个开放式、可成长的分布式异构应用系统,在其上提供了强大的实时计算能力,可以方便地增加新的应用功能。

分布式计算研究重点是在分布、异构环境下实现互连互通能力,研究开发、部署、管理并维护资源能力,支持应用功能高效的协同计算工作。这种应用功能的计算能力要求即插即用。对 IMA 系统而言,分布式计算应包括以下几个方面:

(1) 制定可扩展分布式计算网络规划。

(2) 开发稳定、可扩展、具有容错能力的分布式通信与同步机制,开发网络规划、网络监测、任务调度、负载均衡等算法。

(3) 开发高性能、高集成度、高计算能力的信号、信息、图像、网络处理器。

(4) 针对不同的处理器、不同的操作系统,开发能屏蔽底层硬件、网络及处理资源分布性的通信中间件。

2.4.2 移动计算模式

通过数据链技术,多架飞机能够通过高效无线网络互联,协同工作。数据链将多个 IMA 系统互联,构成"基于 IMA 系统的系统",如图 2-10 所示。

这种"基于 IMA 系统的系统"充分利用 IMA 系统处理资源开放性及实时性特点,依托其强大的移动计算能力,构建新的应用功能,将大幅度提升战斗机群的协同作战能力,实现作战飞机从"平台中心"向"网络中心"的转变,其带来的潜在应用功能拓展能力(如编队协同攻击能力、协同防卫能力、协同探测能力、编队协同智能决策等)不可估量。

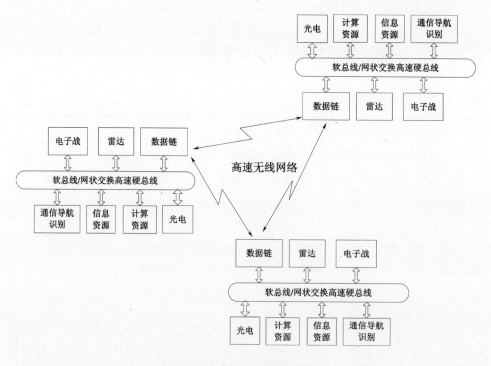

图 2-10 基于 IMA 系统的系统

在这种"基于 IMA 系统的系统"提供的强大移动计算能力的基础上开发更加先进的应用功能(如 RAND 建议的"策略到任务"框架、"通用功能"框架、"概率"框架等以支持对时敏目标的智能、预警、探测能力),实现"先敌发现、先敌攻击、先敌防御"的战略目标或许是战斗机航空电子信息系统发展的终极目标。

对 IMA 系统而言,移动计算应注意以下几个方面:

(1)制定 IMA 移动计算体系结构及规划。

(2)开发高机动环境下适用于移动计算的服务命名、发现、访问、定位及容错机制。

(3)开发适用于移动计算的轻量级无线网络通信机制。

(4)开发具有上下文感知、自适应、重配置能力的实时移动中间件。

2.5 航空模块化综合集成系统设计方法学

对复杂系统的研究为解决复杂性系统问题开辟了新方法、新天地,使我们能够主动的依据复杂性科学理论指导,对复杂性系统周围情况更清楚,考虑更周密,进而在解决各种复杂系统问题的实践过程中,准确把握事物的本质及其规律,从而解决实际问题。在电子信息系统领域,随着系统复杂性的不断增加,设计方法学也发生了较大的变换,如设计模式、基于构件的设计方法学、基于框架的设计方法学、模型驱动的设计方法学等,这些方法学的出现,为解决电子信息系统领域复杂性问题提供了新的方法。

2.5.1 综合集成方法的研讨厅体系

对复杂性系统的研究方法包括隐喻方法、模型方法、数值方法、计算方法、虚拟方法以及我国著名科学家钱学森提出的"从定性到定量综合集成法"(Metasynthetic Engineering)。

20世纪80年代末,钱学森提出处理开放的复杂巨系统的方法论是"从定性到定量综合集成法"。1992年,又进一步提出了"从定性到定量的综合集成研讨厅体系"。

复杂系统的研究通常是跨学科、跨领域的交叉性和综合性研究。需要不同学科、不同领域的专家组成专家体系。综合集成方法的实质是把专家系统、数据和信息体系以及计算机体系结合起来,构成一个高度智能化的人—机结合系统,从而充分发挥系统的综合优势、整体优势和智能优势。它把人的思维、思维的成果、人的经验、知识、智慧以及各种情报、资料、信息等统统集成,从多个方面定性认识上升到定量认识,把一个复杂事物的各个方面综合起来,达到对整体的认识。

"从定性到定量的综合集成研讨厅体系"结构如图2-11所示。

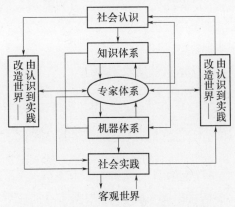

图2-11 综合集成方法的研讨厅体系[5]

构建模型也是研究复杂系统的主要方法,在电子信息系统领域,复杂性问题的理解、设计和开发,普遍遵循分层模型的理论思路,诺贝尔奖获得者郝伯特·西蒙曾说:"要构造一门关于复杂系统的比较正规理论,有一条路就是求助于分层理论……复杂系统是分层结构的。"

2.5.2 基于构件的设计方法学

构件是完成特定功能,具有预定义好的对外接口,可独立设计、编译、测试、部署及重用的功能实体。构件由一组相关对象封装而成,是面向对象技术的进一步发展,它是一种比单一对象粒度更大的功能构造模块。构件暴露给用户的只有接口信息,而具体的实现细节则完全隐藏起来,实现真正意义上的封装。构件是系统中一个可替换的部分,具有"即插即用"的能力。

为了完整地定义一个构件,必须定义该构件所能提供的操作及它所要求的操作,如图2-12所示。

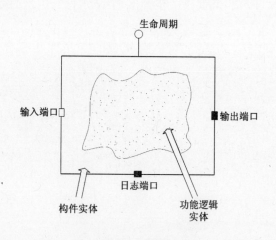

图2-12 构件实体

在基于构件的设计方法学内,构件是系统的实体,是组建系统的最小单元。在基于构件的设计模式下,软件系统可以视为相互协同工作的构件集合,其中每个构件都提供特定的服务,发出特定的消息,并且以标准的形式公布出来,以便其他构件了解和访问。

构件技术的出现使软件系统的开发发生了很大的变化,可以按需要设计出许多构件,而系统设计者在构建应用系统时,可根据自己的应用需要选择合适的构件组建,将这些一个个独立的构件组装起来建立应用功能。当发现某个构件有问题时,只需对它进行修改即可,而不必像传统开发一样对整个系统进行重设计。同时,一个构件可被多个应用系统使用,提升了构件的质量。

一个正确的基于构件的应用由一系列构件组成,所有构件通过中间件相互通信,互连在一起。中间件应遵循某些技术标准,如 CORBA 通用对象请求代理。

采用构件化设计方法,显著减少了大规模软件系统开发的复杂度,避免了软件资源的极大浪费,使软件的可维护性、可重用性大大提升。具体而言,构件化设计方法学对复杂系统有如下优点:

(1) 将复杂系统分而治之。

(2) 减少系统集成及测试时间。

(3) 允许构件重用。

(4) 支持标准化。

(5) 允许独立开发并将软件作为独立产品发布。

2.5.3 基于框架的设计方法学

在现代软件工程中,软件重用已经成为其中的一个主要目标。代码重用通过构件化设计技术已经成为现实,但这种代码重用能力仅限于局部、特定的功能。像这种局部、层次较低的重用模式并不适合于特定领域大型软件生产的需要。为了提高软件生产过程的重用力度,软件领域的先驱们开始尝试一种新的方法来提高软件生产力,他们不仅要重用旧的代码,而且要重用相似的体系结构和设计结果,来减少新系统的代价并提高系统的可靠性。基于框架的设计方法学就是这样一种面向特定领域的重用技术。

框架指一组相互协作的类及运行对象,用于维护体系结构各功能构件之间的相互关系,并可根据特定需求生成特定领域的应用软件。根据特定的应用系统,框架可方便地描绘一个待建应用系统的主要结构。建立在框架基础上的应用软件只需根据具体需求制定功能部分,因此更容易生成应用程序。利用框架生成的应用程序具有相似的结构、并且可以清晰地实现软件模块之间的功能划分,这有助于大型软件设计、故障定位及维护,因此具有更高的质量。同时,采用框架技术,当系统部分结构发生变化时,如需要增加新的功能模块或删除某个功能模块,只需按固定的模式更改框架中对应的内容,不会影响到系统整体及其他部分,而传统方式往往需要对整个系统重新设计,耗费大量的人力、物力及时间。因此,基于框架的设计方法学可以方便地适应系统需求的更改或其他同类系统的研制。

如果说软件构件是预先定制好的系统"零件",那么框架则更像用于组装这些"零件"的系统"生产线"。由"生产线"制造的产品一般具有更高的效率及更高的质量。

2.5.4 基于模型驱动的设计方法学

虽然基于构件的设计方法学为解决复杂系统性问题奠定了较好的基础,但在实际工作过程中,还将遇到许多问题,如:

(1) 构件化设计完成了对复杂系统的细分问题,但还不能表征复杂系统的整体结构,不能为复杂系统所涉及的不同领域、不同专家、不同团队之间提供统一的沟通方式。

(2) 构件之间的互连关系关联复杂,涉及多个文件交叉,任何一个地方的修改将影响到其他地方,可视化、自动化程度不高,容易出错。

(3) 构件关联关系 XML 描述文件编写困难,理解不易。

(4) 人工编程量太大,工作效率不高,人为错误较多,代码质量难于控制。

解决上述问题,进一步提高开发速度,提高质量的途径将求助于基于模型驱动的设计方法学。模型驱动的设计方法学是近些年来解决不同领域专家之间相互沟通、驾驭嵌入式系统复杂关系的新途径。

模型驱动的设计方法学采用图形化方法建立系统模型,验证模型的有效性。通过图形化建模,采用类似"电路图"的方式,建立复杂系统的高度抽象模型,表征复杂系统整体结构、各分层结构、层与层之间的关联关系等,使得人们对复杂系统的内部实体、实体属性、实体之间的关联关系、演变过程更加清晰,同时也为不同领域专家之间、项目团队之间建立统一的复杂系统沟通方式。

现代模型驱动的设计方法学与具体实现直接关联。对于构建好的复杂系统图示化模型,现代设计工具具有根据图示化模型自动生成系统模型描述文件(通常采用 XML 描述语言),从而减轻人工软件编程工作量,实现"自动化工具"设计过程,减少人为错误,提升系统质量。

在模型驱动的设计方法学中,图示化系统模型表示方法适合于人与人之间的沟通,而 XML 语言描述系统模型表示方法适合于机器解析,从而建立了人与人、人与机器之间的沟通之路。

图 2-13 所示为某应用的图示化模型,该模型清晰地描述了应用的构件组成及构件与构件之间的连接关系。

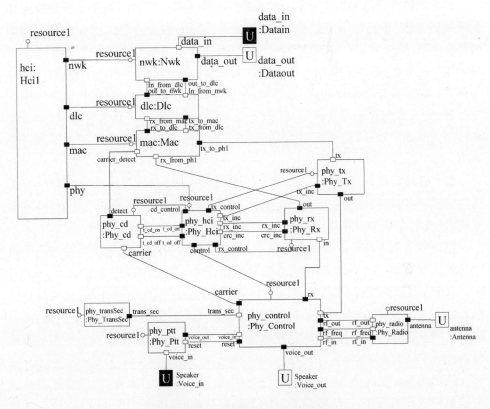

图 2-13 模型驱动开发示意图

2.6 从复杂系统观点看航空模块化高度综合系统

2.6.1 航空模块化综合集成系统的复杂性特征

开放的复杂巨系统的存在是相当普遍的,现代模块化高度综合集成电子信息系统就是一个高度复杂的开放式系统,具备复杂系统的所有特征:

(1)成长性。如航空模块化综合集成系统从研制到装备服役全寿命周期超过30年,在这么长的时间内,外部环境不断发生变化,微电子技术遵从摩尔定律向前发展,每18个月性能提升一倍,应用系统技术指标不断提升,新应用系统不断加入,作战理念、作战模式不断发生变化。模块化高度综合集成航空电子信息系统如何适应外部环境的变化,保持长期的性能优势,系统具备成长性,是其应考虑的主要问题。

（2）复杂性。从纵向看,模块化高度综合集成航空电子信息系统涉及的应用系统包括雷达、电子战、通信/导航/识别、光电等多传感器功能综合集成,各应用系统相互关联,耦合性强;从横向看,模块化高度综合集成航空电子信息系统涉及系统智能控制管理、智能信息融合、应用软件、框架软件、中间件、硬件平台、硬件模块等;目前,一个典型的模块化高度综合集成航空电子信息系统包含 50 余种应用功能线程,定义了 150 余种系统类,整个系统超过 40000 余个可重配置项,整个系统软件量大于 5000000 行,设计开发队伍超过 300 人,在技术及管理等方面都异常复杂。

（3）其他特征。模块化高度综合集成航空电子信息系统对系统可靠性要求高,系统各实体之间耦合程度高、行为过程复杂,硬件故障随机出现、软件故障不易发现,系统具有明显的突现性、不稳定性、非线性、不确定性、不可预测性。

纵观航空电子综合集成结构的演变历史,可以发现第三代综合集成结构采用联合式数字结构,在这种结构中,系统各功能设备独立存在,功能设备之间通过 MIL - STD - 1553B 数据总线互连在一起。各功能独立设备内聚性高,相关部件被包装在一起,局部化程度达到最高,而系统各功能设备之间采用松耦合工作方式,设备之间耦合程度越小,则系统更改越容易被限制在各设备内部,而不会影响其他设备。

第四代模块化高度综合集成系统正好与第三代系统相反,各功能实体在物理上被高度综合集成在一起,各功能实体之间高度耦合,内聚性最小,局部化程度最低、耦合程度最高,任何一个部件修改都可能影响到其他功能实体,导致系统可靠性、可扩展性不强,系统复杂性急剧增加。

因此,从系统集成观点看,第三代综合集成结构是最适合系统集成的结构,各功能设备物理上完全独立,设备内部高度内聚,设备之间松散耦合,任何设备的升级、扩展都局限在设备内部而不影响系统其他部分。

解决模块化高度综合集成系统复杂性问题的根本出路在于将物理上高度耦合的系统划分为逻辑上松耦合系统,提高系统各实体的内聚性,降低各功能实体之间的耦合性。

采用分层结构模型是解决电子信息系统领域复杂性问题的有效方法。通过分层处理,复杂系统划分为若干层次,各层次由不同的功能构件构成,构件完成特定的行为功能并具备接口定义,构件之间通过标准协议通信。经过复杂系统分层逻辑模型处理后,构件(实体)、构件的属性(属性)、构件之间的互连关系(活动)构成了系统的 3 个要素。

通过分层结构模型将高度内聚的模块化综合集成系统进行抽象分层处理,各层由完成特定功能的功能实体构成,功能实体内部高内聚,功能实体之间松耦合,使之具备第三代航空综合集成系统的特性,如图2-14所示。通过这种处理方法,从系统集成观点看,模块化综合集成系统与"联合式"综合集成系统最大区别是将真实物理层的独立演进为虚拟逻辑抽象层上的独立。

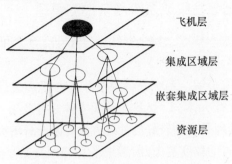

图2-14 复杂系统的分层处理模型

虽然分层处理模型为复杂电子信息系统提供了较好的处理方法,但系统复杂性问题依然存在,只不过这种复杂性由原先系统内部各功能实体、各因素之间无序的错综复杂关系转变为对系统内各层次、各功能实体之间的有序管理问题,如图2-15、图2-16所示。其中,图2-15描述了单个子任务内部进程、命令、消息之间的复杂通信关系,图2-16描述了系统分为系统层、应用层、基础层、COTS软件层、COTS硬件层之后进程、命令、消息之间更加复杂的通信关系。

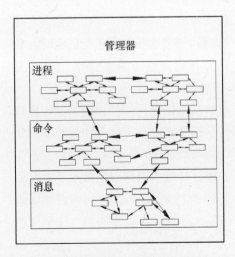

图2-15 子任务内部进程、命令、消息之间的复杂通信关系

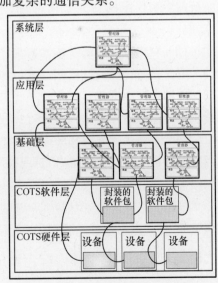

图2-16 系统分层后内部进程、命令、消息之间的复杂通信关系

对分层后复杂系统的管理与系统的体系结构设计密不可分。好的体系结构是解决系统复杂性问题的关键,而好的基础平台是支撑复杂系统体系结构实现的主要技术手段,是解开复杂系统"黑箱",深入了解系统内部的有效途径。

2.6.2　航空模块化综合集成系统复杂性的管理

根据复杂系统的基本特点,对复杂系统进行设计,应综合考虑以下几个方面的因素:

(1) 对系统的良好分解。系统分解的任务是根据系统目标要求,获取对系统构成的基本单元实体(或元素)以及基本单元实体之间交互关系的基本认识。对于复杂的系统,分层处理是一种较好的处理方法。系统分解究竟分为多少个层次,在各层上系统构成元素的粒度多大,因系统本身特性及其复杂性而异。在多数系统中,通常一开始是很难清晰地分解出各层及与之对应的构成元素,因此,需要经过很多反复,才有可能得到比较清晰的分析结果。好的系统分层设计应使得组成系统的基本元素只与其相邻的层发生关联,而与其他层无关联,确保层与层之间的独立性。

(2) 对构成系统基本元素的合理划分。对构成系统基本元素的划分应根据系统目标,系统特点进行合理划分。基本元素设计应遵循高内聚性、低耦合性设计原则,同时还应考虑元素的标准化、通用性等设计要素。当元素进行修改、升级时,对系统的影响仅限制在元素内部,而不影响其他元素,确保元素与元素之间的独立性。

(3) 对构成系统的基本元素与元素间关联关系的良好管理。元素与元素之间的关联关系包括层与层之间、同层之间的关联关系,通常这些关联关系随着时间的增加而动态发生变化。对复杂系统关联关系的管理维护是一项复杂的工作,采用特定的框架对这些复杂关系进行管理维护是一项较好的选择。

(4) 对系统发展变化的适应性。在一个开放式系统中,随着时间的发展,系统与外部环境之间存在能量、信息或物质的交换,系统处在不断发展变化过程中。在对一个复杂开放式系统设计过程中,适应系统需求变化能力是一项重要研究内容。当系统需求发生变化,增加新的功能时,应能确保新功能与其他旧功能实体不发生竞争冲突。

2.6.3　国外航空模块化综合集成系统发展的经验及教训

复杂系统的显著特点是开放性、复杂性,同时具有突现性、不稳定性、非线性、不确定性、不可预测性等特征。在电子信息系统领域,随着系统规模的不断增加,系统的复杂性急剧增加,这一点在模块化高度综合集成的航空电子系统中尤为突出。同时,系统要有足够的开放性,设计既要考虑到当前技术状态,又要考虑未来数十年的发展变化,使得系统设计相当困难、异常复杂,这一点可以从国外模块化综合集成航空电子系统发展历程看出。

从 20 世纪 80 年代开始,美国空军先后投入了近 20 亿美元研制经费及大量优秀的工程技术人员率先在航空电子综合化通信导航识别(CNI)领域开展了航空电子系统综合集成设计,主要有 3 个计划:

1) ICNIA 计划

ICNIA(Integrated Communication Navigation Identification Avionics)计划始于 1983 年,当时的主要指导思想是采用通用化模块及可重构技术实现综合化通信、导航、识别功能。ICNIA 计划主要集中点为设计通用接收机及数字处理模块,为多种频率波段、带宽、增益特性、调制方式、抗干扰方式等提供统一的可重配模块。该计划验证了 CNI 系统综合集成的可行性,但也遇到较多的问题,如采用单一的接收机满足全波段 RF 要求太复杂、太昂贵;单一波形跨多个处理器,导致接口关系、定时关系复杂;定制专门的处理器;硬件、软件修改与系统密切相关导致系统成本急剧增加,进度严重滞后等。

2) F–22 CNI 计划

F–22 CNI 项目始于 1988 年,充分吸收了 ICNIA 的经验教训,重新设计了软、硬件体系结构,并采用了一些当时出现的功能更强大的新处理器。但由于当时认识水平、硬件技术水平的限制,导致系统体系结构并不开放,系统在可扩展性、可升级性、可测试性、通用性等方面遇到较多的问题,如:

(1)总线形式繁杂多样,开放性不够,导致其他厂家设计的硬件很难满足 F–22 的技术要求。

(2)对未来技术发展、更新变化考虑不周,多条技术落后的部件生产线的关闭导致部件供应困难。

(3)系统未采用开放式总线互连结构导致系统升级困难,采用的通用共享并行总线导致数据、控制拥挤,设计余量小,几乎无法插入新的功能。

(4)系统软硬件可靠性质量不高,软硬件关联关系过于复杂,定位、查找、发现问题困难。

(5)定制大量专用器件,成本过高。

RAH–66 Comanche CNI 计划始于 1996 年,早期沿用了 F–22 CNI 设计思路,但在 2003 年,重新签订合同,要求设计与 SCA 兼容,支持软件重用,通过 SCA 技术,在 Comanche CNI 项目中开发的波形软件可直接用于 F–35 CNI 系统。该合同的签订,标志着 Comanche CNI 系统与 F - 22 CNI 系统技术体制上的彻底分离。

3) F - 35 综合射频计划

F - 35 CNI 计划始于 2000 年左右,由于微电子技术的迅猛发展,F - 35 CNI 采用了更加先进的处理器及总线技术,系统的开放性得到进一步的提升,部分解决了 F - 22 遇到的设计困难。但由于 F - 35 CNI 计划早于 SCA/CORBA 技术(CORBA 技术成熟于 1999 年左右,SCA 技术成熟于 2003 年左右)的出现,早期并未采用 SCA 技术,软件体系主要采用基于“类”的传统设计思路,为此,F - 35 综合航电系统定义了 150 余种“类”。但随着 SCA 技术的逐渐成熟,对 SCA 技术认识程度的不断提升,F - 35 综合航电系统不断更改其设计,其中 CNI 部分要求采用 SCA 设计理念,与 SCA 技术兼容。

从国外模块化综合集成航空电子系统,尤其是综合化通信、导航、识别系统发展历程来看,也经历了一段由混乱到逐渐成熟的历史进程。早期的 ICNIA 计划对系统的复杂性认识不清,设计仅局限于硬件模块的通用性及可重构性上,系统在层次划分、基本元素粒度划分、元素的内聚性及耦合性等方面考虑严重不足。

F - 22 CNI 计划虽然吸取了 ICNIA 计划的经验教训,重新设计了软、硬件体系结构,但对软、硬件部件基本元素的划分仍考虑不足,软件部件之间、快速发展变化的硬件部件之间及软硬件部件结合之间耦合关系过于密切,导致系统定位、查找、发现问题困难。同时系统对开放性设计考虑不足,功能之间资源竞争严重,新功能很难插入,系统很难升级改造;事实上,由于当时的技术水平及设计理念的限制,在经过近 20 年的开发计划,第一架 F - 22 进入服役期以前,已不得不进行 4 次重大的技术升级,并且,不得不每年支付近 5 亿美元的系统升级费用。故文献[5]将其称为“伪 IMA”系统。

早期 F - 35 综合射频计划虽然在硬件上采用了 FC、Raceway 等先进的开放式总线技术,在一定程度上解决了系统内部功能数据流传输竞争问题,具有一定的开放性。但由于 F - 35 计划早于 SCA/CORBA 技术,体系结构上没有利用 SCA/CORBA 的技术优势,在软件之间、硬件部件之间及软硬件部件结合之间仍高度耦合。随着对保持系统功能线程之间相互独立,软硬件部件相对独立,支持系统可成长性、可重构性等复杂系统基本特点的认识日益清晰,SCA/CORBA、SwitchFabric 高速总线等技术的日益成熟,F - 35 综合航电系统不断更改其设计,甚至 2008 年 6 月的最新报道显示,F - 35 再次对其航空电子设备开放式结构进行了重新设计定义。

模块级高度综合集成电子系统复杂性问题客观存在,良好的系统分层设计,良好的功能实体(或基本元素)划分,确保功能线程之间独立、确保功能实体(或

基本元素)之间独立是模块级高度综合集成复杂系统的设计重点。事实上,F -
35 综合射频系统从 ICNIA 计划、F - 22 CNI 计划中学到的最大经验教训就是如
何确保功能线程之间的独立。而快速变化的硬件与应用软件之间解耦,在保护
系统功能及应用软件投资的同时,既能支持技术进步、允许新技术插入,又能容
忍硬件的滞后更新、新旧共存,是模块级高度综合集成系统必须解决的基本
问题。

参 考 文 献

[1] 钱学森,等. 论系统工程. 长沙:湖南科技出版社,1988:538 - 539 .

[2] 王寿云,等. 开放的复杂巨系统. 杭州:浙江科技出版社,1996:262 - 263 .

[3] 杨善林,等. 复杂决策任务的建模与求解方法. 北京:科学出版社 ,2007.

[4] 袁旭梅,刘建新,等. 系统工程学导论. 北京:机械工业出版社,2006:150 - 159 .

[5] 黄欣荣. 复杂性科学的方法论研究. 重庆:重庆大学出版社,2006,111 - 117 .

[6] 操龙兵,等. 开放复杂智能系统. 北京:人民邮电出版社,2007:149 - 151.

[7] Alhir S. UML 高级应用. 韩宏志,译. 北京:清华大学出版社. 2004:43 - 65 .

[8] Gomma H. 用 UML 设计并发、分布式、实时应用. 吕庆中,等译. 北京:北京航空航天大学出版社,2004:
     45 - 46.

[9] Garland J, Anthony R. 大型软件体系结构:使用 UML 实践指南. 叶俊民,等译. 北京:电子工业出版
     社,2004.

[10] 陈颖. 从复杂系统观点看模块级综合集成航空电子结构. 电讯技术,2009,49(4): 98 - 103.

[11] 陈颖. 从复杂系统观点看国外模块级综合集成航空电子系统经验及教训. 电讯技术,2010,50
     (2):107 - 110.

[12] Giddings V, Hermeling M. Component Based Software Design Using Corba. http://www. zeligsoft. com/files/
     whitepapers/Component - Based - CORBA - WP. pdf.

[13] Lee Y H. Scheduling Tool And Algorithm for Integrated Modular Avionic Systems. Digital Avionics Systems
     Conference, The 19th, 2000. Proceedings. DASC.

[14] Hermeling M. Component - Based Support for FPGAs and DSPs in Software Defined Radio. http://www. zelig-
     soft. com/files/whitepapers/Component - Based - Support - FPGA - DSP - WP. pdf.

[15] Henning Vinoski. Advanced CORBA Programming With C + + . Addison - Wesley Professional Computing.

[16] OMG. CORBA 系统结构、原理与规范. 韦乐平,等译. 北京:电子工业出版社,2001.

[17] Fayad M E, Johnson R E . 特定领域应用框架:行业的框架体验. 姜晓红,等译. 北京:电子工业出版
     社,2004.

[18] Sahni S. 数据结构、算法与应用. 汪诗林,等译. 北京:机械工业出版社,1999.

[19] Viasat Government Systems. Mulit - Function Multi _ mode Digital Avionic(MMDA) Survey and Assesment of
     Military Avionics. ACAST Worksho PReport Presentation, 2004.

[20] Rick Dinkins, Harry D. Integrated Architecture Development and Fielding. https://www.incose.org/so-md/archives/ChapterMeetings/2004/SIAPCaptJefferyWilsonUSN.pdf.

[21] Phil West. Through Life Avionics Cost Reduction Using Configurable, Reusable, and Extensible Software Technology. Through-Life Avionics Symposium, 2002.

[22] David Fitzjohn. Implementing Advanced Avionics-the Good News. Through-Life Avionics Symposium, 2002.

[23] Mosterman P T, Ghidella J. Model-Based Integration Design for System. http://library.queensu.ca/ojs/index.php/PCEEA/article/download/3912/3958.

[24] Evans E. Domain-Driven Design, Tacking Complexity in the Heart of Software. Posts & TeleCom Press, 2003.

第3章　模块化综合集成系统体系结构

3.1　体系结构定义

根据 IEEE STD610.12 定义,体系结构是系统的基本组织关系,它体现了构成系统的组件、组件之间的关联关系,以及组件与环境的关系,还包括指导系统设计和演进的准则。体系结构由组件、接口、标准及框架 4 个部分组成。组件完成系统的实体功能,接口及标准规定了组件间的关联关系,框架定义了系统所有组件之间的关联关系。体系结构实际上是一个系统的抽象,通过抽象的组件、组件外部可见的属性及组件之间的关系来描述系统,如图 3 - 1 所示。

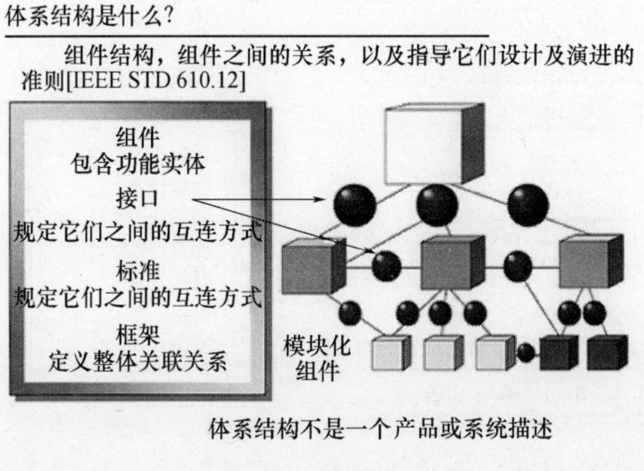

图 3 - 1　体系结构

体系结构视图是从一个特定的角度对特定的系统或部分系统的表达,以指导构造、管理、开发、培训、测试以及从事其他与软件系统创建和维护相关的工程任务。

软件体系结构指通过构件和构件之间的连接把系统的整体结构和单个构件的内部细节分割开。软件体系结构强调构件以及构件之间的相互连接,通常称为"大样编程",而单个构件的设计称为"小样编程"。

3.2 ASAAC体系结构

为解决其内部的航空电子系统不标准的问题,北大西洋公约组织(NATO)成立了联合标准航空电子系统结构委员会(Allied Standard Avionics Architecture Concil,ASAAC),从1997年末就开始标准航空电子体系结构的研究。该委员会主要由英国、法国和德国的专家组成,开展了广泛的工作,在2005年提交了一套IMA系统设计规范。该规范注重系统的一致性和集成度,目标是以较低的成本提供更强的任务和操作效能。

目前,ASAAC标准已经发布了5个标准,这些标准分别从软件、通信/网络、通用功能模块、机械结构和体系结构等方面对IMA系统进行了规定,此外还制定了非强制性的系统实现指导方针。ASAAC公布的航空电子系统标准的结构如图3-2所示。

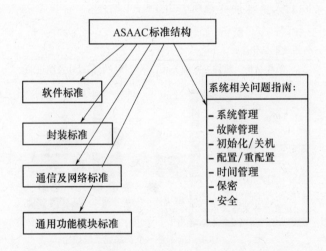

图3-2 ASAAC公布的航空电子系统标准的结构

3.2.1 ASAAC体系结构设计目标

联合式体系结构由大量的不同生产厂家提供的独立设备组成,这些独立设备功能软件与各自特定的硬件绑定在一起,导致系统具有高的维修率(低的出勤率)、低的软件及硬件重用率、大量的种类繁多的备件,系统全生命周期成本很高。随着任务需求的不断拓展,当前航空电子系统变得更加复杂、庞大,这种趋势进一步加剧。同时,随着半导体器件的不断更新,生命周期不断缩短,常常导致系统在研发阶段技术就落伍了。为克服上述问题,ASAAC 制定了先进航空体系结构 3 个设计目标:

(1)任务性能的提升,指全天候环境下平台功能、能力、准确性、可互操作性、可配置性等方面的能力。

(2)运行性能的提升,飞机可用性提升至平时 150 飞行小时或战时 30 天,而无需维护。

(3)低的全生命周期成本,全生命周期成本降低在当前采购及维护成本以下,而平台生命周期在 40 年以上。

为实现此目标,ASAAC 工作小组制定了 IMA 系统顶层需求,包括:

(1)TLR _ 1:小的通用模块集合。

(2)TLR _ 2:模块能应用于宽的平台。

(3)TLR _ 3.1:支持软件重用。

(4)TLR _ 3.2:支持模块一线维护。

(5)TLR _ 3.3:支持系统级自测试。

(6)TLR _ 3.4:具有推后维护能力。

(7)TLR _ 3.5:具有宽泛的自检及可测试性能力。

(8)TLR _ 8:具有互操作能力。

(9)TLR _ 9:具有互换能力。

(10)TLR _ 10:具有技术透明性。

(11)TLR _ 11:使用商用器件、技术及开发过程。

(12)TLR _ 12:最大化数字处理能力。

(13)TLR _ 13.1:通用化系统及性能要求。当 ASAAC 系统集成到真实的武器系统时,依赖于核心处理系统和非核心模块(如前端模块)的互连方式,而这种连接方式应由 ASAAC 网络保证。

(14)TLR _ 13.2:传感器及子系统。APOS 接口应为所有航空应用(包括雷达、光电、电子战、传感器融合、飞控、CNI、任务管理、人机界面等)提供接口服务。而在 CFM 模块中定义的数据、图像、信号处理模块应为这些应用功能的实现提供最佳效能。

(15)TLR _ 13.3:接口定义。系统设计者应在设计时就定义好硬件资源的共享,相关信息应记录在运行蓝图中。系统管理通过使 SMBP 服务能获取所需的信息并对共享资源进行配置和管理。

（16）TLR_13.4。关键功能；标准应为不同关键任务（如保密、任务、生存、安全）提供便利。

（17）TLR_13.5：系统处理性能及内存要求。

（18）TLR_14.1：系统应具备成长性能力。

（19）TLR_14.2：系统应具备模块化及可配置能力。

（20）TLR_15：测试及认证需求。

（21）TLR_16：安全性需求。

（22）TLR_17：系统管理需求；为了处理与系统相关的功能（如系统初始化、关机、配置、重配置、安全、故障管理等），相关的服务应在软件中定义。

（23）TLR_18：环境影响。

（24）TLR_19：可制造性需求。

3.2.2 ASAAC 体系结构特点

从 ASAAC 三个设计目标及顶层需求出发，ASAAC 体系结构具有的特点如表 3－1 所列，多数特点是从 3 个设计目标及顶层需求得到的。

表 3－1 ASAAC 体系结构特点

体系结构特点	任务性能	运行性能	全生命周期成本
小的模块集合及宽的应用范围	—	√	√
模块具备一线维护能力	—	√	√
最大化互操作能力及模块互换能力	—	√	√
采用开放式体系结构	—	—	√
最大化使用商用成熟技术	—	√	√
最大化软件及硬件组件的技术透明性	—	—	√
最小化硬件及操作系统升级的影响	—	—	√
最大化软件重用及可移植能力	—	√	√
定义宽泛的自检及故障容忍能力以允许推后维护	√	√	√
提供高度自由的功能及物理集成能力	√	—	√
确保可成长能力及减少重测试认证	√	—	√

3.2.3 ASAAC 体系结构核心系统

在从 3 个基本目标推导出一系列的顶层需求后,ASAAC 接下来定义了 IMA 核心系统,如图 3-3 所示。

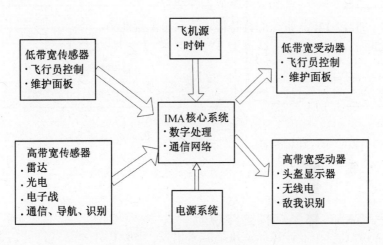

图 3-3 IMA 核心系统

IMA 核心系统包含一个或多个组合机架,机架由从种类极少的标准模块集中选取一系列的标准模块组成,这些模块通过统一的数字网络互连。IMA 核心系统从平台窄带或者宽带传感器接收数据输入,并向窄带或者宽带传感器激励提供输出。IMA 核心系统可以认为是包含许多核心计算资源的单一功能实体,可以用于构造任意规模、任意复杂度的航空系统。因此,IMA 概念可以用于智能导弹、无人机、喷气式飞机、大型军用飞机等多种系统。

ASAAC 期望包含在 IMA 核心处理系统的数字处理覆盖与航空电子平台相关的所有应用,包括飞机管理、任务管理、存储管理、CNI、目标探测和跟踪、显控等,用于 IMA 核心处理内部的统一网络同样可用于功能应用与平台传感器、激励器之间的通信,可以通过接口(IF)实现,如图 3-4 所示。

IMA 核心系统和联合式系统的主要概念差别在于:IMA 系统中功能应用软件并不是驻留在最终的执行模块上,而是所有软件驻留在大容量数据存储设备中。当系统进行初始化配置时,加载到执行模块上。这个概念有助于系统故障的推后维护及模块一线维护的实现。

在定义 ASAAC 核心系统后,ASAAC 接下来从硬件、软件、通信及网络、系统 4 个方面进行细化来实现最初的设计需求。

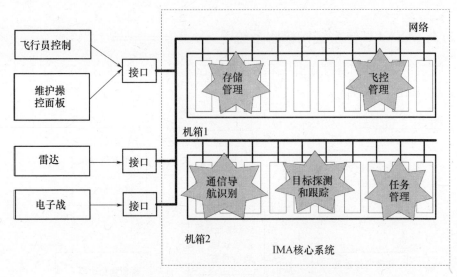

图 3 - 4 IMA 核心系统中的数字处理和通用网络

3.2.4 ASAAC 体系结构硬件规范

ASAAC 定义了 6 种标准硬件类型(或称为通用功能模块,CFM),3 个为通用"处理"模块,分别是通用数据处理模块(DPM)、通用信号处理模块(SPM)、通用图像处理模块(GPM);3 个为系统运行支持模块,分别为电源转换模块(PCM)、大容量内存模块(MMM)、网络支持模块(NSM)。

ASAAC 硬件规范要求除 PCM 外,所有模块采用 48V 供电,以减少趋肤效应。模块内部再将 48V 电压转到所需的工作电压。48V 电压由 PCM 供应,从 270V 转换而来。同时,PCM 还具有关断其他 CFM 模块电源的能力。

ASAAC 为这些模块定义了标准的硬件及软件接口,允许模块通过包交换或电路交换网络进行通信,以最大化模块之间互操作性及模块的互换性。

为进一步降低成本,模块由一系列的通用标准电路单元集进行构造。这些通用标准单元集包括:

(1) MSU(Module Support Unit)负责监视和控制模块的运行,提供模块 BIT 检测、初始化配置、维护测试等功能。

(2) PSU(Power Supply Unit)为模块内部电路提供工作电源。

(3) RU(Routing Unit)为模块内 MSU、PU 单元间提供通信路由。

(4) NIU(Network Interface Unit)为模块内部网络和模块外部网络间提供通信连接。

(5) PU(Processing Unit)为模块提供处理能力。

CFM 模块标准结构如图 3 – 5 所示。

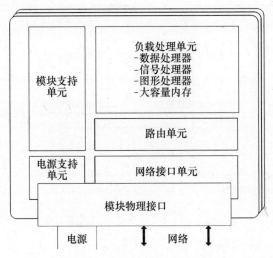

图 3 – 5 CFM 硬件模块标准结构

另外,ASAAC 还要求所有的 CFM 模块应记录和管理嵌入的模块特征信息,以方便系统管理和模块维护。这些内嵌标志信息包括只读的标志类信息和可读写的日志类信息,如表 3 – 2、表 3 – 3 所列。

表 3 – 2 只读信息

名　称	含　义	类型	字节	存 取 方 式
Manufacture – id	厂商 ID 号	字符串	30	模块信息/维护与测试接口
Serial _ id	串号	无符号短整数		模块信息/维护与测试接口
Prod _ batch _ data	生产日期(周:2Byte;年:4Byte)	字符串	6	维护与测试接口
Cfm _ type	模块类型(SPM/DPM/NSM)	字符串	10	模块信息/维护与测试接口
Hw _ version	硬件版本号	无符号短整数		维护与测试接口
Msl _ version	模块支撑软件版本号	无符号短整数		维护与测试接口
Standard _ mpi _ version _ compliance	模块 MPI 接口标准版本号	无符号短整数		维护与测试接口
Standard _ mos _ version _ compliance	模块 MOS 接口标准版本号	无符号短整数		模块信息/维护与测试接口

名　称	含　义	类型	字节	存 取 方 式
Standard _ mli _ version _ compliance	模块 MLI 接口标准版本号	无符号短整数		模块信息/维护与测试接口
Num _ network	模块网络接口数目	无符号短整数		模块信息/维护与测试接口
Num _ pe	模块处理节点数目	无符号短整数		模块信息/维护与测试接口
对驻留在模块上的每一个网络接口				
Network _ if _ id	网络接口 ID	无符号短整数		模块信息/维护与测试接口
Network _ if _ type	网络接口类型	字符串	10	模块信息/维护与测试接口
对驻留在模块上的每一个处理单元				
Pe _ id	处理节点 ID	无符号短整数		模块信息/维护与测试接口
Pe _ type	处理节点类型	字符串	10	模块信息/维护与测试接口
Pe _ performance	节点处理能力	无符号短整数		模块信息/维护与测试接口
Pe _ nonvol _ memory	节点非易失存储器容量	无符号短整数		模块信息/维护与测试接口
Pe _ vol _ memory	节点易失存储器容量	无符号短整数		模块信息/维护与测试接口
Pe _ num _ timer	节点的定时器数目	无符号短整数		模块信息/维护与测试接口
对驻留在模块上的每一个处理单元上的每一个定时器				
Pe _ timer _ id	定时器 ID	无符号短整数		模块信息/维护与测试接口
Pe _ timer _ resolution	以纳秒为单位的定时器分辨率	无符号短整数		模块信息/维护与测试接口

表 3-3 可读写信息

名 称	含 义	类 型	字 节	存取方式
Operational_hours	模块工作时间(精确到分)			
Maintenance_log	维护日志		每条日志256Bytes	读日志设备:只读
	时间戳	无符号长整数		
	维护者身份标志	字符串	30	维护与测试:读/写
	维护项目	字符串	222	
System_log	工作日志		每条日志32Bytes	读日志设备:只读
	时间戳	无符号长整数		维护与测试:只读
	相关系统标志	字符串	28	写日志设备:只写
Module_status	模块当前状态:正常、故障、执行 PBIT、执行 IBIT 等	字符串	10	模块状态:只读 维护与测试:只读

3.2.5 ASAAC 体系结构软件规范

ASAAC 体系结构软件采用三层模型结构,如图 3-6 所示,分别为应用层、系统运行层及模块支持层。其中,应用层主要包括航空应用功能,如任务管理、飞控管理、光电、电子战、CNI 等应用功能及对这些应用功能的管理;系统运行层主要包括实时操作系统、操作系统扩展及系统通用管理功能;模块支持层主要包括设备驱动及板级支持包等功能。ASAAC 通过标准的 APOS 接口及 MOS 接口分离各层,各层独立于底层。

ASAAC 基本软件项包括:

(1) 运行蓝图(Runtime Blueprints):如系统配置信息,运行信息等。

(2) 应用功能软件(Function Application)。

(3) 基本实时操作系统(RTOS):如线程调度、虚拟内存、通信、文件、同步机制、定时管理等。

(4) 操作系统扩展:如虚通道管理、故障管理、安全服务、数据库等。

(5) 应用管理功能(AM)。

(6) 通用系统管理(GSM):如健康管理、故障管理、配置管理、安全管理。

(7) 模块化管理:如上电 BIT、功能线程加载、内存资源、通信资源、中断资源、定时器等。

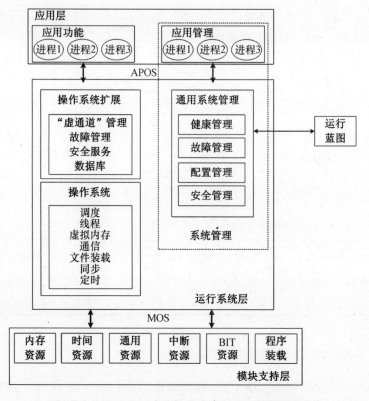

图 3-6 ASAAC 体系结构软件采用的三层模型结构

APOS 为应用层与运行层接口,为应用功能软件编程者提供了近 50 种服务接口,这些服务接口分为以下几类:

(1)"虚通道"通信类。

(2)同步类(如事件、信号量等)。

(3)定时类(如全局时间、局部时间)。

(4)线程管理类。

(5)故障报告类(报告应用功能检测到的故障)。

MOS 为运行层与模块层接口,为系统运行层提供了一套与硬件无关的服务接口,包括:

(1)处理器支持(内存管理、中断等)。

(2)CFM(定时、自检等)。

ASAAC 提供的详细 APOS、MOS 接口函数见附录 1。

通过对上述三层软件模型的合理分隔,ASAAC 实现技术透明性及软件重用能力。底层硬件(如处理器)升级时不需要修改系统运行层或应用功能软件,避免了当硬件升级时整个系统软件需要重写、整个系统需要重新测试验证。同样,当操作系统升级时,也不需对应用功能软件进行任何修改。ASAAC 每个软件层可以用与飞机系统和底层硬件的独立和依赖关系来描述,如表 3-4 所列。

表 3-4　依赖关系

软　件　层	与飞机依赖关系	与硬件依赖关系
应用层软件	依赖	独立
系统运行层软件	独立	独立
模块支持层软件	独立	依赖

3.2.6　ASAAC 体系结构通信机制

　　ASAAC 软件分布在一个网络处理平台上,应用功能软件由一系列的软件构件通过"虚通道"互联在一起,如图 3-7 所示。应用程序 APP1 由 3 个构件 C1、C2、C3 组成,3 个构件分别驻留在 3 个不同的 CFM 模块,构件 C1、C2、C3 通过网络提供的"虚通道"进行互联。

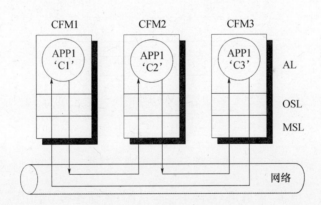

图 3-7　"虚通道"示意图

　　"虚通道"的主要特点是与位置无关。"虚通道"在 IMA 系统配置时创建,是ASAAC 系统中唯一的基础设施。在其之上,应用功能构件之间、与传感器或显示之间可任意通信。

　　在这种"虚通道"机制下,无论源或目的都不知道、也不需知道通信的另一端信息。事实上,这种信息对应用层而言被屏蔽了。通过这种措施,可以方便地实现应用代码移植、重用及系统重构功能。

"虚通道"通信链路的配置由系统蓝图数据标定。单一功能应用软件采用局部"虚通道"号进行标志,该通道号在功能软件内是唯一的,并且独立于其他功能软件。

系统管理功能在系统启动时,在通信发送和接收端根据系统通信蓝图数据创建对应的通信对象,通过该对象完成对通信端口的配置,如图3-8所示。配置过程如下:

（1）运行系统创建一个"虚通道"例化,分配一个全局"虚通道"号,该"虚通道"号在整个系统是唯一的。在发送和接收端,该"虚通道"应该是相同的。

（2）运行系统将功能软件局部"虚通道"号与系统全局"虚通道"关联。

（3）运行系统创建一个全局"传输连接（TC）"通道号,该"传输连接"通道号在整个系统是唯一的,用于标志该"传输连接"通道。在发送和接收端,该"传输连接"通道号应该是相同的。

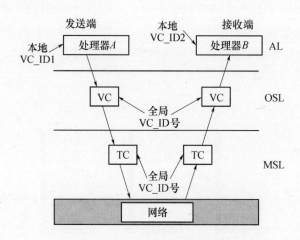

图3-8 "虚通道"通信过程

（4）运行系统将"虚通道"号映射到合适的"传输连接"通道上。

3.2.7 ASAAC体系结构网络

ASAAC对网络体系结构的要求如表3-5所列。

表3-5 网络体系结构需求

条 目	描 述
ASAAC网络	仅用于在ASAAC核心系统内传输数字信息
开放式标准	无私有规范,应说明处理器或组件

64

条 目	描 述
可扩展性	对所有系统大小而言,网络应可扩展
单一逻辑网络	对应用层而言,网络应是单一的网络
网络连接	网络应支持高层互联,在机箱与机箱、机箱与传感器或激励器之间应最小化网络互联(如最小化机箱间线缆数目)
站点隔离	网络内部节点距离应至少支持200m
时间分发	网络应支持时间信息的分发
最小化模块集	网络需求不应导致CFM模块种类的增加
可互换性	在形式、规格、功能上应支持CFM模块的互换
初始化	网络应初始化在一个固定的状态
成长性能	网络应支持系统成长;网络应支持技术插入
全生命周期成本	网络应支持宽的系统内部件重用能力;网络应最大化使用COTS标准及技术;网络标准选择应基于最大化寿命准则;网络应支持跨平台重用能力
故障容忍	网络应可重配,以支持故障容忍能力
测试及维护性	不需专门的工具或设备移去/更换网络支持模块(NSM);不需专门的工具或设备移去/更换背板;一线维护应为模块更换;无需中断网络链路进行系统健康状态检测;无需网络校正过程
机械限制	网络部件机械结构应遵循ASAAC封装规范
环境	网络部件环境应遵循ASAAC封装规范
技术独立	应用层及运行系统层的软件应独立于通信硬件
测试验证	网络不应影响系统测试验证
路由	网络应以可靠的方式路由信息到指定的进程

ASAAC对网络系统的要求如表3-6所列。

表3-6 网络系统需求

条 目	描 述
数据装载	网络应支持系统初始化及网络数据装载能力
流量的测试、控制及维护能力	网络应在不影响正常流量的情况下支持流量的测试、控制及维护
负载内容	网络应不受负载内容的影响
重传	网络无需自动重传

条 目	描 述
网络节点	网络应至少支持256个节点
网络互联	网络互联应可重配；互联配置改变只能由系统软件进行；互联配置改变时间应小于10ms
组播	网络应支持组播能力
通信服务	网络应支持面向连接的IPC通信机制
数据率	网络应支持>2Gb/s的数据流传输能力，>200Mb/s的消息流传输能力；网络介质数据传输能力应支持>10Gb/s
可预测性	传输时间延迟应保证
数据接收	能够通过可屏蔽中断号通知功能软件数据接收到达

3.2.8 ASAAC体系结构系统管理

系统管理负责系统从上电启动，初始化开始，系统在地面、飞行到系统断电的全过程状态的管理，其具体功能包括：

（1）控制系统初始化、配置、重配置及关机过程。

（2）按照飞行员和/（或）任务应用，控制任务模式选择。

（3）识别、屏蔽、滤除及定位故障。

（4）为地勤人员提供综合测试和维护能力，判断当前系统的工作状态，必要时纠正错误。

（5）提供与保密安全相关的服务。

ASAAC对系统进行三层抽象管理，分别是航空平台层（Aircraft Level）、集成区域层（Integration Area Level）、资源层（Resource Element Level），如图3-9所示。

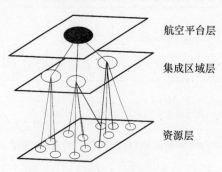

图3-9 ASAAC三层抽象系统管理

其中,航空平台层是一个系统管理功能实体,负责控制及监视整个 IMA 核心系统。集成区域层也是一个系统管理功能实体,负责控制及监视一个完整的集成区域。资源层是分层系统管理分层结构的最底层,负责单一处理单元的管理。

在 ASAAC 系统中,子功能系统的物理实现界限并不受限,也就是说包含多个处理器的功能应用可以分布到位于不同机箱的多个 CFM 模块上。这为将相同功能的一组应用集成在一起提供了极大的自由度。通过这种方式,属于不同子系统的应用功能之间可以方便地共享数据,在逻辑上将它们相互集成在一起。这种关系在 ASAAC 系统内称为"集成区域"。

"集成区域"实质上是在逻辑上将驻留在不同物理区域上功能相近的应用功能组合在一起,如图 3 – 10 所示。在一次任务的执行过程中,集成区域不需要固定,可根据不同时期特定功能任务的需要动态创建或删除。

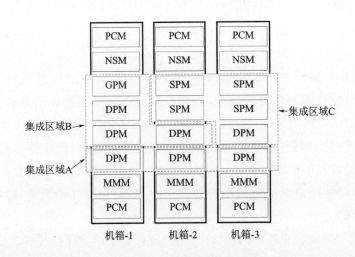

图 3 – 10   ASAAC 集成区域

ASAAC 系统管理软件模型如图 3 – 11 所示,包括应用管理(AM)及通用系统管理(GSM),分别驻留在应用层及运行系统层。

应用管理(AM)负责对应用层相关功能的管理,接收来自飞行员的命令(如飞行模式、飞行阶段的改变),并通知通用系统管理(GSM)实现这些模式的变化。它实际上是应用功能与特定 GSM 例化之间的接口。

通用系统管理(GSM)在运行系统层,负责对资源的管理。它包括 4 个主要功能,即健康监测、故障处理、配置管理及安全管理。

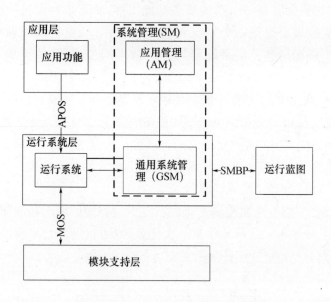

图 3-11 ASAAC 系统管理软件模型

在 ASAAC 整个三层软件结构中,存在着一系列的故障监测机制,如应用功能检查数据是否超出界限范围、操作系统检查某些功能调用是否异常、模块支持层通过 BIT 检查硬件是否故障等。在 GSM 中的健康监测功能对所有的故障报告进行聚焦分析,负责对故障的初始滤波处理,以确定这些故障是临时性的、永久性的还是固有的。一旦滤波处理完成后,这些故障信息送往故障管理功能,该功能完成对故障的所有管理策略处理,包括故障识别、确定、屏蔽及限制在局部等。

配置管理功能负责系统的初始化配置,及接下来由于飞行模式改变或故障导致的系统重配功能。IMA 结构从逻辑系统映射到真实的物理系统有多种映射方式,对 IMA 这种复杂的高安全性系统,所有可能的逻辑系统到真实系统的映射都应离线设计,并进行离线仿真及分析。因此,真实的配置管理功能只是简单的完成系统从一个预定状态到另一个预定状态的转移。

随着 IMA 系统规模的不断扩大,这种映射过程变得越来越复杂。为减轻这种复杂性,有必要寻找一些方法来简化这些过程,蓝图技术因此而产生。蓝图的主要作用就是产生配置信息,以支持航空逻辑系统向特定的真实物理系统的转变。在 ASAAC 中,GSM 中的配置管理功能通过 SMBP 接口从外部运行蓝图中获取配置信息,完成对系统的配置。

3.3 分布式模块化综合系统体系结构

3.3.1 分布式模块化综合系统

ASAAC 标准规范定义了一个 IMA 核心系统,该核心系统包含一个或多个组合机架,集中了所有的计算资源(如信号处理、数据处理、图像处理等),并期望所有窄带及宽带传感器的计算都在该系统内实现。这对 ASAAC 系统网络性能提出了极高的要求,要求这些网络不但具有极高的带宽,还必须具有极高的实时性,极低的时间抖动特性。这种统一网络设计相当困难,特别是对具有高复杂度计算特性的军用航空传感器系统。

通常,为提高复杂战场环境下作战性能,相对民用航空系统而言,军用射频传感器系统通常具有极高的信号带宽,导致极高的数据传输流量。如射频信号带宽为 10MHz 的信号,采用 4 倍复基带数字 AD 采样,量化阶数为 16 位,则数字化后数据流量为 $10\text{MHz} \times 4 \times 2 \times 16 = 1280\text{Mb/s}$。而事实上,军用射频传感器系统中多数射频信号的带宽远不止 10MHz,并且种类、数量众多,这导致 ASAAC 体系结构中网络极其复杂,宽带传感器与 ASAAC 核心系统的接口(IF)极其复杂,很难实现。

除对网络传输带宽要求外,军用射频传感器系统对系统的响应时间也有极高的要求,如通信导航识别子系统中的战术抗干扰通信常采用高速跳频工作体制,跳频速率每秒可达上千、上万跳,这要求系统处理响应时间为毫秒级,甚至微秒级。这对网络的传输时间延迟、传输时间抖动等特性也提出了极高的要求,过多的接口(IF)转换将导致过长的数据传输时间延迟及传输时间抖动。

为解决上述问题,一种将计算资源进行分布式设计的分布式 IMA 系统应运而生。分布式 IMA 系统与 IMA 系统概念是一致的,唯一的区别是核心系统是逻辑意义上的,如图 3 – 12 所示。分布式 IMA 系统将高带宽、高实时性的射频部分综合在一起,根据 CNI、EW、Radar 等不同功能、不同射频信号特性进行综合。而核心计算资源(如信号处理、数据处理等)通过统一的分布式网络连接在一起,构成分布式 IMA 核心系统。分布式 IMA 核心系统中的集成区域、通信配置、系统管理、计算资源分配等可以按照 ASAAC 制定的方法进行。

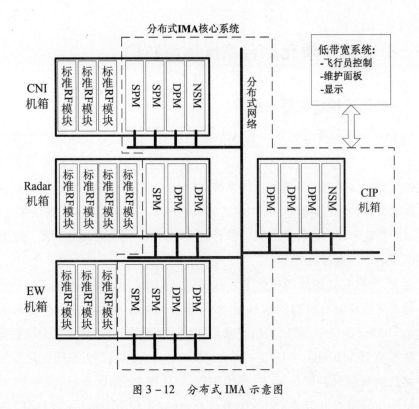

图 3 – 12　分布式 IMA 示意图

3.3.2　中间件

　　采用模块化进行系统综合集成,系统提供的信息资源、计算资源不再封闭在独立的 LRU 内部,对系统来说是高度开放的。系统设计者在系统集成及增量开发过程中,希望能够随时随地透明的访问这些资源,最大限度地获取所需的服务。在中间件出现以前,分布式应用系统设计者不得不直接面对底层操作系统、网络协议、底层硬件,这为系统设计者带来了许多复杂棘手的问题,如操作系统的多样性、网络环境的复杂多变性,底层硬件的不一致性等。通常这些问题与具体的系统应用功能无直接联系,但却占了系统集成总开发量的 70% 以上。对于规模庞大、高度复杂系统而言,迫切需要一种具有统一规范、独立系统底层的开发平台及环境来提高系统集成效率,这种技术称为中间件技术。

　　中间件技术这一名词出现于 20 世纪 90 年代,其定义是:中间件是一种软件,处于系统软件(操作系统和网络软件)与应用软件之间,它能使处于应用层的各应用构件之间实现跨网络的协同工作(即互操作),这时允许各种应用构件之下所涉及的"硬件平台、系统结构、操作系统、通信协议、数据库及其他应用服务"各不相

70

同,如图 3 - 13 所示。

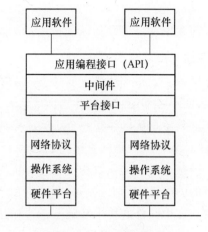

图 3 - 13 中间件模型

目前的中间件可以分为以下几类:

(1)基于事务处理的中间件。基于事务处理的中间件技术适用于对事务完整性要求较高的应用,用于处理完成一项事务所需的完整性操作。事务处理中间件充分保证了分布、异构环境下数据交易的完整性。

(2)基于消息的中间件。基于消息的中间件通过消息传递机制完成分布式计算环境下不同硬件、不同操作系统下应用功能之间的信息交互处理。这种中间件根据要交换的信息在应用之间建立连接,允许应用运行在不同的节点机上,确保信息不重复的送到适当的目的地。消息中间件有两种基本工作模型,即消息队列(Message Queuing)型和发布—订购型(Publish - Subscribe)。消息队列型模型里,消息被发送到一个队列里,并通知收件人接收消息。发布—预定型模型里,发送方广播消息,并将消息发送到一个特定的队列,接收端对该队列进行预定,并从中获取消息。

基于消息的中间件一般支持同步及异步通信,使用于大型分布式、事件驱动的应用,应用简单,一致性和可移植性好。

(3)基于对象请求代理的中间件。基于对象请求代理的中间件采用对象技术,以接口定义语言(IDL)定义对象接口,利用对象请求代理调用远程对象,实现在分布、异构网络环境下各种分布对象有机集成及复用。目前存在 OMG/CORBA 对象请求代理及 Microsoft/DCOM 对象请求代理两种标准。

中间件技术为应用设计带来的透明性,屏蔽了由于系统分布而带来的复杂性,使得应用设计者不必关心底层硬件及应用功能的系统分布情况,可以集中精力设

计具体的应用,这极大地减小了分布式系统集成的复杂性。这种应用透明性主要包括以下几个方面:

(1)访问透明性。屏蔽了数据表示和调用机制的差别,使得不同对象之间可以协作,解决了异构系统协作所遇到的关键问题。

(2)位置透明性。屏蔽了分布式环境中有关对象的物理位置信息,使编程者可以应用对象的逻辑名,而不必知道它的实际物理地址。

(3)迁移透明性。屏蔽了系统已经将一个对象迁移到另外的位置这样一个事实,该透明性有助于解决负载平衡及系统重构问题。

(4)失效透明性。屏蔽了对象的失效和可能的恢复,使系统具有容错能力。

分布式计算环境下的中间件实际上是一种"软"总线,具有优良的互操作性和应用系统功能集成能力。在中间件的技术基础上,不同的厂家研制的应用系统,可以分布在网络的任何地方,彼此之间方便的实现透明的互操作。这为大规模分布式复杂系统集成带来以下好处:

(1)缩短系统开发时间。Standish 集团经研究发现,在大规模分布式应用系统集成中,真正与应用系统业务相关的软件只占总软件量的30%,而与业务无关的基础软件量占70%。采用中间件技术有助于划清工作界面,使应用开发者专注于应用层软件的开发,减少与底层软件或硬件的直接交互而导致的不可预见性风险,从而简化系统软硬件集成过程,大大缩短应用开发时间,同时节约大量人力和物力。

(2)提高系统质量及可维护性。传统的系统体系结构,每对系统进行一次修改或每新增一项功能,都需要从基础软件开始,对整个系统进行修改,并对整个系统进行全面的重测试。而通过中间件技术,中间件提供清晰的接口和功能界面,应用软件不需关心底层软硬件,有效地保证了系统质量及减少新旧系统维护成本。

(3)提升系统的开放性和可成长性。通过中间件提供的一套统一的接口,应用软件可以在任何平台上运行,不必考虑自己的物理位置和硬件平台,同时,应用软件还可以在原有功能基础上方便地进行扩展。系统也可以方便地插入新的应用功能,而不与原来的应用冲突。

3.4 模块化综合系统体系结构的演进

3.4.1 分布式对象及 CORBA

面向对象技术是目前出现的针对管理复杂性和确保系统研制正确的主要方

法,它将传统的结构化方法改进为具有良好的功能分解、良好的功能封装、严格的实体间交互作用以及系统上下各层次需求跟踪能力的方法。

分布式对象技术(Distributed Object Technology)是面向对象技术和分布式技术的有机结合,它提供一个标准构件框架,能使不同厂家的软件通过不同地址空间、网络和操作系统进行交互访问。分布式对象技术将对象也加入到网络中,被用来作为分发、移动和通信单元,结合了对象技术的优势和分布式技术的优势。

代理模式(Broker)是面向对象设计解决客户对象和服务器对象之间的通信和调用问题的一种新的结构模式,打破了传统服务模式调用过程中客户端和服务器一一对应的关系,其基本结构如图3-14所示。服务器向Broker注册,客户端可以通过方法接口使用服务器的操作。Broker结构模式可以用来构造分布式软件系统,允许动态地改变、添加、删除和重定位对象,Broker对象屏蔽了系统中数据传输和远程调用的细节,从而进一步降低了分布式应用开发的复杂度。Broker的任务包括服务器定位,前向转发客户端的请求,向客户端回传服务器的处理结果。

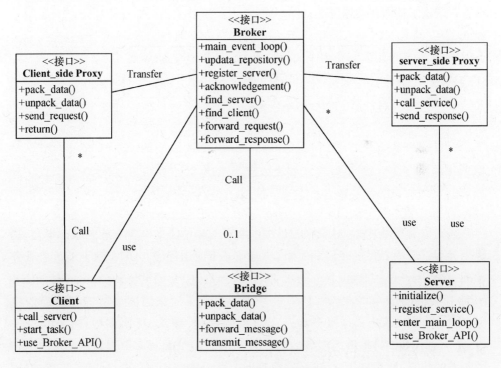

图3-14 Broker结构模式

目前很多成熟的分布式对象的体系结构,如CORBA、DCOM等,都是依据Broker模式设计的。其中,CORBA具有良好的开放性、跨平台互操作和与编程语言无关的特性,因而得到了广泛的应用。

CORBA(Common Object Request Broker Architecture,通用对象请求中介体系结构)是由 OMG(Object Management Group)定义的分布式的对象软件体系结构和对象技术规范。简单地说,CORBA 规范是定义了一个中间件的结构和接口,为应用程序的开发屏蔽底层的细节,提供一种分布式环境下对象之间互操作的机制。

OMG 定义了对象管理结构(Object Management Architecture, OMA),OMA 是在开放和标准的面向对象接口下可互操作、可重用和可移植的软件构件体系框架。OMA 的参考模型如图 3-15 所示,包括了组成 OMA 的构件、接口和协议。ORB 是该体系的核心,它使得对象能够在分布式环境中可靠和透明地激活远程对象的操作,发送和接收对象请求及处理结果,它允许客户端调用目标对象的操作,而不必关心对象的位置、对象的实现、对象的编写语言、对象运行的操作系统和硬件平台,也不必关心用来连接分布式对象的网络和协议。ORB 将传送的过程细节从客户端中分离,使得客户端请求就像在本地调用一样。

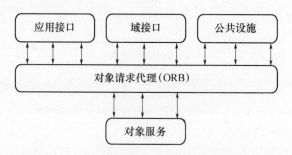

图 3-15　对象管理结构(OMA)的参考模型

在对象管理结构中,对象服务是提供实现对象所需的基本功能的服务集合,是建立分布式应用必需的接口和对象,功能独立于应用程序。OMG 制定了对象服务标准,对象服务包括命名(Naming)、事件(Event)、生命周期(LifeCycle)、安全(Security)、传输(Transaction)等,其中事件服务提供了对象之间灵活的异步通信模型,生命周期(LifeCycle)服务约定了对象的创建、删除、复制和搬移;公共设施(Common Facilities)提供面向终端用户的服务能力,它是很多应用程序都可能用到的服务的集合,层次高于对象服务,典型的公共设施包括用户接口、信息管理、系统管理和任务管理等;域接口(Domain Interface)面向特定的域提供服务;应用接口(Application Interface)面向特定的现实应用,指供应商或用户借助于 ORB、公共对象服务及公共设施而开发的任务和功能软件。

74

CORBA 定义了分布式计算的高层协议,它以面向对象的方式隐藏不同编程语言、操作系统、对象位置等之间的差异。CORBA 的主要组成部分如图 3-16 所示。CORBA 的核心组件是 ORB(对象请求代理),它帮助客户端调用远端服务器的操作,包括整个过程中的对象定位、对象激活、发送客户请求和返回结果。不同的ORB 通过 GIOP(General Inter-ORB Protocol, 通用 ORB 交互协议)进行数据交互。当分布式应用构建在 Internet 上时,面向 Internet 的 ORB 交互协议称为 IIOP(Internet Inter-ORB Protocol)。客户端与服务器的对象接口用 IDL(Interface Description Language,接口描述语言)来描述。

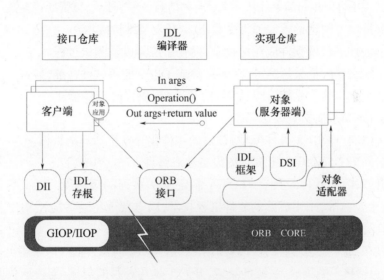

图 3-16 CORBA 的构成

在 CORBA 结构中,IDL 存根是客户端能够对服务器端进行对象激活和过程调用的方法,它是依赖于编程语言的。DII(Dynamic Invocation Interface, 动态激活接口)是另一种的 IDL 存根,它同 DSI(Dynamic Skeleton Interface,动态框架接口)一样,在服务器端为客户端提供动态激活对象的方法。对象适配器(Object Adapter)监听网络中对象激活的操作,将请求与相应的对象操作对应起来。接口仓库(Interface Repository)是在运行时能够被查询到的对象接口的数据库,对应地,实现仓库(Implementation Repository)是对象接口在服务器端的数据库。

RT CORBA 是实时 CORBA 的缩写,它是 OMG 面向嵌入式实时系统制定的专门 CORBA 规范,按照 RT CORBA 规范实现的 ORB 组件需要提供实时的调度服务。

3.4.2 软件通信体系结构（SCA）

SCA 是由美国国防部联合战术无线电（JTRS）联合计划办公室管理的一项标准,作为其无线电开发的基础。JTRS 使用 SCA 开发可靠的软件可编程、可配置、可升级、可重构的软件无线电系统,最大化软硬件独立性,最小化其数十万部无线电互连互通互操作全生命周期成本。

SCA 定义了一个核心框架标准,标准化信号处理平台及应用开发过程,侧重物理硬件及应用构件的重用性,以简化系统集成过程。其设计目标是:

（1）应用可以相对简单地从一个平台移植到另一个平台,增强通信互操作能力。

（2）可以方便地插入 COTS 技术,减少开发及维护成本。

（3）硬件平台及软件应用可抽象,简化系统集成及测试过程。

除了定义核心框架标准外,SCA 还集成了以下商用软件标准,如:

（1）可移植操作系统接口（POISX）规范,提供代码可移植性。

（2）CORBA 抽象 IPC 通信。

（3）CCM（CORBA 构件模型）提供的构件化开发生命周期结构。

（4）X.731 ITU/CCITT 提供的设备状态管理。

在开发构件、软件及硬件时,SCA 制定了一系列的规则及行为,并充分利用 COTS 技术及标准,采用成熟的软件工程技术,以方便地将这些应用构件及平台硬件集成在一起。

隐藏在 SCA 概念之后的现代复杂系统综合集成的核心理念,即采用更加系统化的方法,包括技术的集成、系统的集成、开发工具及过程的集成,支持迭代及增量开发、支持模型驱动开发、支持自动代码生成,使系统总体性能得到最优,使集成效率最高。SCA 是一个与具体平台独立的框架,支持多操作系统、多处理器类型及宽泛的外设范围,它实际上是一个嵌入式系统构件化开发的框架。尽管 SCA 最初用于美国国防部军用无线电通信设备的开发,但其具有对其他嵌入式设备开发的所有特性,几乎在任何嵌入式系统中都可应用,如从空间到航空,从雷达到测试设备等。

3.4.3 模块化综合系统体系结构分析

下面对 ASAAC 定义的模块化综合系统体系结构、基于中间件的 IMA 体系结构及基于 SCA/CORBA 的体系结构 3 种体系结构进行比较分析。

ASAAC 定义的模块化综合系统三层体系结构如图 3-6 所示,包括应用层、系统运行层及模块支持层。其中应用层包括应用功能软件及其管理软件,系统运行层包括实时操作系统、实时操作系统的扩展（如虚通道、文件管理、安全服务、数据库客户端)及通用系统管理(如健康监测、故障管理、配置管理、安全管理),并定义了专门的 APOS、SMOS、SMBP、MOS 等接口函数。

ASAAC 标准与通常采用的系统管理方法及功能层次划分有所不同,如:

(1)在嵌入式实时操作系统方面没有采用常用的 POSIX 规范操作系统,而专门定义了线程管理、信号量、事件同步、文件管理等操作系统接口函数。

(2)将虚通道等通信函数接口作为操作系统的扩展。

(3)系统管理跨越两层,即应用层及系统运行层。

(4)应用层将功能与管理结合在一起,包括应用功能及对应用功能的管理。

(5)没有采用中间件等技术对系统层次进行隔离。

(6)定义了专门的蓝图解析流程。

一种采用中间件技术,演进的模块化综合系统体系结构层次划分如图 3 – 17 所示。

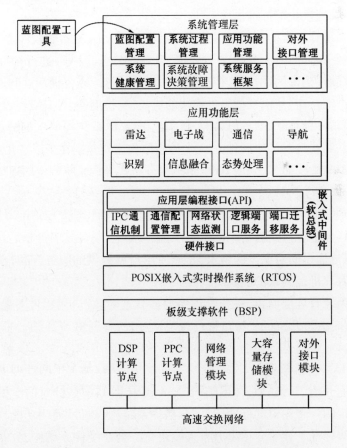

图 3 – 17　基于中间件的模块化综合系统体系结构

系统分为系统管理层、应用功能层、嵌入式中间件层(软总线)、POSIX 规范(嵌入式实时操作系统层、RTOS)、板级支持层(BSP)、硬件层。各层的主要功能包括:

(1) 系统管理层。包括系统蓝图配置管理、系统工作过程管理、系统状态管理、系统应用功能管理、系统健康管理、系统重构决策管理、系统对外/对内接口管理、系统运行服务框架管理等。

(2) 应用功能层:包括雷达、电子战、通信/导航/识别、态势处理等航电核心应用功能。

(3) 嵌入式中间件层。包括 IPC 通信、通信配置管理、网络状态监测、逻辑端口服务、端口迁移服务等。

(4) RTOS 层。包括线程管理、信号量、事件同步、文件管理等。

(5) BSP 层。包括总线驱动、网络驱动、DSP、PowerPC、射频标准模块等驱动软件。

(6) 硬件层。包括 DSP、PowerPC 等标准 CFM 模块、标准射频模块、大容量存储模块、网络管理模块等标准模块。

驻留在系统管理层的各管理软件及驻留在应用层的各功能软件之间通过"软总线"(中间件)进行互连,采用逻辑通道号(或"虚通道"号)进行构件间相互通信,从而支撑软件构件的成长性、扩展性、可升级性设计;硬件模块之间通过串行高速交换网络进行互连,从而支撑硬件模块的成长性、扩展性、可升级性设计。

更进一步,一种基于 SCA/CORBA 技术的 IMA 体系结构层次划分如图 3 – 18 所示。该体系结构与基于中间件的 IMA 体系结构主要差别在于以下几点:

(1) 对中间件层而言,采用 OMG 组织为分布式异构系统制定的通用对象请求代理结构(CORBA)。

(2) 对应用功能层而言,构成应用功能的软件构件遵循 CORBA 规定的面向对象应用架构规范,应用构件作为分布式对象被封装,对外定义严格的对象访问接口,客户机只能通过向对象发送请求,才能使用对象提供的服务,而对象的实现细节及位置对客户机是隐藏的。

(3) 对系统管理层而言,系统管理层的各管理对象、应用构件对象由 SCA 核心框架(CF)提供的 Resource 接口进行封装,应用的管理由 SCA 核心框架(CF)提供的 Application 接口进行控制,系统的硬件平台资源由 SCA 核心框架(CF)提供的 Device 接口进行抽象管理。

本章首先介绍了 ASAAC 体系结构,ASAAC 体系结构是针对航空模块级综合集成系统制定的一个完整的标准体系,包括体系结构、软件、通用功能模块、封装、网络及通信等标准。接着介绍了分布式模块化综合系统体系结构,分布式环境下更多的依赖于分布式对象及中间件技术。最后介绍了基于中间件的模块化综合系统体系结构及基于 SCA/CORBA 的模块化综合系统体系结构,并比较了 3 种体系结构的特点及区别。

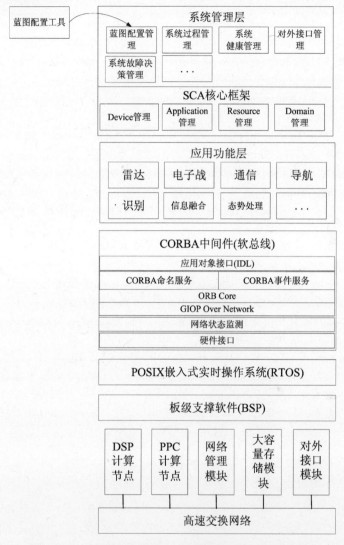

图 3-18   采用 SCA/CORBA 的模块化综合系统体系结构

参 考 文 献

[1] 肖勇. 软件架构的原理和实践原则. 北京:北京恒讯时代信息技术有限公司.

[2] Mary Show, Paul Clement. The Goldenage of Software Architecture. Software IEEE, 2006.

[3] Bicer M, Pilhofer F, et al. Next Generation Architecture for Heterogeneous Embedded systems. ERSA 2003, June 2003, Las Vegas, NV.

[4] Communications Research Centre Canada. Software Communications Architecture V2. 2 Reference Implementation Project.

[5] Murdock J K, Koenig J R. Open systems avionics network to replace MIL – STD – 1553. Proceedings of the AIAA/IEEE 19th Digital Avionics Systems Conference, Philadelphia, PA, 2000.

[6] STANAG 4626 Part 1, Modular and Open Avionics Architectures Part 1 – Architecture, North Atlantic Treaty Organization, 2004.

[7] STANAG 4626 Part 2, Modular and Open Avionics Architectures Part 2 – Software, North Atlantic Treaty Organization, 2004.

[8] STANAG 4626 Part 3, Modular and Open Avionics Architectures Part 3: Common Function Modules, North Atlantic Treaty Organization, 2004.

[9] STANAG 4626 Part 4, Modular and Open Avionics Architectures Part 4: Packaging, North Atlantic Treaty Organization, 2004.

[10] STANAG 4626 Part 5, Modular and Open Avionics Architectures Part 5: Networks and Communication, North Atlantic Treaty Organization, 2004.

[11] Jon Kemp. The ASAAC Programme, Through – Life Avionics Symposium, 2002.

[12] Michael J Kocin. Applying JTRS Architecture to Multi – mode Digital Avionics, ViaSat, Inc.

[13] Smith J, Demirbilek T, Bicer M. Heterogeneous Middleware for Advanced Interoperable Communications, Mercury Computer Systems, Chelmsford, MA.

[14] Peter G Cook, Wayne Bonser. Architectural Overview of the SPEAKeasy System IEEE JSAC, 1999, 17(4).

[15] Henning , Vinoski. Advanced CORBA Programming With C + +. Addison – Wesley Professional Computing.

第4章 系统互连技术

4.1 模块化综合集成系统对互连总线的基本要求

模块化综合集成系统将传统的多个独立功能设备作为一个整体进行设计,在模块级进行高度综合集成。模块化综合集成系统设计首先需要解决的基本问题是:如何在一个相对复杂的系统中实现模块与模块之间、模块内芯片与芯片之间数据和控制命令的有效传输,如何方便地支持新的模块插入。因此,模块化综合集成系统的实现在很大程度上取决于先进的系统互连技术。

基于商业系统互连技术的进步、降低系统成本、提升系统灵活性等方面的设计考虑,早在1994年,JAST体系结构计划就决定采用先进的统一数字总线互联技术,以取代当时飞机上种类繁多的互连总线。图4-1所示为JAST体系结构的一个典型的集成航空系统示意图。该系统采用统一的系统互连技术完成以前多种独立的互连总线功能,如取代F-22体系结构中种类繁多的并行总线、数据网络、测试维护总线、高速数据总线、传感器/视频/机架间互连总线等。

模块化综合集成系统对互连总线的基本特性要求为:

(1) 具有高的传输带宽。

(2) 具有低的传输时间延迟及传输抖动。

(3) 支持消息传输/内存映射模式。

(4) 可方便地从小规模扩展到大规模。

(5) 支持串行/低的并行管脚数量。

(6) 支持分布式/中心交换结构。

(7) 支持电/光物理层。

(8) 对传输距离相对不敏感。

(9) 具有高的可靠性,支持系统容错。

(10) 支持实时计算。

(11) 具有较低的成本。

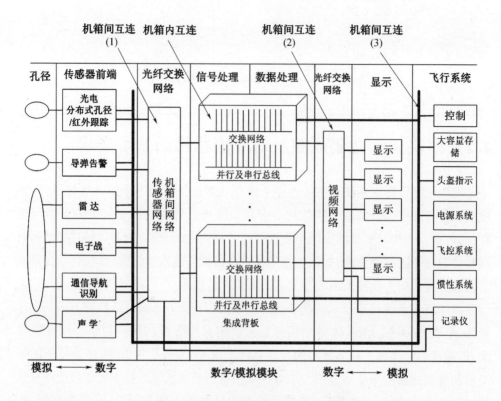

图 4-1　航空电子系统的互连示意框图

4.2　系统互连技术的发展

近些年来,随着微电子技术不断发展,处理器能力以摩尔定律增长,如图 4-2 所示,当前处理器能力约为 1000MIPS～10000MIPS,预计到 2015 年,处理器能力将达到 1000000MIPS。

随着处理器能力的不断提升,CPU 内核性能与总线带宽之间的差距不断扩大,为此,更先进的 CPU 架构采用片内集成更大规模的高速缓存,以缓解处理器处理能力与数据总线提供的带宽能力之间的矛盾。但这种处理仅限于 CPU 内部,无助于解决 CPU 与外部设备之间、多 CPU 之间的总线连接带宽问题。

传输总线日益成为影响系统性能进一步提升的"瓶颈",针对这一"瓶颈",人们对传输总线技术的研究不断加深。

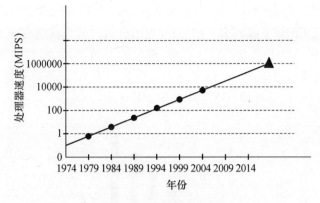

图 4 - 2　处理器发展趋势

总线技术发展可分为 3 个阶段,如图 4 - 3 所示。第一阶段为 20 世纪 80 年代出现的并行共享总线方式,如 VME、PCI,最大峰值传输速率为 33MHz,第二阶段为 20 世纪 90 年代出现的总线桥扩展方式,如 PCI - X,第三阶段为 2000 年前后出现的新一代高速串行点到点交换网络总线,如 Raceway、StarFabric、FC、RapidIO 等。

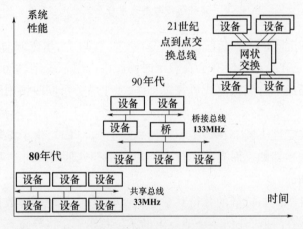

图 4 - 3　传输总线发展趋势

近些年来系统互连技术发展的一个显著特征是向工作速度高于 1GHz 的高速串行总线发展,以取代传统的已经使用了近 40 年的并行共享总线技术。新的系统互连技术的出现为模块化综合集成系统的设计提供了更高的传输带宽及更大的灵活性。

传统的并行总线与新一代的高速串行总线的主要区别如下:

(1) 传输带宽不同。传统的并行共享总线方式总传输能力受限,并且随着节点数目的增多,传输性能呈下降趋势。如在计算机系统中常用的 PCI 总线,总线时钟为 66MHz 时,仅能提供 264MB/s 的峰值传输速率和低于 100MB/s 的持续传输速率。而新一代的高速串行交换总线传输能力随着节点数目的增多,传输性能显著提高。图4-4比较了随着节点数目的增多,传统并行总线与高速串行总线在传输性能上的变化。对于传统的并行总线,随着节点数的增多,总带宽基本保持不变,而基于交换网络的高速串行总线随着节点数的增多,总传输带宽线性增加,当节点数达到16个时,高速串行总线交换带宽达1200MB/s。

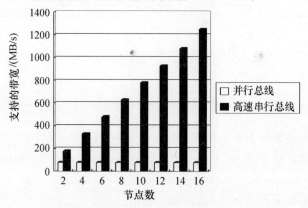

图4-4　并行总线与高速串行总线的比较

　　(2)阻塞情况不同。在传统的并行总线(如PCI)上,事务对总线的使用是串行的,即总线上正在处理的事务会在整个时间段内占用总线,阻塞了其他事务对总线的使用。而高速串行交换总线可并发工作,多个事务可同时使用总线,不存在阻塞情况。

　　(3)时间确定性不同。在传统的并行总线上(如PCI),由于竞争关系,事务的处理时间是无法预知的。而高速串行交换总线事务处理时间可达微秒量级,时间抖动也是可预知的。

　　(4)可靠性不同。传统的并行共享总线位宽宽,占据的管脚数量大,并且所有节点的总线并联在一起,任何一个节点上的某位总线短路将导致整个系统故障,基本可靠性极差。而新一代的高速串行交换网络总线节点互不关联,任何一个节点的故障仅限制在局部节点,故障不扩散,具有极高的可靠性。

　　(5)系统集成效率不同。传统的并行系统互连总线与新一代的高速串行系统互连总线在工作方式、物理特性、传输带宽等方面的显著不同,导致模块化综合系统的集成效率显著不同。随着模块化综合系统集成的功能项越来越多,系统越来越复杂,为降低系统集成的复杂型,模块化综合系统集成的一个重要设计方向是保证功能线程之间无关,即新的功能加入,不影响已集成的其他功能线程。传统的并行系统互连总线,各功能线程相互竞争,当集成新功能时,新功能与先前集成的其他功能线程将产生新的总线竞争响应模式,从而导致整个系统需要重新集成调试,增加了系统集成的复杂性。而新一代的高速串行系统互连总线,当集成新功能时,新功能与先前集成的其他功能线程相互独立,无竞争关系,从而大幅度的简化了系统集成的复杂性,提高了系统集成效率。

4.3 典型的高速串行互连总线

4.3.1 LVDS 互连技术

LVDS 即低压差分信号,是 20 世纪 90 年代出现的一种新的数据传输和接口技术,通过低电压传输来实现高的传输速率。其主要特点为:

(1) 低的电压摆幅(约 ± 350mV),采用恒流源驱动,实现高速信号传输。EIA644 标准建议最大传输速率为 622Mb/s,传输距离约 20m ~ 30m。

(2) 采用差分信号传输,降低信号噪声、电磁辐射,同时具有较高的抗干扰能力。

LVDS 信号遵循 TIA/EIA - 644 低压差分信号规范,因此,常称为 RS644 总线。LVDS 信号与常用的 RS232、RS485 等总线形式在传输距离及传输速率方面的特性如图 4 - 5 所示。

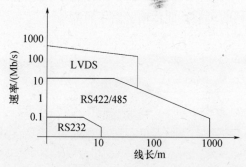

图 4 - 5 LVDS、RS485、RS232 传输速率及距离曲线

LVDS 信号对 PCB 布线有严格的要求,如:

(1) LVDS 走线的差分阻抗应要求 PCB 制造厂家控制在 100Ω 左右。由于差分阻抗同时受差分对内线间距 S、线宽 W 和 PCB 总厚度 3 个因素的影响,故必须在设计 PCB 之前与 PCB 制造厂家沟通以确定上述 3 个值。

(2) LVDS 信号层相邻两层均为完整的地层或电源层,不要出现分割。

(3) LVDS 走线尽量不换层,以尽量减少走线路径上的过孔数目。

（4）线宽 W 越小，则高速差分信号的高频分量衰减越大。故背板走线越长，线宽 W 应该越大；当背板走线长度超过 0.5m 时，推荐的线宽 W 应该为10mil[①] ～12mil。

（5）采用紧耦合方式，即差分对内线间距 S 小于线宽 W，有助于降低对外界的电磁辐射。

（6）差分对与差分对之间的间隔应该保证大于 10 倍差分对内间距（10S）以减少线间串扰。

（7）为进一步降低电磁辐射，需要在差分对的两侧布等长、对称的地线，彻底隔离。

（8）同一差分对内的两根线布线应遵循等长等距的原则。即走线的总长度相差不超过 100mil，走线过程中的对内间距 S 始终保持一致。当不能同时满足等长等距时，优先考虑满足等长。

（9）走线拐弯采用 90° 拐弯，不能使用 90° 拐弯。

对高速 LVDS 信号进行测试分析的方法是利用高速示波器和差分探头对信号传输路径进行眼图测量，直接观察其传输质量，测量位置位于传输路径接收端匹配电阻的两端。为了对 LVDS 信号传输测试所得的眼图进行定量的分析，采用模板（Mask）来区分合格眼图和不合格眼图。模板的物理意义如图 4-6 所示，在于验证高速 LVDS 信号上的抖动和噪声相加带来的畸变是否已经超过接收端的噪声裕量（Noise Margin）。如果测得的眼图中有信号轨迹进入了模板之中，说明 LVDS 数据传输有误码的可能，此传输链路不可靠。

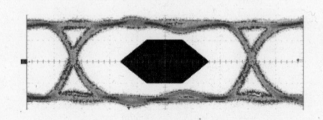

图 4-6 眼图模板

4.3.2 Fiber Channel 互连技术

1）FC 互连协议

Fiber Channel（FC）开发于 1988 年，最早用于提高硬盘存储的传输带宽，侧重

---

① 1mil 表示千分之一英寸。

于数据的快速、高效、可靠传输,目前已广泛应用于高性能存储、大规模数据库、存储备份与恢复、集群系统、网络存储系统和数字视频网络等领域。FC 被称为多种高层数据协议的传输载体,其中尤以传输 SCSI 和 IP 数据为主。

FC 定义了点对点、仲裁环和交换机 3 种拓扑结构,这 3 种结构可互操作。点对点连接是 3 种结构中最简单的,只需将 FC 设备的发送光(电)缆与另一个设备接收光(电)缆连接起来就完成了,它可提供最大带宽和全双工连接;仲裁环是 FC 中最主要的拓扑结构,它可以无需交换机和中继器就在一个网络结构中连接 126 个端口,但同一时刻只有一对环端口能够进行通信,且只有在它放弃环控制权后,环中的另外两个节点才能建立起连接;交换机结构有两种交换方式,一种是包交换,另一种是电路开关交换。FC 还定义了专用不间断硬件电路连接、非连接帧交换传输服务、一对多非连接帧交换服务和基于连接的服务等 6 种称为类服务的通信策略,及设备管理、任务管理、过程登录/注销管理、链接管理等功能管理。

FC 按协议层进行分层,各层之间技术相互独立,留有增长空间。分层结构共分 5 层,如图 4-7 所示。

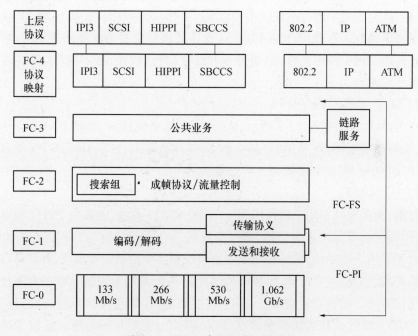

图 4-7 FC 互连协议的五层结构

FC-0 层定义连接的物理端口特性,包括传输介质和连接器(驱动器、发送器、接收器等)物理特性、电器特性和光特性、传输速率以及其他的一些连接端口特性。

FC-1 层规定了 8B/10B 编码方式和传输协议,包括串行编码、解码规则、特殊字符和错误控制等。

FC-2 层规定了具体的传输机制,包括帧格式,节点间的信息交互。

FC-3 层提供高级特性的公共服务,即端口间的结构协议和流动特性,它定义了 3 种服务,即条块化(Striping)、搜索组(Hunt Group)和广播组播(Broadcast Multicast);

FC-4 层定义了 FC 和 IP、SCSI-3,以及其他上层协议之间的映射接口。

FC 定义的传输服务主要包含以下特点:

(1) 速度高。FC 通常在 1Gb/s 的速率上运行,目前正朝着 2Gb/s 和 4Gb/s 的目标迈进。

(2) 传输距离远。长达 10km 的光纤连接使远程镜像和备份成为可能,即便是采用铜缆也可以达到 30m 以上的传输距离。

(3) 可扩展性和高可靠性。可以根据系统的需求灵活地扩展整个系统;其高效的编码和错误校验机制大大提高了数据传输的可靠性。

(4) 具有多方面的灵活性。可以载送多种协议的数据,包括 SCSI、IP 以及其他高层协议的数据;可以支持点到点、专有环结构和交换结构等拓扑结构;可以在单一的拓扑结构中采用光纤、铜缆等多种媒介;通过桥接设备可以实现早期 SCSI 与以太网的兼容。

2) FC 互连技术的应用

FC 的典型应用如图 4-8 所示,FC 作为存储系统接口,提供 100MB/s 的传输速率,支持热插拔硬盘;采用 FC 接口的 SCSI 磁盘阵列;SCSI Over FC 存储服务器及 TCP/I POver FC 的服务器或工作站等。

3) FC 与 1553

目前,大多现代军用飞机使用 MIL-STD-1553 总线,它提供了线性局域网结构,采用固有的双总线冗余结构,通过变压器耦合支持非智能远程终端和电气隔离。对于军用关键系统,它的控制响应协议保证了实时确定性要求,并且可以适应恶劣的环境,然而,它的 1Mb/s 数据传输率远不能满足未来航空电子系统日益增长的通信要求。随着数据密集型任务(包括数据、音频和视频分配)越来越多,使 MIL-STD-1553 总线无法满足带宽需求,因而出现了几种高速互连技术竞相用于代替 1553 总线,包括光纤分布式数据接口(FDDI)、光纤通道(FC)、IEEE1394(火线)以及快速以太网。其中,F-35 中采用了 FC-AE(航空环境光纤通道),而在波音公司生产的民用飞机 A-380 中应用的是 Gbit 以太网。表 4-1 所列为光纤通道与 MIL-STD-1553 总线的比较。

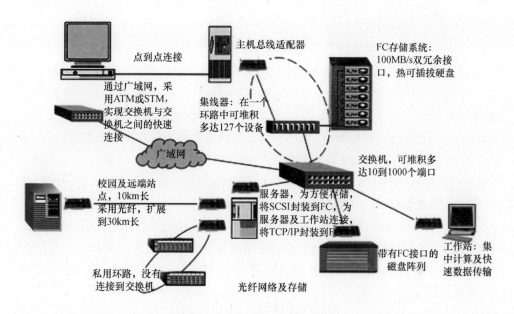

点到点连接

主机总线适配器

FC存储系统：100MB/s双冗余接口，热可插拔硬盘

通过广域网，采用ATM或STM，实现交换机与交换机之间的快速连接

集线器：在一个环路中可堆积多达127个设备

广域网

交换机，可堆积多达10到1000个端口

校园及远端站点，10km长采用光纤，扩展到30km长

服务器，为方便存储，将SCSI封装到FC，为服务器及工作站连接，将TCP/IP封装到F

工作站：集中计算及快速数据传输

私用环路，没有连接到交换机

带有FC接口的磁盘阵列

光纤网络及存储

图 4-8　FC 网络的典型应用[21]

表 4-1　光纤通道与 MIL-STD-1553 总线的比较

类 目	MIL-STD-1553 总线	光 纤 通 道
拓扑结构	线性总线上最多32个远程终端(RT)	点到点、环、交换式网络
比特差错率	2.77×10^{-8}	10×10^{-12}
延迟	$60\mu s$	$30\mu s$(环) $2\mu s$(交换式网络)
编码	双相(曼彻斯特 II)	8B/10B
传输技术	半双工	全双工(半双工)
操作	异步	异步和同步
数据率	1Mb/s	133Mb/s ~ 2134Gb/s
字长度	20bit(数据 16bit)	10bit(数据 8bit)
保证交付	是	是
介质	双绞屏蔽电缆	双绞屏蔽电缆或光纤

　　FC-AE 定位于代替 MIL-STD-1553 总线,用作军用航空电子系统综合的主网络。它不仅能满足数据交换高速和低延迟的需要,还支持多路传输拓扑结构、多种类服务和多种上层数据传输协议。

4.3.3 StarFabric 互连技术

1）StarFabric 互连协议

1999 年由 StarGen 公司等 10 个发起单位组成了 StarFabric 工作组和后来的 StarFabric 行业协会,发起推广了 StarFabric 互连技术,主要针对嵌入式多处理机系统模块与模块之间背板级交换互连、底板与底板之间机柜级互连。2002 年 5 月, StarFabric 互连规范被 PICMG 批准为 PICMG2.17 CompactPCI StarFabric Specification 标准,主要是面向实时嵌入式应用。在 2003 年 5 月,StarFabric 互连规范被 PICMG 批准为 PICMG 3.3 AdvancedTCA StarFabric Specification 标准,主要面向开放式电信系统平台。

StarFabric 交换总线是一种高速点对点的串行交换互连技术。StarFabric 互连网络的组成主要包括交换(Switch)节点和叶子(Leaf)节点组成。交换节点负责命令、数据包在网络中的路由;叶子节点负责 StarFabric 和局部 PCI 总线的桥接,如图 4-9 所示。

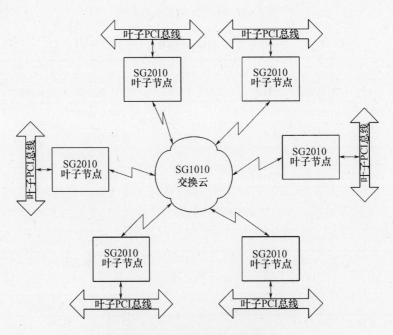

图 4-9　StarFabric 互联网络

StarFabric 层次结构如图 4-10 所示,分为软件及硬件两个部分。其中硬件部分又分为 Fabric 交易层、链路层及物理层,如图 4-11 所示。

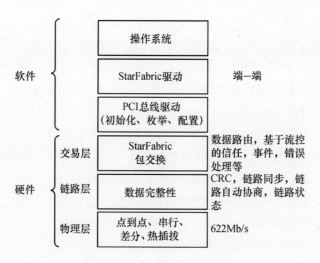

图 4-10 StarFabric 层次结构

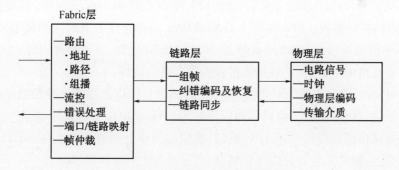

图 4-11 StarFabric 硬件分层结构

物理层规定电气信号、时钟、解码、传输介质等内容。StarFabric 接口物理层使用串行连接的 622Mb/s 低压差分信号,每条链路是由 4×2 对差分信号组成的物理实体,可提供 2.5Gb/s×2 发送和接收全双工带宽;若一个方向上的 1~3 对差分信号失效时,链路还能以碎链路方式工作。

链路层规定帧格式、差错编码和恢复、链路同步等内容。数据和控制信息在 Fabric 中是以帧的形式传递的。帧由帧头和数据负载组成。最小的帧长度是一个行,即 4 个双字(16 字节);最大的帧为 8 个行(128 字节)。所有的帧长度必须对齐到整数个行。不同服务类型(CoS)的帧的组成域也不同。

Fabric 层规定路由方式、流控制、错误处理、错误通知、端口/链路映射、帧仲裁等内容。

StarFabric 公司研制了专门的芯片以支撑底层硬件网络的实现,其中交换芯片 SG1010,提供 6 条物理链路,每条链路提供 5Gb/s 的全双工带宽,每片 SG1010 具

91

备 30Gb/s 无阻塞的全交换能力;桥芯片 SG2010 实现 PCI 协议和 StarFabric 协议之间的转换,提供 2 条 StarFabric 物理链路和 1 个 PCI 总线接口(64 bit/66 MHz),而且 SG2010 后向兼容 PCI,利用 StarFabric 地址路由模式,可以用作透明的 PCI 桥设备;桥芯片 SG3010 实现 TDM 协议和 StarFabric 协议之间的转换,包含 1 个 H. 110 总线接口,1 个本地 TDM 总线接口和 1 个 StarFabric 接口。

软件部分又可分为应用层、FPL 层、操作系统层、驱动层,如图 4 – 12 所示。

应用层
FPL层
操作系统层
StarFabric驱动层 PCI驱动层

图 4 – 12 StarFabric
网络软件层次

其中,FPL 为 StarFabric 的基础函数库(FabricPrimary Library),屏蔽了 StarFabric 硬件组件的底层细节,并提供了编程接口,上层软件通过此编程接口与 FPL 交互,而不是直接和 StarFabric 硬件交互。这样,软件的复杂性被屏蔽在 FPL 中,而且此硬件抽象的设计与 CPU 体系结构和操作系统无关。位于 FPL 层以上层面的应用程序,可直接调用 FPL 提供的接口函数。FPL 实现了对 StarFabric 组件连接关系的探测和维护,支持 StarFabric 的高级特性,如带宽预留、动态增加/删除组件、快速事件引导、为重选路由通信更改路由路径、保证服务质量和提供多播功能等。

StarFabric 及 PCI 驱动层提供 StarFabric 桥设备接口总线的设备扫描函数和外部寄存器读写访问函数。面向不同应用的 StarFabric 应用支撑软件是可选的,利用驱动函数接口或者直接使用 FPL 接口,使应用程序能够方便地利用 StarFabric 进行信息交互,同时具有较好的可移植性,方便系统的升级和维护。

2) StarFabric 网络特性

StarFabric 网络主要特性如下:

(1) 可连接上千个终端设备,系统交换能力可达太比特每秒。

(2) 支持从芯片到芯片的板内、板间互连,机箱与机箱间的互连。

(3) 支持冗余模式。

(4) 硬件支持自动错误恢复。

(5) 链路到链路采用 CRC 校验。

(6) 8b/10b 编码。

(7) 支持3 种方式的路由,即标准 PCI 方式的地址路由,路径路由和多播路由。

(8) 多种服务类型:异步、同步、多播、专用帧。

(9) 基于信用量的流量控制。

3) StarFabirc 互连技术的应用

StarFabric 的典型应用如图 4 –13 所示, CPU 刀片、DSP 刀片、大容量 RAM 刀

片、大容量存储刀片,及对外接口卡等通过各自的 PCI 到 StarFabric 桥芯片连接到 StarFabric 网络,实现相互之间的自由通信。

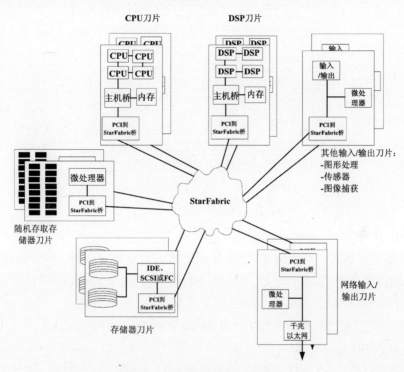

图 4 - 13   StarFabric 典型应用

4.3.4   RapidIO 互连技术

1) RapidIO 概述

1997 年由 Motorola 等 11 个单位发起成立了 RapidIO 行业协会(RapidIO Trade Organization)。2003 年 2 月 RapidIO 互连规范被欧洲计算机制造商协会(ECMA)批准为 ECMA - 342 标准;同年 10 月被国际标准化组织(ISO)和国际电工委员会(IEC)批准为开放式系统互连参考模型 OSI/IEC DIS - 18372 标准。图 4 - 14 所示为 RapidIO 发展历程。

RapidIO 的目标应用是高性能的嵌入式设备市场中的系统内部互连,支持芯片到芯片和板到板的通信。RapidIO 互连定义包括两类技术:面向高性能微处理器及系统互连的并行接口;面向串行背板、DSP 的串行接口,提供从 1Gb/s 到 60Gb/s 的性能水平。

2004年8月 发布组播及数据流规范	
2003年9月 发布流控扩展规范	
2002年6月 完成1.2规范,并发布	
2001年11月 发布串行物理层规范	
2001年3月 完成1.1规范,并发布	
2000年2月 RapidIOn 联盟宣布成立	
1999年秋 完成1.0规范	
1998年8月 摩托罗拉与水银计算机公司合作	
1997年6月 摩托罗拉公司发起下一代互连工作	

图 4-14 RapidIO 发展历程

目前,RapidIO 行业协会现有会员包括近 20 家主流芯片供应商,他们将 RapidIO 核集成在各自的芯片内部,使得处理器可以直接与 RapidIO 网络相连,而无需专门的桥接芯片,节省了开销。如 TI 公司的 DSP 芯片 TMS320C6455、Freescale 公司的 PowerPC8548、Xilinx 公司为 FPGA 提供的 RapidIO IPCore。Tundra 公司为 RapidIO 开发了专门的交换芯片 Tsi587 和 Tsi 系列 RapidIO 桥接芯片。

2)RapidIO 互连协议

RapidIO 定义了 3 层体系模型,分别为逻辑层、传输层和物理层。其中物理层对应 OSI 七层网络模型中的物理层及链路层,传输层对应 OSI 七层网络模型中的网络层,逻辑层对应 OSI 七层网络模型中的传输层及表示层,如图 4-15 所示。

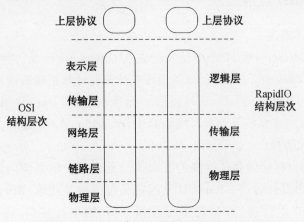

图 4-15 RapidIO 层次结构与 OSI 层次结构

RapidIO 三层体系结构规范如图 4 – 16 所示。其中逻辑层规范位于最高层,定义全部协议和包格式,为端点器件发起和完成事务提供必要的信息,包括逻辑 I/O 操作、消息传递操作、共享内存操作、流控及数据流操作。传输层规范定义 RapidIO 地址空间和在端节点间传输包所需的路由信息。物理层规范定义了器件级接口细节,如包传输机制、流量控制、电气特性和底层错误管理等。

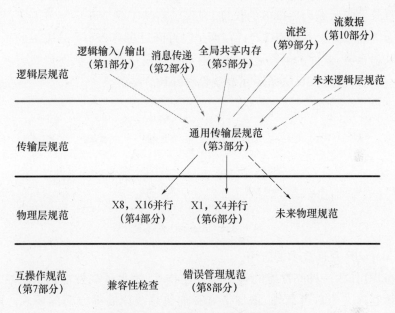

图 4 – 16 RapidIO 三层协议结构图

RapidIO 联盟组为 RapidIO 制定了一系列的互连规范,分别是:

(1) 第一部分:输入/输出逻辑层规范。

(2) 第二部分:消息传递逻辑层规范。

(3) 第三部分:通用传输规范。

(4) 第四部分:物理层 8/16LP – LVDS 规范。

(5) 第五部分:全局共享内存逻辑规范。

(6) 第六部分:物理层规范。

(7) 第七部分:系统及设备互操作规范。

(8) 第八部分:错误管理扩展规范。

(9) 第九部分:流控逻辑层扩展规范。

(10) 第十部分:数据流逻辑规范。

(11) 第十一部分:组播扩展规范。

RapidIO 包由代表三层体系规范的多个字段组成,如图 4 – 17 所示。请求包由物理层字段开始。物理层字段包括应答 ID、预留、优先级及最后的循环冗余校验字段。C/S 表示这是一个包还是一个控制符号。应答 ID 表示返回给包发送者的包应答 ID 号。优先级表示本包的优先级。TT、目标地址、源地址字段为传输层字段,TT 表示后面的地址是 8 位还是 16 位。目标地址表示包要达到的目的地址,源地址表示产生包的器件地址。F 类型及交易类型字段表示正在请求的事务格式及类型。读长度表示编码后事务的长度,允许长度从 1 到 256 个字节不等。源事务 ID 号表示事务 ID 号,RapidIO 允许在两个器件间最多有 256 个未完成的事务。对于内存映射事务,器件的偏移地址用于指示内存偏移地址。数据负载表示有效载荷长度。所有的包由 16 位循环冗余效验码(CRC)结束。

请求包

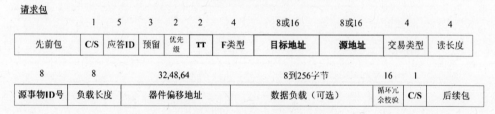

	1	5	3	2	2	4	8或16	8或16	4	4
先前包	C/S	应答ID	预留	优先级	TT	F类型	目标地址	源地址	交易类型	读长度

8	8	32,48,64		8到256字节	16	1
源事物ID号	负载长度	器件偏移地址		数据负载（可选）	循环冗余校验	C/S	后续包

图 4 – 17 RapidIO 包格式

3）RapidIO 互连技术的应用

RapidIO 作为一种高性能的包交换互连技术,满足了高性能嵌入系统行业在内部系统互连方面对可靠性、增加带宽和加快总线速度等方面的要求。RapidIO 互连支持芯片与芯片、模块与模块之间通过背板互连,如图 4 – 18 所示。

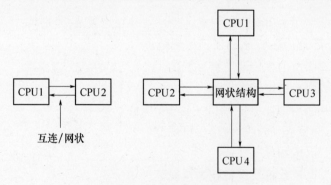

图 4 – 18 RapidIO 互连示意图

RapidIO 互连可用于高速存储系统、蜂窝无线基础设施、具有容错能力的嵌入式系统等多个领域。RapidIO 典型的应用模式如图 4 – 19 所示。系统采用双星型架构,模块内的多个 CPU 处理器或 DSP 处理器通过模块内的 RapidIO 交换芯片实现模块内处理器之间的互连。同时,各处理模块又通过无源背板接入到交换模块,通过交换模块与其他模块互连,从而实现任意芯片间的互连。

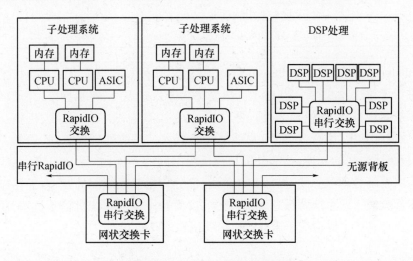

图 4 - 19   RapidIO 互连应用框图

4.4   典型的高速串行互连总线比较

目前,采用高速串行互连总线的种类较多,表 4 - 2 所列为几种典型的高速串行总线及其特性。

表 4 - 2   高速串行互连总线及其特性

名 称	速度范围	介质类型	更多信息
Fiber Channel	· 266Mb/s ~ 4.25Gb/s · 可扩展到 8.5Gb/s · 正向 10、40、160Gb/s 发展	同轴或光纤	www.fiberchannel.com www.t11.org
Hyper Transport	102Gb/s	同轴	www.amd.com www.hypertransport.org
InfiniBand	基本链路 2.5Gb/s,支持 1X,4X,12X 配置,累计带宽达 30Gb/s	同轴或光纤	www.ibta.org
PCI Express	每线每方向 2.5Gb/s,支持可达 32 线	同轴	www.intel.com www.pcisig.com
PCIMG2.15 以太网背板	· 在 CPCI 上通过 J3 使用标准的 10/100/1000Mb/s 以太网路由传输	同轴	www.picmg.org

名 称	速 度 范 围	介质类型	更 多 信 息
RapidIO	每方向 8Gb/s～32Gb/s,8 或 16 位线宽	同轴	www. rapidIO. org
StarFabric	· 每方向基本链路是 8Gb/s～32Gb/s · 每方向可扩展到 10Gb/s	同轴或光纤	www. starfabric. com

Tundra 公司在 2002 年 Bus&Board 会议上对几种具有竞争力的互连技术应用范围进行了对比,如图 4-20 所示。纵坐标为嵌入式系统,包括网络、存储、计算、桌面系统及服务器,横坐标为处理器总线、局部 I/O 总线、背板总线、机箱互连总线、局域网。其中,串行 RapidIO 总线适应于嵌入式系统处理器总线、局部 I/O 总线、背板总线之间的互连,及部分机箱到机箱之间的互连;并行 RapidIO 总线适应于嵌入式系统处理器总线、局部 I/O 总线、部分背板总线之间的互连;千兆以太网适应于部分嵌入式系统背板总线、嵌入式、桌面及服务器系统机箱到机箱、局域网之间的互连;FC 主要适应于服务器机箱到机箱之间的互连。

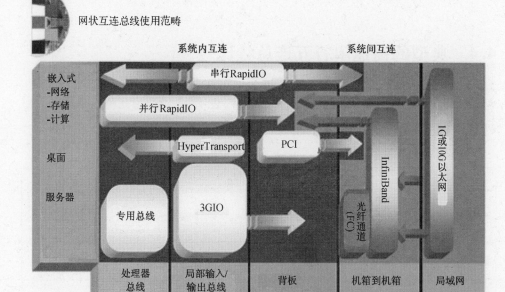

图 4-20　系统互连技术适应范围

4.5 SwitchFabric 交换网络

良好的物理网络基础设施是模块化综合系统结构发挥其优势的基础,模块化综合系统对物理网络的基本特性要求包括以下几点:

(1) 网络具有高的传输带宽。

(2) 网络具有低的碰撞概率。

(3) 网络具有确定的包传输时延特性。

(4) 网络具有小的包传输时延抖动特性。

(5) 传输网络具有高可靠性及鲁棒性。

(6) 任意模块之间具有物理传输通路。

传统的以太网 IEEE802.3 很难适应模块化综合系统的需求。以太网规定的标准是非时间确定的,在某些环境,如高的网络负载情况下,在给定的传输时间延迟下不一定能保证成功的包传输。包传输被延迟后,在网络中不断的发生碰撞,还将可能导致整个网络不可恢复性故障。并且,当一个端节点发生故障,不断的快速的不受控的发起传输,将导致整个网络饱和,而其他需要传输的节点将被阻塞。由于这些原因,以太网被认为不适合高实时、高安全使用。

取而代之的是一种以串行高速总线为核心的 SwitchFabric 交换网络,该网络拓扑结构如图 4-21 所示,包括只有一个交换中心的单网结构及包含主备交换中心的双网结构,终端节点通过高速串行总线与交换中心点到点互连,并通过交换中心实现任意终端节点之间的互连。

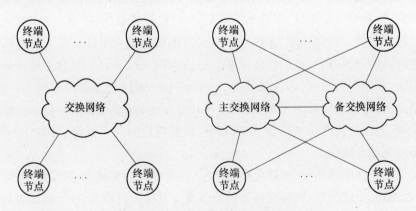

图 4-21 SwitchFabric 交换网络拓扑结构

SwitchFabric 网络使用星型拓扑结构及中心交换技术,通过中心交换检测目的地址,并仅发送包到目的端口,从而大幅度地减少数据碰撞机会,实现最小包延迟,达到最佳性能。工业界中典型的基于星型拓扑结构的交换网络包括 StarFabric、RapidIO、FC、AFDX、TTE 等。

交换中心是 SwitchFabric 网络的关键部件,交换中心提供从一个端口到另一个端口的 MAC 层路由,负责目的寻址及定时策略等功能。大多数以太网交换机是学习型设备,通过使用逻辑链路控制发现机制来确定目的端 MAC 地址,一旦第一个以太网数据包成功的通过交换端口送往目的地址,该 MAC 地址则存于交换机地址表中。这个过程意味着第一个数据包通过交换机路由发现过程及交换中心学习时间将以不确定的时间延迟该包,这是不满足模块化综合系统体系结构对时间确定性网络要求的。

时间确定性网络交换中心通常采用静态地址交换表,该表在初始化时通过特定的"发现"机制或用户预先配置机制确定,并在运行过程中始终保持固定不变。当数据包到达交换中心时,交换中心验证地址,并通过查找静态地址配置路由表路由数据到正确的端口。同时,交换中心还将监测各端口运行状态,若发现某端口功能紊乱而大量发送无效包阻塞网络,交换中心将禁止该端口,防止错误传播,并通过预定的机制重构该端口功能。

4.6 基于高速互连的模块化综合系统硬件体系结构

4.6.1 系统构成

模块化综合系统不能简单的对多个电路模块进行堆积,而需要对这些电路模块按规则,有效地进行集成,保持系统具有开放性、可扩展性、应用功能的独立性。

针对具有多个独立功能、多种工作模式的模块化综合系统设计了一种基于高速互连网络的开放式、可扩展硬件体系结构,如图 4 - 22 所示。该体系结构采用标准化模块、高速串行总线、芯片级互连、SwitchFabric 网络管理等技术构建开放式、可扩展系统,避免了传统的 VME 或 PCI 等并行总线构造系统时,存在的系统总线带宽受限、应用功能之间紧耦合、相互竞争、系统响应时间不确定、可靠性不高、扩展性不强等储多缺点。

该系统硬件由通用化、标准化模块组成,主要包括功率放大、射频信道、信号处理、数据处理、系统控制、网络交换等模块组成。其接收过程为:从天线接收到的信号经低噪声放大器进行前置放大后,通过射频信号线送往标准化射频信道模块进行下变频,放大等处理。处理后的信号经高速 AD 采样、串并变换、8b/10b 编码等

100

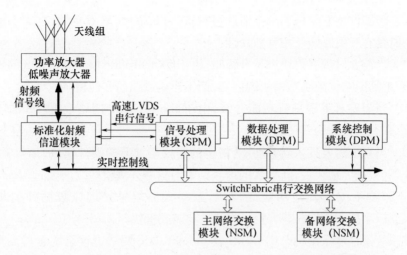

图 4 – 22 基于高速互连网络的模块化综合系统开放式硬件体系结构框图

处理后,变成高速 LVDS 串行信号送往标准化信号处理模块(SPM),进行数字基带信号处理。基带信号处理后的数据通过 SwtichFabric 串行交换总线送往相应的数据处理模块(DPM)进行后续的数据处理。

在具有多个独立功能,包含射频信道模块的模块化综合系统中,射频信道到信号处理模块之间的信号传输可以通过模拟方式传输,也可以通过数字方式传输。但采用模拟方式传输占用的体积较大,不适合结构紧凑、装机要素要求较高的环境下使用。同时,采用模拟方式传输还带来电磁兼容问题。采用数字方式传输,经 AD 采样产生的数据或发送到 DA 的数据流量通常较大,同时要求具有极低的时间抖动特性。这种数据传输是规则的,不适合采用基于包协议的传输模式。因此,采用点到点的高速 LVDS 串行信号进行传输。

发射过程与接收过程类似,只是工作流程相反。

标准化信号处理模块、数据处理模块及系统控制模块之间的数据传输时间抖动特性相对要求不高,但相互之间的通信连接关系复杂,因此,采用包交换技术,如采用基于 RapidIO 协议规范的 SwitchFabric 高速串行交换网络技术。

系统控制模块在硬件电路结构上与数据处理模块相同。它一方面通过 SwtichFabric 串行交换总线完成对 SPM 及 DPM 的管理及控制,另一方面通过实时控制总线完成对射频信道模块的实时控制,如实时 AGC 控制、实时工作频率控制等。

在单独的机箱内,可能有多个标准的数字信号处理模块、数据处理模块及射频信道模块,为提高系统的任务可靠性,在结构体积允许的情况下,对标准化通用模块采用 $M + 1$ 备份,对关键模块采用 $1 + 1$ 备份。

该系统硬件体系结构支持灵活的可重构、可扩展、可升级特性,在其上运行的应用功能具有互不影响及相互独立性。

(1) 当需要对现有模块进行升级时,由于 SwitchFabric 网络或 LVDS 的隔离作用,对系统的影响仅限制在模块的内部,而不影响系统的其他模块。

(2) 当需要对系统进行功能升级,由于 SwitchFabric 网络或 LVDS 的隔离作用,不会影响到系统的其他功能。

(3) 当系统需要插入新的功能,对应的需要增加新的硬件模块,如射频信道、信号处理、数据处理模块,新插入的射频信道与信号处理模块之间通过 LVDS 进行互连,不影响系统的其他功能或模块,新插入的信号处理或数据处理模块与 SwitchFabric 网络相连,不影响系统的其他功能或模块。

该系统硬件体系结构采用 LVDS 及 SwitchFabric 网络进行系统隔离及数据传输,其特性如表4-3所列。

表4-3　LVDS 及 SwithFabric 特性比较

	LVDS	SwitchFabric 网络
传输速率	数百兆比特/秒~1Gb/s	数十兆比特/秒~数百兆比特/秒
传输方式	按帧传输	按包传输
传输时间延迟	纳秒级	约50μs(双向)
传输时间抖动	以时钟同步	<5μs(包到包)
互连方式	简单的点到点	复杂的任意端口到任意端口

4.6.2　多机箱系统构成

当受装机要素或功能分割限制,单独的一个机箱不能完成系统所有功能项集成时,可将这些通用化、标准化模块物理上分配到多个独立的机箱,各机箱通过 SwitchFabric 网络进行互连,在逻辑上构成一个整体,组成分布式的模块化综合系统(DIMA),如图4-23所示。由 SwitchFabric 网络互连在一起,分布在不同机箱的信号处理、数据处理、网络交换等模块在逻辑上集成在一起,组成 DIMA 逻辑核心系统。

4.6.3　主要硬件模块

系统硬件主要由功率放大、射频信道、信号处理、数据处理、网络交换等通用化、标准化模块组成,其中功率放大、射频信道模块等射频模块,分频段、分带宽进行综合设计,根据不同的系统应用环境及特点,其设计有所不同。

SPM、DPM、NSM 等模块参照 ASAAC 技术标准进行设计,ASAAC 定义的硬件标准模块结构如图4-24所示。

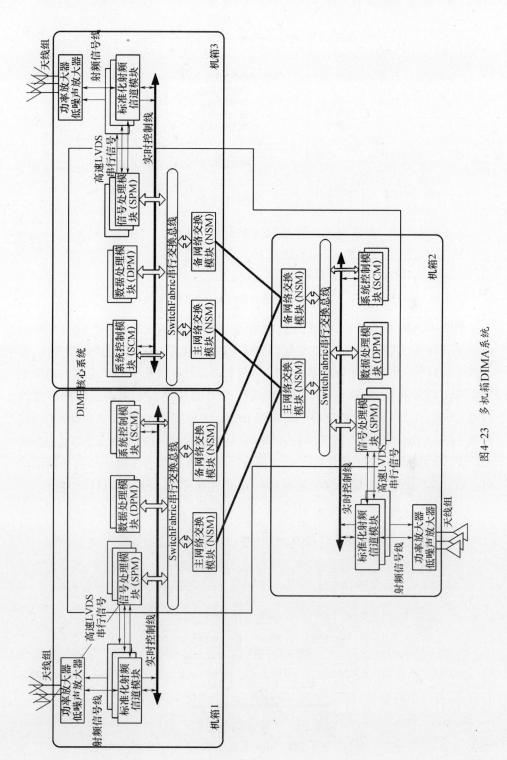

图4-23 多机箱DIMA系统

103

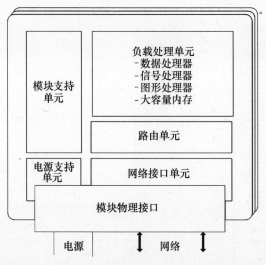

图 4-24 ASAC 定义的通用硬件模块(CFM)标准结构

根据 ASAAC 技术标准,系统 SPM 模块通用结构如图 4-25 所示。主处理单元(PU)由 FPGA 及 DSP 组合构成,根据目前的集成设计能力,在 6U 结构的模块上,可集成 4 组 FPGA 及 DSP 主处理单元(PU)。随着芯片技术的发展,DSP 芯片内部集成 NIU、MSU 处理功能,如图 4-26 所示。现代 DSP 芯片内部通常集成有网络接口(NIU)单元,如 TI 公司的 TMS320C6455 等 DSP 芯片可提供 4 路 1X RapidIO 串行接口或 1 路 4X RapidIO 并行接口。采用 1X RapidIO 串行接口,通过集成于芯片内部的 NIU 接口电路,单片 DSP 芯片可同时实现与外部主备高速交换模块的直接网络接口。而负责对模块进行监视和控制的 MSU 单元电路,可由 DSP 底层软件实现。

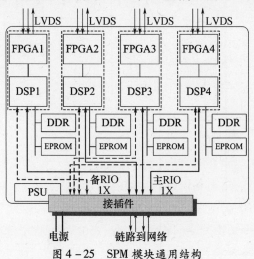

图 4-25 SPM 模块通用结构

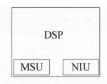

图 4 - 26　DSP 芯片集成 MSU、NIU 功能

FPGA 通过高速 LVDS 接口与射频信道模块接口,用于完成如数字下变频、数字解扩、数字脉压等实时高复杂度大容量计算,DSP 完成数字基带解调等后续处理。

数据处理模块(DPM)通用结构如图 4 - 27 所示,主处理单元(PU)由 PowerPC 完成,根据目前的集成设计能力,在 6U 结构的模块上,可集成 2 组 ~ 4 组 PowerPC 主处理单元(PU)。随着芯片技术的发展,PowerPC 芯片内部集成 NIU、MSU 处理功能,如 FreeScale 公司的 PowerPC8548 芯片内部集成一路 4XRapidIO 串行接口。为实现与外部主备交换网络模块的接口,需通过一个多端口 CrossBar 交换芯片作为路由单元(RIU)。与 SPM 模块类似,负责对模块进行监视和控制的 MSU 单元电路,可由 PowerPC 底层软件实现。

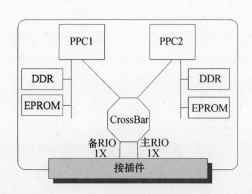

图 4 - 27　DPM 模块通用结构

网络支持模块(NSM)通用结构如图 4 - 28 所示,由多级 Crossbar 交换芯片级联组成无阻塞交换网络中心,其他模块通过高速串行总线接入到网络支持模块,通过预先配置好的路由表路由到指定的目的模块端口。

网络支持模块(NSM)配置一个 PowerPC 处理单元实现对系统整个网络的控制及管理,包括对整个交换网络的枚举、发现、路由表的建立、节点状态、网络运行、链路监控、路由策略等管理。

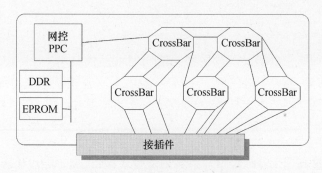

图 4 - 28　NSM 模块通用结构

4.6.4　系统故障及容错

模块化综合系统在模块级对多个功能进行高度综合集成设计,系统故障及容错性设计是模块化综合系统设计的关键。在有高安全性要求的模块化综合系统中,如 IMA 系统,还必须考虑系统的高安全性设计。

可以采用不同的系统体系结构来支持系统的故障及容错性设计,不同的体系结构对系统的故障及容错性设计的影响最终体现在系统的成本、系统的复杂性、系统的可用性、系统硬件冗余等方面的平衡。在影响系统故障及容错性能力的诸多因素方面,系统的硬件互连结构是其中的关键,基于 RapidIO 高速串行交换网络的系统硬件互连结构将为系统的故障及容错性设计带来巨大的优势。通常,系统级的故障容错设计需考虑 6 个关键因素,即无单点故障、无单点修复、故障恢复、100% 故障检测、100% 故障隔离、故障遏制。

1) 无单点故障

无单点故障是指系统采用硬件冗余设计,当任何单点出现故障时,有备份点接管该故障点,保持系统功能的一致性。在系统设计时,可采用多种冗余备份结构,例如:

(1) 冗余硬件,负载平衡。

(2) 双冗余硬件,热/冷备份。

(3) 双冗余硬件,热/暖备份。

(4) 带表决功能的三重冗余。

(5) $N + M$ 备份冗余。

RapidIO 网络支持上述所有硬件备份冗余方案。

2) 无单点修复

无单点修复更进一步细化了某些应用系统需求,即为了替换失效部件,不需关

106

闭或替换系统其他部件。支持热插拔的现场可替换单元（LRU）是满足这一系统需求的主要技术之一。

RapidIO 网络在电路及逻辑上均支持现场可插拔技术。RapidIO 链路是点到点的，不受如 PCI 那样共享总线的影响。用于支持管理状态信息的逻辑协议在 RapidIO 错误管理规范中定义，插入或删除一个模块被认为是一个"例外"情况，有相应的软件 API 函数定义。

在系统启动时，系统主机通过发现机制识别所有的未连接链路，并将它们置于锁定状态。在这些点，所有进入的包都被拒绝，只有接收和驱动器被使能。这种方式保证了所有新插入的 LRU 不能接入系统，直至系统主机允许这种接入。当一个新的 LRU 热插入到一个交换设备时，新连接的链路自动启动训练序列，当训练完成后，被锁定的端口自动产生一个维护端口读写操作，该操作通知主机一个新的连接。

一旦接收到端口写后，系统主机负责将新插入的 LRU 以一种受控的方式插入到系统中。通过这种维护操作方式，如果存在故障，可在消除所有故障条件后实现与新插入的 LRU 通信。这种方式使系统可以以安全的方式访问新插入的 LRU，而不会将系统暴露在一个异常行为的 LRU 中。

3）故障恢复

故障恢复要求有能力从一个发生故障的硬件切换到正常工作状态的硬件，而不中断系统的应用，这种能力完全依赖于确保冗余单元能正常工作的能力。

4）100% 故障检测

这项能力对认定一个硬件故障或一个交易丢失非常重要。在出现硬件故障的系统中，需要有检测机制向控制实体报告错误，这种检测机制不能只依赖于传输机制，因为传输机制本身也可能存在故障。因此，在出现硬件故障，可能没有数据报文传输时，应对所有的数据路径、事务交易及存储单元都需要通过奇偶校验或某些其他类型的校验码如循环冗余校验码（CRC）来进行保护。

RapidIO 提供了丰富的错误检测机制，首先，所有交易由 CRC 保护，所有握手控制符由 56bitCRC 保护或传输 2 次。另外，所有的交易必须正确的握手并有严格的顺序，这样保证了丢失的交易不会扩散到传输层。

RapidIO 采用 8bit/10bit 编码，这在 CRC 之外提供了另一层保护机制，单比特错误可以在物理层的 PCS 层被当作非法比特检测到。另外，RapidIO 选用的 K 码是专门挑选的，使得在 K 码发生单比特错误是不可能被物理层在逻辑上误解为其他字符，这种特性是其他互连标准如 PCI Express、FC、以太网等不具备的。

在系统发生灾难性故障之前，有些故障是可预见的，表现为可靠性方面降低。

如链路上的误码率可能随着时间的增加而逐步升高,检测到这种趋势可以在故障变得非常严重前产生一个故障链路的早期告警。RapidIO 网络互连支持一系列的性能和可靠性监测机制。这些监测机制具有多个门限值,类似交通灯工作情况。正在工作的硬件用绿灯表示,发生故障的硬件用红灯表示,逐渐降级的链路用黄灯表示,通过这种措施,可以给维护软件充足的时间在降级变成硬件失效前采取有效的错误保护措施。

5）100% 故障隔离

错误隔离通常要求硬件和维护软件之间强有力的配合。大多数故障硬件冗余结构采用 $1+1$ 或 $M+1$ 冗余备份方式,其工作方式为:

在双冗余系统中,两个相同的硬件执行相同的应用时,相互比较,只要它们一致,认为此时系统是好的。当某些点出现失效时,两个硬件设备不同,这可方便地检测出一个错误,这就是故障隔离措施。

在进行故障隔离时,通常需要软件进行干预。维护软件必需接管并在最近的历史中查看问题信号,如果其中之一出现了一个例外,而另一个没有,则可确认故障。软件隔离故障的唯一方法是系统维护一个过去发生事件的历史列表。

在 RapidIO(RIO)系统中交易在物理层进行握手。RIO 链路中交易的发起端在其输出缓存中维护了一个交易的备份,直到接收到正确的确认信息。如果确认信息表明一个错误,或确认信息没有收到,包重传。在这种情况下,RIO 链路提供检测、隔离及恢复措施,所有这些都在硬件完成而无需软件干预。通过这种软、硬件协同,RapidIO 可以方便地维护一个过去时间历史列表,从而方便地实现故障隔离。

6）故障容忍

所有 RIO 链路在物理层有全保护能力,这保证了故障不会扩散超出一个 RIO 链路单点。然而某些故障发生在端节点上,这些端节点与链路无关,在这种情况下,故障可能传播超过故障部件。一个恶意故障发起端可能不断地发起重送或复位部件,这个结果可能导致流量拥塞、缓存溢出,最终导致数据丢失。对这类故障最好的保护措施是使故障传播不再发生。RIO 交换采用查找表技术,源及目的地址由特定的端口映射,这些映射表可编程,以隔离恶意发射端,防止对系统造成伤害。

模块化综合集成系统对系统互连总线提出了新的要求,本章首先分析了系统互连技术的发展趋势,比较了传统并行总线与高速串行总线在系统集成方面的区别,接着重点介绍了 StarFabric、FC、RapidIO 等高速串行总线技术。在此基础上,重点介绍了基于高速串行网络的模块化综合系统硬件体系结构,该体系结构具有开放性、可成长性等多项优点。

参 考 文 献

[1] ANSI/VITA. American National Standard for RACEway Interlink,1999.

[2] Ben Ames. Switched – Fabric Vendors Race Toward Military Electronics Applications. Military & Aerospace Electronics. April 2004:21 – 22.

[3] PCI Special Interest Group. PCI Local Bus Specification Revision 2. 2. December 1998.

[4] HyperTransport Technology Consortium. HyperTransport™ I/O Link Specification Revision 2. 00. April 2005.

[5] RapidIO Trade Association. RapidIO™ Interconnect Specification Part 1: Input/Output Logical Specification,2002.

[6] RapidIO Trade Association. RapidIO™ Interconnect Specification Part 2: Message Passing Logical Specification, 2002.

[7] RapidIO Trade Association. RapidIO™ Interconnect Specification Part 3: Common Transport Specification,2002.

[8] RapidIO Trade Association. RapidIO™ Interconnect Specification Part 4: Physical Layer 8/16 LP – LVDS Specification,2002.

[9] RapidIO Trade Association. RapidIO™ Interconnect Specification Part 5: Globally Shared Memory Logical Specification,2002.

[10] RapidIO Trade Association. RapidIO™ Interconnect Specification Part 6: 1x/4x LP – Serial Physical Layer Specification,2002.

[11] RapidIO Trade Association. RapidIO™ Interconnect Specification Part 7: System and Device Inter – operability Specification,2002.

[12] RapidIO Trade Association. RapidIO™ Interconnect Specification Part 8: Error Management Extensions Specification,2002.

[13] RapidIO Trade Association. RapidIO™ Interconnect Specification Part 9: Flow Control Logical Layer Extensions Specification,2002.

[14] RapidIO Trade Association. RapidIO™ Interconnect Specification Part 10: Data Streaming Logical Specification,2002.

[15] RapidIO Trade Association. RapidIO™ Interconnect Specification Part 11: Multicast Extensions Specification,2002.

[16] RapidIO Trade Association. RapidIO™ Interconnect Specification Annex 1: Software/System Bring U PSpecification,2002.

[17] StarGen Inc. Fabric Programmer's Manual.

[18] StarFabric Trade Association. StarFabric Architecture Specification Revision 1. 0, 2002.

[19] Motorola Semiconductor. RapidIO™: An Embedded System,Component Network Architecture,2000.

[20] Tim Miller, StarGen. Data Freight Train: From PCI to PCI Express to Advanced Switching.

[21] Zoltán Meggyesi. Fibre Channel Overview.

[22] 孙学,段求辉,陈颖. StarFabric 技术综述. 中国电子科学研究院学报. 2007,2(2):191-196.

[23] 李典,陈颖,邹传云. 下一代交换式总线技术的研究与设计. 电视技术,2007,31(2):52-54.

[24] 陈颖,陈德志. 航空传感器综合处理机的开放式体系架构. 电讯技术,2005,45(2):107-110.

第5章 通信中间件技术

随着各种应用功能的日益复杂化，单个处理节点已经很难满足多种应用的需求，将复杂任务分配到多个处理节点上运行成为解决上述问题的有效手段。这种系统刚发展的时候，人们最初的精力主要集中于跨平台、跨环境的互操作性问题的解决。在中间件出现以前，分布式应用系统设计者不得不直接面对底层操作系统、网络协议、底层硬件，这为系统设计者带来了许多复杂棘手的问题，如操作系统的多样性、网络环境的复杂多变性，底层硬件的不一致性等。通常这些问题与具体的系统应用功能无直接联系，但却占了系统集成总开发量的70%以上。对于规模庞大、高度复杂的分布式应用系统而言，迫切需要一种具有统一规范、独立系统底层硬件及操作系统的开发平台及环境来提高系统集成效率，中间件技术应运而生。

对于军用模块化综合系统而言，除考虑分布式应用系统的多样性及不一致性外，还需考虑系统的实时性、可靠性、容错性等问题。

模块化综合系统体系结构的诸多优势事实上也正是充分利用了分布式应用计算系统技术的进步而获得的，如模块化综合系统用"虚通道"技术代替先前联合式系统中点到点有线互连，在一个集成的物理网络上通过软件在任意处理器之间创建虚连接的数据或命令通道，构建了功能强大的实时分布式计算能力，使得模块化综合系统最终脱离了传统联合式系统结构的束缚，提供了更优越的系统性能；同时，当某个模块发生故障时，模块化综合系统还可以通过网络及软件快速地完成复杂的重构过程，使系统具有高的可靠性。

5.1 模块化综合系统处理器间通信模型

5.1.1 模块化综合系统对中间件的需求

模块化综合系统体系结构优势的一个关键在于系统处理器之间良好的基础通信设施。模块化综合系统将各处理器连接在一个高可靠、鲁棒的可配置互联通信网络上，以"虚通道"技术代替联合式系统中点到点有线连接方式，从而适应系统工作模式的变化及响应系统故障重构。在模块化综合系统结构中,任意处理器之间存在潜在的通信路径,一旦出现故障,系统可按预定的方式快速重构其软件功能,从而增强了系统的可靠性。

模块化综合系统结构要求构建非常灵活、鲁棒的基础数据通信设施。该设施在硬件方面的基本需求包括以下几项:

(1) 任意模块之间具有物理传输通路。

(2) 高的传输带宽、低的碰撞概率。

(3) 确定的包传输时延。

(4) 小的包传输时延抖动。

(5) 传输网络的高可靠性及鲁棒性。

在软件方面的基本需求包括以下几项:

(1) 低的传输协议消耗。

(2) 灵活的"虚通道"配置。

(3) 方便的 API 接口函数。

(4) 实时的网络监测。

(5) 鲁棒的网络管理能力。

5.1.2　模块化综合系统处理器间工作模型

嵌入式分布式系统处理器间工作模型是反映系统实际功能需求关系及实现关联关系的模型。模块化综合系统结构中典型的处理器工作模型如图 5 - 1 所示。假设某应用由处理器 A、B、C、D、E 协同工作完成,外部数据流在处理器 A 中完成处理后,分别送往处理器 B、C、D 进行后续处理,处理后的结果送往处理器 E 进行最终处理。为适应任务的需要,各处理器内部启动多个线程工作,如处理器 C 启动线程 $C.1$、$C.2$、$C.3$。

5.1.3　"虚通道"进程间通信

模块化综合系统结构通过"虚通道"技术代替传统联合式结构点到点有线连接通信方式。"虚通道"技术可以方便地构建任意处理器之间的实时通信链路,并提供统一的 API 接口函数,屏蔽软、硬件底层细节,完成处理器间数据、控制、命令等信息的分发及接收。

参考图 5 -1 处理器工作模型,一个处理器中可运行多个线程,单个线程可发送数据到一个或多个接收线程,这些接收线程可能驻留在同一个处理器中,也可能驻留在不同的处理器中。采用"虚通道"技术,发送线程并不知道接收线程的任何

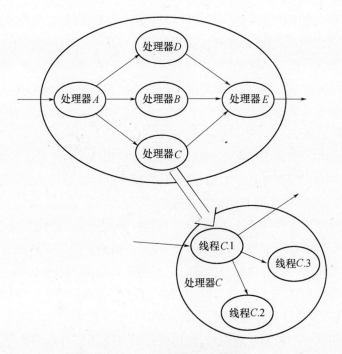

图 5-1 处理器间工作模型

信息(如接收线程驻留的物理位置、运行环境、编程语言等),仅知道接收线程虚拟的逻辑通道号。同样,接收线程也不知道发送线程的任何信息。

通常每个处理器只有 1 个物理端口,但根据完成的软件功能情况,可配置多个"虚通道",每个"虚通道"由一个固定的逻辑通道 ID 号标志,多个"虚通道"复用同一个物理端口。发送及接收线程虚拟的逻辑通道号由系统顶层"蓝图"配置工具完成。对于一个给定的模块化综合系统,线程的逻辑通道号一旦配置,则在运行过程中是固定的。若该线程出现故障时,则系统管理软件将终止该线程,并根据系统预案在另一模块重构该功能线程,而系统网络管理软件也将该固定逻辑通道号重新分配给该线程,这些系统调度过程对系统中其他模块不造成任何影响,其他模块也不需对故障进行任何响应处理过程,从而方便地实现了系统重构。

5.2 RCM 通信中间件

RCM 通信中间件是在高性能的 RapidIO SwitchFabric 网络的基础上,针对模块化综合系统需求特点开发的高性能嵌入式实时通信中间件。该中间件具有以下特点:

（1）分布式透明性。无论应用软件当前位置如何，都可以方便地与其他应用软件进行通信，而无需知道对方具体位置。

（2）扩展性。可以方便地增加新的硬件功能模块、新的虚拟通信链路，而不改变系统体系结构，以适应将来系统新增的应用需求。

（3）异构性。支持 DSP、CPU 等多种处理器，支持 VxWorks、TI DS PBIOS 等多种嵌入式操作系统。

（4）开放性。当需求变更后，能够方便地对应用软件进行修改及扩展，支持系统全生命周期内不断演进。一方面，系统具有稳定的体系结构以便不浪费投资，另一方面，新的功能组件可以方便地集成进来。

（5）容错性。支持系统工作状态实时监测，当监测到功能线程发生故障时，能根据系统预案通过备份模块重构该功能线程而不影响系统的其他部分。

（6）高实时性。具有极低的传输时延及时间抖动，传输时间确定。

采用高性能的 RCM 嵌入式实时中间件，还在许多方面将简化模块化综合系统设计过程，提升了设计效率及质量。如：

（1）采用统一的通用处理模块，使用统一的 API 函数存取系统硬件及网络资源，从而简化了软硬件集成过程。

（2）应用开发者专注于应用层软件的开发，减少与底层软件或硬件直接交互而导致的不可预见性风险。

（3）模块间、处理器间灵活高速的通信体系结构。

5.2.1　RCM 通信中间件层次结构

为解决模块化综合系统中硬件环境、操作系统的多样性及不一致性，RCM 在层次结构上分为与环境独立的 RCM 核心部分及与环境相关的 RCM 环境适配部分，如图 5 - 2 所示。

RCM 顶层为用户接口层，为应用软件提供统一的 API 应用编程接口，每个应用在 RCM 平台上都使用同样的接口，用户无需关心底层硬件结构，屏蔽了应用随底层环境的改变而改变，有助于用户集中精力在应用逻辑部分。

RCM 中间层为 RCM 核心层，包括 RCM 网络管理及 RCM 通信管理两个软件子系统。其中，RCM 网络管理软件子系统主要完成 RIO 网络发现及枚举、RIO 网络资源抽象及仓储、RIO 网络实时监测、RIO 网络节点重构、RIO 主备网络重构等功能。RCM 通信管理子系统主要完成通信连接建立、通信句柄管理、数据接收处理、数据发送处理、通信事件处理等功能。

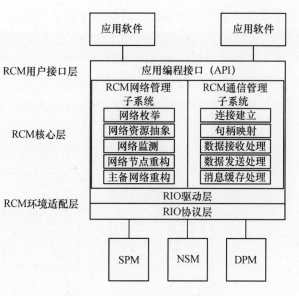

图 5-2　RCM 中间件层次结构

RCM 底层为 RCM 环境适配层,主要针对不同的模块化综合系统硬件模块,如 SPM、NSM、DPM 模块完成 RIO 驱动及协议处理。

5.2.2　RCM 中间件应用系统模型

RCM 中间件构架在高性能的 RapidIO 串行星型交换网络上,其典型系统应用模型如图 5-3 所示。系统的硬件节点按功能分为交换节点与叶子节点。交换节点通过互连将各叶子节点连接在一起,构成交换网络。叶子节点负责系统的核心计算,不同的叶子节点协同在一起,完成特定的系统功能。系统根据可靠性要求,可采用单网星型结构(无网络备份)或双网星型结构(有网络备份)工作模式。

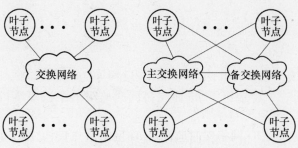

图 5-3　RCM 系统应用模型示意图

115

每条网络分配 1 个叶子节点作为整个网络的控制节点,用于网络的管理与维护,逻辑通道的建立与维护,其部署的软件包括 RCM 网络管理、RCM 通信软件及 RIO 底层驱动软件。其他节点为处理节点,其上部署的软件包括系统应用功能软件、RCM 通信软件及 RIO 底层驱动软件。整个网络通信配置由外部 PC 完成,PC 通过监控界面完成对整个系统的虚拟通道配置,形成系统配置文件,并通过以太网与控制节点的网络管理软件进行交互,如图 5-4 所示。

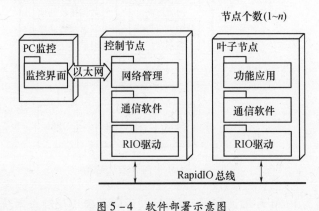

图 5-4 软件部署示意图

5.2.3 RCM 通信中间件用户接口

RCM 通信中间件系统对外提供系统管理及应用功能开发两种标准用户接口(API)。

1) 应用功能开发用户接口

应用功能开发用户接口包括:

(1) 申请连接组号。

int rcsGetConnGroupNumber

(

int * pGrpNum/* 获取连接组号 */

)

向 RCM 申请一个连接组号,该组号作为 rcsGetPort 函数的输入参数,使多个逻辑端口绑定到同一个连接组下,进而支持同时监听多个逻辑端口上是否有数据到达。

函数返回:RCSOK、RCSERROR 及其他错误编码。

(2) 释放连接组号。

Int rcsReleaseConnGroupNumber

```
(
Int grpNum/* 需要释放的连接组号 */
)
```

释放使用完毕的连接组号,释放连接组号之前,需确保无连接句柄属于该连接组,否则释放不会成功。

函数返回:RCSOK、RCSERROR 及其他错误编码。

(3) 获取连接对象。

```
int rcsGetPort
(
CONNOBJ *objConn          /* 获取到的连接对象 */
char *szPortName          /* 端口名称 */
int nTimeout              /* 同步操作的超时时间,保留,指定为 0 */
int nGroupNumber          /* 连接组号 */
int receiveType           /* 接收数据方式 */
)
```

根据端口名称获取连接对象,连接对象唯一标志了某个处理节点上的一个连接,应用程序以连接对象为句柄完成对某个连接的操作。

若指定端口名称的连接不存在,且输入的端口名称未注册,则将端口名称等信息保存到通信软件中,以端口名称为关键字分配一个连接句柄,当该端口名称对应的连接建立成功后,通信软件完成该连接句柄与连接对象之间的绑定。

若系统中指定端口名称的连接已存在,则将端口名称与连接绑定,以端口名称为关键字分配一个连接句柄,返回成功。

函数返回:RCSOK、RCSERROR 及其他错误编码。

(4) 释放连接对象。

```
int rcsReleasePort
(
CONNOBJ nConnObj      /* 需要释放的连接对象 */
)
```

释放某个连接对象,释放成功后,其他应用程序可以通过端口名称等参数再次获取连接对象,以实现对该连接的控制。若有其他进程正通过该连接对象进行捕获事件等操作,释放将不会成功。

函数返回:RCSOK、RCSERROR 及其他错误编码。

(5) 发送数据。

```
int rcsSend
(
```

```
CONNOBJ nConnObj          /* 连接对象 */
char *pData               /* 待发送数据首地址 */
int nDataLen              /* 待发送数据长度 */
int flag                  /* 数据发送模式 */
)
```

发送数据函数,支持一次发送的最大长度为 8KB。发送模式 flag 可采用 SEND_TYPE_SYNC(同步)和 SEND_TYPE_ASYNC(异步)两种模式,采用同步模式发送成功时,表明数据已经成功到达目地端缓存,采用异步模式发送成功时,表明发送任务已提交,数据可能存在与本地、网络上或对方缓存中。由于异步发送不需要收到对等端的确认再发送下一个数据包,效率高于同步发送。

函数返回:RCSOK、RCSERROR 及其他错误编码。

(6) 接收包函数。

```
int rcsRecvPacket
(
CONNOBJ nConnObj          /* 连接对象 */
char *pData               /* 接收数据的用户缓存首地址 */
int * pDataLen            /* 接收数据缓存长度、接收到的数据包长度 */
int nTimeout              /* 接收数据的等待时间,指定为 RCS_NO_WAIT */
)
```

pDataLen 同时作为输入参数和输出参数,作为输入参数时,通过 *pDataLen 传入接收缓存的长度;作为输出参数时,通过 *pDataLen 输出接收到的数据包长度。

nTimeout 为接收数据的等待时间,该参数目前只支持 RCS_NO_WAIT(不等待)模式。

函数返回:RCSOK、RCSERROR、RCSERROR_NO_DATA_RECEIVED 及其他错误编码

(7) 捕获连接事件函数。

```
int rcsGetConnEvent
(
CONNOBJ nConnObj          /* 连接对象 */
u32 *pEventMask           /* 输入捕获的事件掩码、输出捕获到的事件 */
int nTimeout              /* 等待超时时间 */
)
```

捕获连接上的异步事件使调用者的进程挂起,直到捕获到的事件产生或超时时间到达。rcsGetConnEvent 为连接上的数据收发提供支持,避免接收数据或等待

连接恢复时只能采用查询方式。

支持 RCS _ DATA _ ARIVED(数据到达事件)和 RCS _ SEND _ QUEUE _ BE _ NORMAL(连接恢复事件)。在某个连接上接收到数据时,会产生 RCS _ DATA _ ARIVED 事件,在某个连接由拥塞或错误状态恢复为正常状态时,会产生 RCS _ SEND _ QUEUE _BE _NORMAL 事件。

多个事件相"与"产生事件掩码时,可同时捕获多个连接事件。

函数返回:RCSOK、RCSERROR、RCSERROR _ NEED _ WAIT _ EVENT 及其他错误编码。

(8)捕获连接组上的事件。

```
int rcsGetConnGrpEvent
(
int nGroupNumber          /* 连接组号 */
CONNOBJ * pConnObj        /* 输出产生事件的连接对象 */
u32 *pEventMask           /* 输入捕获的事件掩码、输出捕获到的事件 */
int nTimeout              /* 等待超时时间 */
)
```

捕获组事件函数功能类似 rcsGetConnEvent,在其基础上提供了同时监听多个逻辑端口事件的功能。

函数返回:RCSOK、RCSERROR、RCSERROR _ NEED _ WAIT _ EVENT 及其他错误编码。

2)系统管理用户接口

系统管理用户接口包括:

(1)在系统中建立逻辑通道。

```
int nmConfigConnection
(
u16 rioID                 /* 逻辑通道一端地址 */
u16 portID                /* 逻辑通道一端端口号 */
char * portName           /* 逻辑通道一端端口名字 */
u16 peerRioID             /* 逻辑通道对端地址 */
u16 peerPortID            /* 逻辑通道对端端口号 */
char * peerPortName       /* 逻辑通道对端端口名字 */
bool bForceConfig         /* 是否强制配置 */
)
```

在系统中建立逻辑通道时,存在指定的端口与系统中存在的端口冲突的情况,参数 bForceConfig 决定了遇到此情况时是删除原有端口及相关联的通道还是放弃此操作。

函数返回:NO＿ERROR、ERROR＿CONN＿EXIST及其他错误编码。

（2）删除系统中的逻辑通道。

```
int nmDeleteConnection
(
u16 rioID                    /* 逻辑通道一端地址 */
u16 portID                   /* 逻辑通道一端端口号 */
u16 peerRioID                /* 逻辑通道对端地址 */
u16 peerPortID               /* 逻辑通道对端端口号 */
)
```

在一个节点上,端口名称与端口号均是唯一的,因此在删除逻辑通道时,只需采用节点地址与端口作为端口关键字即可。

函数返回:NO＿ERROR、ERROR＿NOT＿FOUND及其他错误编码。

5.2.4　RCM中间件工作模型

RCM通信中间件采用集中式管理机制,基于该平台进行系统开发,存在系统开发者与应用功能开发者两种不同的角色,系统开发者负责系统内"虚通道"的规划与分配;应用功能开发者致力于应用功能软件的开发,当需要与外界进行数据交互时,只需对分配的逻辑通道进行读写操作便可实现。

1）应用功能开发者

在RCM通信中间件中,与应用功能开发者相关的是功能开发视图。在该视图中,用户只能观测到该功能实现所分配的"虚拟"逻辑通道,逻辑通道由通道命名唯一确定。用户不需要关心逻辑通道的另一端部署在分布式系统的哪个节点上,数据交互目标的位置及信息的存取对功能开发者而言,完全是透明的,如图5－5所示。

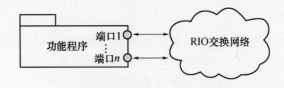

图5－5　应用功能开发者视图

对于应用功能开发者,其工作步骤为:

（1）申明与注册逻辑通道。

假定某个功能需要使用3个逻辑通道,这3个逻辑通道的名称分别为＿COM＿

120

Cmd,_COM_Data,_COM_Backup,申明与注册逻辑通道采用下面的方式：

```
/*逻辑通道的申明*/
RIO_DECLARE_PORT(_COM_Cmd);
RIO_DECLARE_PORT(_COM_Data);
RIO_DECLARE_PORT(_COM_Backup);
/*逻辑通道的注册*/
BEGIN_RIO_REGISTER()
    RIO_REG_PORT(_COM_Cmd, "_COM_Cmd")
    RIO_REG_PORT(_COM_Data, "_COM_Data")
    RIO_REG_PORT(_COM_Backup, "_COM_Backu P")
END_RIO_REGISTER()
```

（2）发送数据。

在系统初始化完成之后，就可以使用发送数据功能，发送数据函数定义如下：

```
/* * * * * * * * * * * * * * * * * * * * * * * * * * * * * * * * *
* * * * * * * * * * *
    函数名称：rcsSend
    描述：消息发送数据
    输入：nConnObj，连接对象
    输入：pData，发送数据指针
    输入：nDataLen，发送数据长度
    输入：flag，指定发送方式：SEND_TYPE_SYNC,SEND_TYPE_ASYNC
    返回：RCSOK, RCSERROR 及其他错误编码
    Others：在消息同步发送时，返回成功表明数据已经成功到达目地端缓存，
            在消息异步发送时，返回成功仅仅表明发送任务已经提交

    * * * * * * * * * * * * * * * * * * * * * * * * * * * * * * * * *
* * * * * * * * * * */
    int rcsSend(CONNOBJ nConnObj, char *pData, int nDataLen, int flag);
```

（3）接收数据。

在系统初始化完成之后，就可以使用接收数据功能，接收数据函数定义如下。

```
/* * * * * * * * * * * * * * * * * * * * * * * * * * * * * * * * *
* * * * * * * * * * * * * * *
    函数名称：rcsRecvPacket
    描述：以数据包方式在消息连接上接收数据
    输入：nConnObj，连接对象
    输入：pData，接收数据缓存指针
    输入：pDataLen，指定接收数据缓存长度
```

输入:nTimeout, 指定等待的超时时间

输出:pData, 接收到的数据

输出:pDataLen, 接收成功时,指定接收到的数据长度

返回:RCSOK,RCSERROR,RCSERROR_NO_DATA_RECEIVED 及其他错误编码

Others:在包接收方式下,若指定的缓存长度小于收到的数据包长度,剩余部分将被丢弃

nTimeout 仅支持输入 RCS_NO_WAIT

```
* * * * * * * * * * * * * * * * * * * * * * * * * * * * * * * * * * *
* * * * * * * * * * * * * * * * /
      int rcsRecvPacket(CONNOBJ nConnObj, char * pData, int * pDataLen,
int nTimeout);
```

(4) 注册接收函数。

功能程序若要监听数据到达的事件,可以向系统注册自定义的接收回调函数,在任意一条逻辑通道有数据到达时,接收回调函数将被调用。接收回调函数的注册通过下面的方式。

```
/* 注册接收函数 */
RIO_REGISTER_SIGFUNC(rioDataSigFunc);
接收回调函数定义
int rioDataSigFunc(CONNOBJ connObj);
```

输入参数 connObj 是当前有数据到达的逻辑端口的通信句柄,接收回调函数的实现可以采用以下的实现方式:

```
int rioDataSigFunc(CONNOBJ connObj)
{
      int nRcvRet = RCSOK;
      int nSendRet = RCSOK;
      int nDataLen = 4096;
/* 判断是哪个端口上有数据到达 */
if(connObj = = _COM_Cmd)
{
          nRcvRet = RCSOK;
          /* 一个事件或函数回调可能对应一个端口上的多个数据包 */
          while(nRcvRet = = RCSOK)
          {
          /* 接收数据 */
          nRcvRet = rcsRecvPacket(connObj, g_databuffer,&nDataLen,
RCS_NO_WAIT);
```

122

```
        if(nRcvRet = = RCSOK)
            {
            .....
            /* 在收到的通道上发送 */
            nSendRet = rcsSend(connObj, g_databuffer, nDataLen,SEND_
TYPE_ASYNC);
            }
            }
    }
    else if(connObj = = _COM_Data)
    {
        .....
    }
    else if(connObj = = _COM_Backup)
    {
        .....
    }
    return 0;
}
```

2）系统开发者

在 RCM 通信中间件中,与系统开发者相关的是系统管理视图,在该视图中,系统开发者可以观测到系统各应用功能之间所有的"虚拟"逻辑通道,并通过 RCM 通信中间件提供的接口与服务,建立并监测这些逻辑通道,如图 5-6 所示。

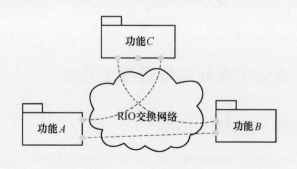

图 5-6 系统开发者视图

系统的"虚拟"通道逻辑连接关系可以在系统初始化时进行配置,也可以在系统运行过程中动态改变,以实现功能的切换与重构。系统内的逻辑连接关系有两

种配置方式:

(1)静态蓝图配置方式。在 RCM 通信中间件能够接收系统蓝图定义的静态逻辑连接关系配置蓝图,蓝图以 XML 文件描述,并保存在本地非易失存储器中。在系统上电初始化时,RCM 通信中间件根据蓝图配置关系自动完成对整个系统的通信链路配置。

(2)动态配置方式。RCM 通信中间件提供系统运行时动态配置能力,该方式支持系统运行过程中动态地增加或删除虚拟逻辑通道,支持逻辑通道的切换,方便地实现功能从一个节点迁移到另一个节点,如图 5-7 所示。

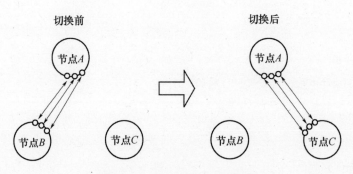

图 5-7 动态迁移过程示意图

在切换之前,节点 A 与节点 B 之间通过 3 个逻辑通道进行数据交互,当节点 B 发生故障时,需要将节点 B 上的功能迁移到节点 C,系统关闭节点 B,打开节点 C,则节点 A 可以与节点 C 通过虚拟逻辑通道进行通信。整个迁移过程对节点 A 是透明的,节点 A 上的逻辑通道名称及对应的通信句柄都不会改变。整个迁移过程对其他节点也是透明的,不影响其他节点的工作。

5.3 RCM 通信中间件网络管理子系统

5.3.1 网络管理子系统层次结构

网络管理子系统层次模型如图 5-8 所示,包含代理层(Agent Layer)、业务层(Business Layer)、资源仓储层(Resource Repository)。

代理层主要负责与用户界面和系统控制命令之间的数据交互。

业务层是网络管理子系统的逻辑核心,包括故障监测(Fault Monitor),配置管理(Comm Configuration),实时数据同步(Realtime SynData),应用服务重构(App

124

Redeploy)，日志服务（Logging Service），动态路由选择（Dynamic Routing）等功能模块。

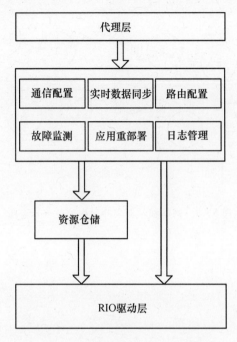

图 5-8　网络管理子系统分层模型

资源仓储层主要负责网络中的网络资源的管理，负责对网络中的资源对象的注册、注销，是业务层和代理层的基础。

5.3.2　基于模板的深度优先枚举

在 RIO 网络中，网络是由多个物理板卡通过底板互连，由于物理板卡及底板的确定性，使得同一个板卡内及板卡之间的连接关系是确定的，网络的规模随着接入板卡的数量而发生变化，但网络中的节点连接关系是一定的，这就使得网络拓扑结构也具有一定的确定性，即实际的网络拓扑必然是模板拓扑的子集，如图 5-9 所示。

预先设定最大拓扑中每个节点的关键信息，根据网络模板找到网络中实际存在的节点，提取出枚举的每个节点关键信息（如网络 ID、物理地址），这使得网络 ID 的分配可以按规划进行预先设定。

基于模板的网络枚举流程如图 5-10 所示。

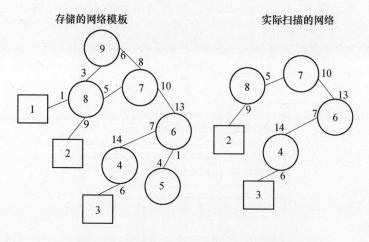

图 5-9   网络模板与实际网络的关系示意图

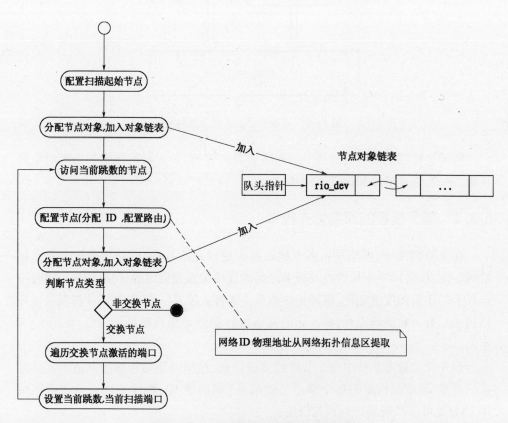

图 5-10   基于模板的深度优先枚举流程

为使网络拓扑能够方便地录入与读取,采用在用户界面上构造拓扑的方式,用户界面将所见即所得的网络结构转化为 XML 文件格式传递给网管程序,网管程序将该 XML 文件解析成方便驱动访问的邻接表结构,存储于非易失性存储区中。图 5 - 11 所示为对网管使用的非易失性存储区的规划。

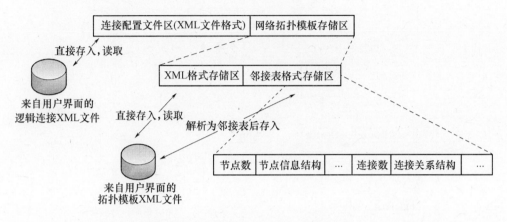

图 5 - 11 控制节点非易失性存储区划分

5.3.3 网络资源的抽象与存储

将网络中的软硬件资源抽象为特定的软件对象,并将这些软件对象通过高效的组织方式存储到主备两个网管节点中,这些对象包括:

(1) CTopology,处于资源库的最顶层,封装了网络中的所有资源状态信息。

(2) HopCnts,分别存储了主备网管节点至网络中其他节点的跳数信息,该信息是 RIO 网络维护操作的关键信息。

(3) Subnet,存储物理板卡信息。

(4) Device,存储网络中的每个节点信息,包括交换节点和处理节点。

(5) App,储存部署在节点上的功能软件的名称。

(6) MulticastRoute,存储交换节点上的多播信息。

(7) LogicPort,存储逻辑端口信息。

(8) PhisicalPort,存储物理端口信息。

(9) RouteItem,存储一个单播路由信息。

(10) PhisicalLink,存储物理链路信息。

（11）PhiPath,存储物理路径信息。

（12）LogicLink,存储逻辑链路信息。

图 5 - 12 所示为网络中经过抽象的物理对象与逻辑对象的相互关系。

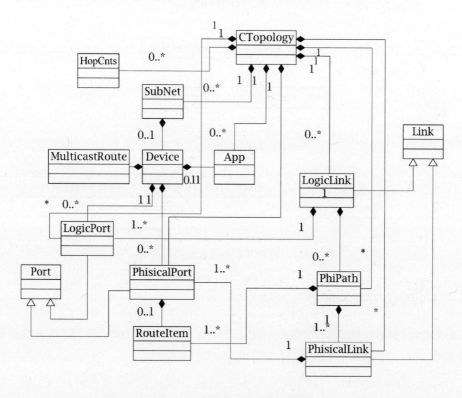

图 5 - 12 网络资源对象关系图

5.3.4 网络故障监测

网络故障监测接收硬件驱动上报的故障信息数据包,解析数据包,根据故障信息判断具体的故障类型,并把故障信息添加到故障修复中心的优先队列中,故障修复中心委托故障处理对象来处理故障。

在系统的运行过程中,RIO 主控节点不断地监测 RIO 硬件事件,网络管理子系统部署了以 monitorFault 为入口函数的故障监听进程和以 restoreFault 为入口函数的故障处理进程。故障处理对象与进程之间的动态关系如图 5 - 13 所示。

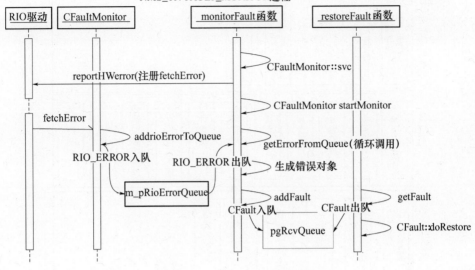

图 5 – 13   RIO 故障监测事件处理

5.4   RCM 通信中间件通信子系统

5.4.1   RCM 通信子系统层次结构

RCM 通信子系统层次模型如图 5 – 14 所示,分为以下四层:

(1)网管代理事务层。RCM 通信中间件通过网管代理将网管发出的控制命令与信息传送到每个节点,每个节点上的网管代理再分别控制通信中间件的进程间通信机制,实现如建立连接、挂起连接等一系列的操作,通过这种方式实现控制节点对网络的集中管理。

(2)传输层。传输层将逻辑链路层的链路进行复用,为每个链路分配端口标志并维护这些链路的状态,应用程序收发的数据通过传输层的处理后到达逻辑链路层。

(3)逻辑链路层。所有复用的逻辑链路最终汇合在这一层上,在该层级别上,进程间通信机制保障所有数据的收发并维护在该层上的链路。该层同时保障数据的优先级,如果在该层的队列中同时存在多个优先级的数据,高优先级的数据要比低优先级的数据先出队列并发送出去。

(4)介质接入层。该层是对硬件的抽象接口,使上层软件和硬件层进行隔离,使用统一的接口实现数据的收发与配置。

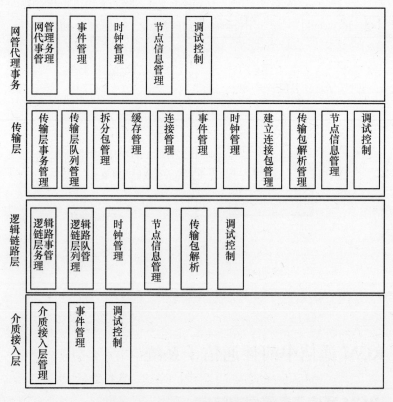

图 5 - 14　RCM 通信子系统层次模型

　　根据 RCM 通信子系统中所要实现的功能,为了更加便于对系统的分解和更好地把握系统的开发,将通信子系统进行模块功能分解,分为传输层队列管理、逻辑链路层队列管理、拆分包管理、节点信息管理、传输包解析、连接管理、缓存管理、事件管理、时钟管理、调制控制等,如图 5 - 15 所示。

　　RCM 通信子系统以 4 个事务管理层为核心,辅以 10 余个功能模块一起完成系统的各项功能,各事务管理层负责对 10 余个功能模块的协调与调度。

5.4.2　进程间通信工作机制

　　进程间通信工作机制(IPC)是 RCM 通信子系统的核心。进程间通信机制主要实现对应用程序的数据收发,对控制节点下发命令的执行。进程间通信机制主要工作是利用传输网络底层硬件通信能力和操作系统的资源调度能力,设计网络接口通信资源管理机制、数据缓存管理机制、发送接收队列管理机制、物理资源和逻辑资源的关联策略,定时管理以及握手协议等,为应用程序提供使用方便、灵活,

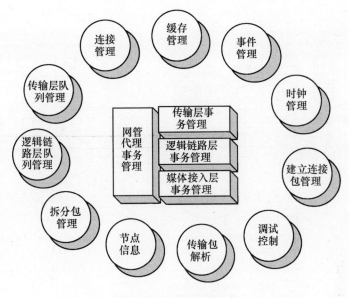

图 5 – 15 模块的划分

数据收发高效的数据传输服务。IPC 主要实现的功能有：在消息单元的基础上实现的点对点的面向有连接的数据收发、点对点的面向无连接的数据收发；在块数据传输的基础上实现的一对一的数据收发和一对多的数据发送；为应用程序提供连接上事件的捕获功能，对一个或多个连接上的收发完成及错误等事件进行捕获等，图 5 – 16 所示为 IPC 的动态工作机制。

在 IPC 内部存在 5 个工作进程，分别为介质接入层工作进程、传输层接收进程、传输层发送进程、网管代理事务进程和时钟工作进程，所有的 IPC 内部的工作全部由这 5 个进程通过互相之间的协调动作来完成。

另外，在 IPC 内部还存在 7 类队列，即介质接入层工作队列、逻辑链路层接收队列、传输层接收队列、传输层发送队列、传输层工作队列、建立连接包队列、WS 队列。

这 7 类队列中逻辑链路层接收队列、传输层接收队列和传输层发送队列都用于对要收发数据的排队与缓冲，而介质接入层工作队列用于对硬件上产生的中断进行排队，并交给介质接入层工作进程处理，以防止硬件中断服务程序处理时间过长。传输层工作队列用于在进程处理事务时，将需要由传输层发送工作进程处理的事务放入这个队列中，由传输层发送工作进程去处理。建立连接包队列用于在建立连接时，当连接对象还没有建立起来，暂时保存所有远端发来的建立连接请求包，以便在连接建立成功后，连接可以得到该请求。WS（Waiting for being Sent）队列用于将发送完成的特殊数据包加入到这个队列中暂存，由于这些包不能放入到

131

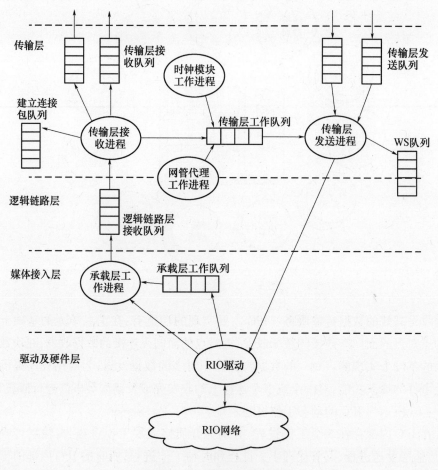

图 5-16　进程间通信机制

连接的队列中,所以只能加入到这个队列等待发送完成,等待这些包真正地在 RIO 硬件中发送完成后才将该包删除。

5.4.3　连接的建立与句柄的映射

在 RapidIO 网络中,所有的节点为对等关系,这点和 TCP/IP 中是有所区别的。在 TCP/IP 网络中,通常都会考虑一个节点作为服务端,在某个端口上监听客户端的连接请求,而在模块化综合系统的典型应用模式下,每个连接的两端都是预先配置的,不存在监听和请求的关系。

连接对象的建立首先需要建立连接对象数据结构,每个连接对象数据结构包括连接上的所有信息,如源地址、目标地址、源端口、目标端口、连接状态、连接类型等。在连接对象建立成功后就需要在连接的节点间进行握手以保证连接建立的正确性与连接的通畅与否。握手的过程由一个连接两端相关的两个节点互相交互来完成,如图5-17所示。

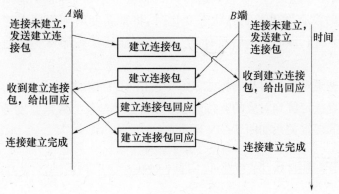

图5-17　连接建立过程示意图

在连接上收到建立连接请求包和建立连接回复包后,连接的状态也产生相应的状态跃迁,连接状态转移图如图5-18所示。

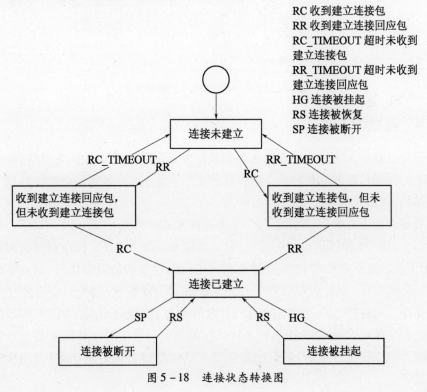

图5-18　连接状态转换图

开始时,连接状态处于未建立状态,当收到建立连接包(RC 包)时,状态产生变化到"收到建立连接包,但未收到建立连接回应包"状态,如果是在连接未建立状态时收到建立连接回应包(RR 包)时,状态变化到"收到建立连接回应包,但未收到建立连接包"状态。这两类状态都是不稳态,也就是说如果在这两类状态都超时没有发生其他的状态变化时,将重新变回到连接未建立状态。如果 RC 后面有 RR,或者 RR 后面有 RC,那么连接的状态都要变化到连接已建立的状态。

通信句柄是对连接对象的标志,RCM 通信子系统根据通信句柄,在句柄与连接映射表中直接定位到对应的连接对象,实现连接对象上数据收发等操作。句柄与连接对象的绑定关系如图 5 – 19 所示。

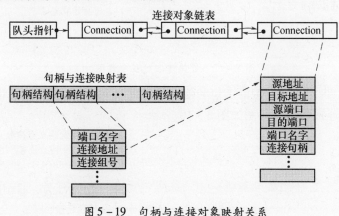

图 5 – 19　句柄与连接对象映射关系

5.4.4　数据的发送

发送过程涉及连接上的发送队列和硬件发送队列两个层次的发送队列,每个连接上的数据包都进入到同一个硬件队列进行发送,从而实现多个连接共享一个硬件队列,如图 5 – 20 所示。

在整个发送过程中,采用了两个策略提高发送效率。

(1) CPU 与 RapidIO 接口并行工作。设置 RapidIO 接口工作在消息队列模式下,由于在消息队列模式下,只要硬件队列中有未处理的消息描述符,消息单元就会执行发送工作,节点上的 CPU 在发送某个连接上的数据包时,只需设置一个新的消息单元描述符,传入数据包地址、长度等信息,设置完毕后,CPU 不需等待消息发送完毕就可以返回,从而达到并行工作的目的。当上层模块需要关心发送的结果时,可注册"发送成功"等反映发送结果的系统事件的处理函数,采用异步的方式处理。

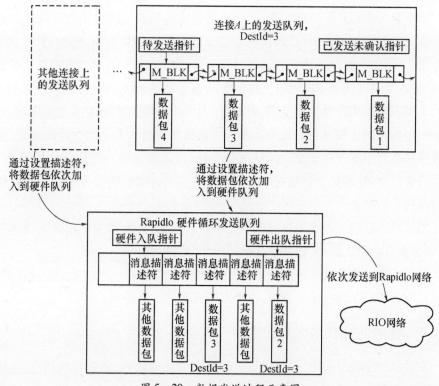

图 5 - 20　数据发送过程示意图

（2）零复制。在进程间通信机制内部不进行数据包的复制，而仅仅是通过指针传递。如图 5 - 20 所示，每个 M _ BLK 关联的数据包在提交到消息队列时，传递的是数据包地址，而不需对数据进行复制。

在采用双星备份的策略下，节点之间的每条正常路径都存在一条对应的备用路径。在正常路径出现故障时，系统中的网络管理模块将会重新配置交换设备的路由表，启用备用路径。

在这样的一个故障修复过程中，要求 IPC 机制能够感知硬件故障，并做出相应的处理，使正在收发的数据不至于丢失。在备用链路启用后，其上绑定的 IPC 连接也必须从错误中恢复过来，继续进行正常的数据收发。为此，需要有相应的故障处理机制。

在每个连接上维护一个未发送指针和已发送未确认指针，位置在未发送指针以后的数据包都需调用发送函数提交到消息队列，位置在已发送未确认指针和未发送指针之间的数据包是已经提交到了消息队列中，但并不能确定已经到达对等节点。消息缓存的释放需要根据已发送未确认指针移动来进行，而已发送未确认指针的移动需要 ACK 包确认数据包被接收后方可进行。

当本节点收到对等节点的确认包后,根据确认包确认的包个数移动已发送未确认指针。如图5-20所示,连接A上已发送未确认指针与未发送指针之间有3个数据包,其中数据包1已经发送到对等节点,而消息队列在处理数据包2时链路出现故障,此时硬件消息队列将上报一个发送失败的事件,停止发送。

上层模块在接收到该事件后,如判断出DestId=3的物理链路出现故障,通知DestId=3相关的连接A进行处理。连接A首先将连接状态修改为挂起状态,然后计算消息队列中本连接未发送的数据包个数,据此移动待发送指针。如图5-20所示的情形中,数据包2和数据包3都未发送成功,因此,将待发送指针向右移动至数据包2的位置。

当故障地址相关的连接故障处理完毕后,将消息队列中未能发送的描述符移除,再重新启动发送队列,使其他连接能照常发送数据。

在网络管理模块启用备份链路后,会调用恢复接口将刚才挂起的连接恢复,由于发送失败的数据包会重新发送,这使得系统的可靠性得到了保证。

5.4.5 数据的接收与优先级支持

在数据的接收过程中,数据包依次经历了从硬件队列、承载层队列、连接队列3个队列的传递,如图5-21所示。

首先,RapidIO接口从网络中接收消息,依次存入硬件接收队列中,为支持最大的消息长度,设置硬件队列中每个接收单元固定为4KB。

其次,承载层读取数据包的长度信息,据此申请消息缓存,将硬件队列中的消息复制至申请的消息缓存中后,根据优先级进入不同的承载层队列。

最后,传输层由高至低依次处理不同优先级队列中的数据包,最终使数据包进入每个连接的接收队列。连接队列与承载层队列都使用消息缓存装载数据包,从承载层队列至连接队列之间不需进行数据复制。

之所以在接收过程中增加一个承载层的优先级队列,一方面可以使硬件接收队列从长度上得以扩展。因硬件队列每个接收单元都为4K,从内存利用率的角度看不宜太长,况且对于DSP这样的处理器也不能设置过长,另一方面这样可以对优先级提供支持。在模块化综合系统中,对于数据的优先级有很高的要求,这要求高优先级的数据包在发送、传输、接收过程中都能优先得到服务。在发送过程中,利用了进程优先级使高优先级的发送任务优先被处理,在RapidIO网络传输过程中,利用了RapidIO协议提供的优先级支持,在接收过程中,需要利用承载层的优先级队列。

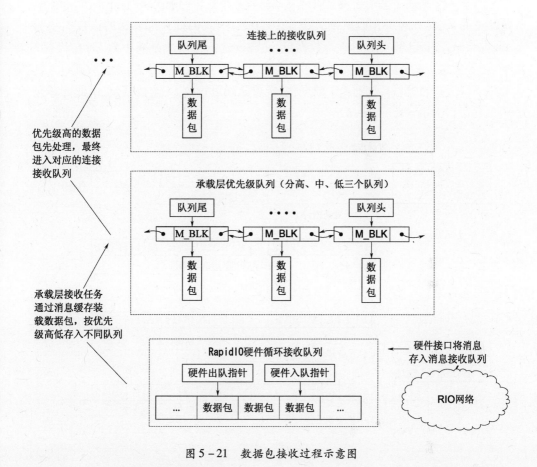

图 5-21 数据包接收过程示意图

5.4.6 传输层流量控制机制

在 IPC 通信机制内部,采用 ACK 包向连接的对等方通报本地端接收队列的信息,信息包括总共已经接收到的数据包的个数和还可以接收的数据包的个数。根据这两个信息,发送端在收到 ACK 包后,通过以下公式可以计算出发送端还可发送数据包的个数。

发送端还可以发送包的个数 = 接收端还可以接收的数据包的个数 -(发送端总共已经发送的数据包的个数 - 接收端总共已经接收的数据包的个数)

若"发送端还可以发送包的个数"等于 0,发送端就需要停止这个连接上数据包的发送,直到收到下一个 ACK 包并解析出发送端还可以发送包的个数大于 0 为止。

图 5 - 22 描述了某个连接上允许发送窗口大小变化的情况,在状态 1 时,连接刚刚建立完成,对方通报接收队列大小为 16 个数据包,因此允许发送的窗口大小为 16;在状态 2 时,已经发送了 3 个数据包,允许发送的窗口大小减小为 13;在状态 3 时,已经发送了 6 个数据包,允许发送的窗口大小减小为 10;在状态 4 时,收到对方发送的 ACK 包,通报总共收到 4 个数据包,接收队列可接收 15 个数据包,由此计算允许发送窗口大小 = 15 − (6 − 4) = 13。

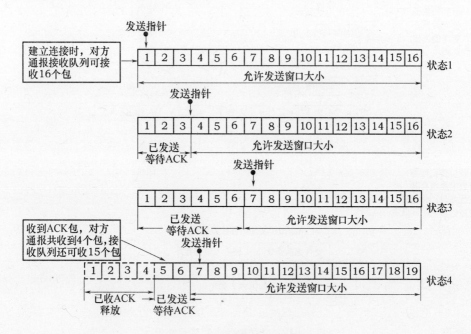

图 5 - 22　流量控制示意图

5.4.7　事件处理机制

在 RCM 通信中间件中,各模块之间高度耦合,模块之间的依赖关系很复杂。为此,专门设计了通用的事件处理模块,将模块之间的某些直接函数调用关系转化为异步事件通知关系,如图 5 - 23 所示。采用这种模式,一个模块与多个模块的依赖关系就变成了一个模块仅仅与事件模块形成依赖关系,使系统整体结构更加清晰。

在事件模块中,设计了两种事件。

1) 系统事件

系统事件用于系统内部模块之间的交互。对于需要处理某个事件的模块,需将处理该事件的回调函数注册到事件模块中,对于激发该事件的模块,只需调用系

138

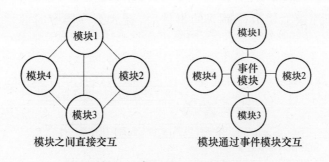

图 5 - 23　模块之间耦合关系对比

统事件的通报接口,而定位处理函数的任务由事件模块完成。

在事件模块中定义系统事件钩子结构体,以记录系统事件的处理函数及事件发生次数的统计信息,在事件模块中维护了一个由事件钩子结构体构成的数组。将 RCM 通信中间件内部系统事件统一编码,每个编码就作为系统事件钩子结构体数组的下标,定位到指定的钩子结构体,实现系统事件的处理函数与异步事件的关联。

2）连接事件

连接事件用于外部应用程序与 RCM 通信中间件的交互。类似于 TCP/IP 协议中的 select 函数,应用程序调用连接事件捕获函数捕获数据到达等事件时,进程被阻塞,直到系统内的其他模块通报了该事件,连接事件模块根据到达的事件唤醒等待进程。

为达到应用程序能够一次捕获多个连接上事件的目的,采用对连接进行分组的方式。应用程序可以在获取连接对象前,首先获取一个连接对象组号,以该组号作为输入建立的连接对象都属于同一个连接对象组。若不指定组号,则连接将归结到默认连接组。连接事件管理的结构模型如图 5 - 24 所示。

在事件模块中定义了事件等待器、连接事件容器、连接组对象 3 种数据结构。事件等待器描述捕获事件的信息,包括捕获事件的方式(组事件还是连接事件)、要捕获的事件掩码、所属连接组、连接对象、等待信号量等;连接事件容器与连接存在一一对应的关系,每个事件容器都保存了某个连接上的事件位图等信息;连接组负责将连接事件容器按不同组归类,为在搜索时减少判断次数,将连接组上的连接事件容器按有无事件分别挂接到两个链表上。

当应用程序捕获某个连接上的事件时,若待捕获事件未置位,则生成一个事

139

件等待器,挂接到连接事件容器的等待链表上,通过获取等待器中的信号量进入阻塞状态。在连接上通报待捕获的事件后,释放等待器中的信号量唤醒捕获进程。

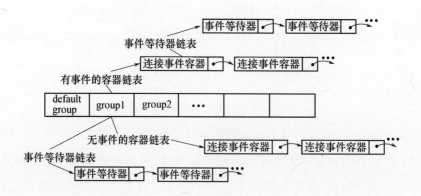

图 5-24　连接事件管理模型

当应用程序捕获某个组上的事件时,首先在连接组的有事件容器链表中搜索,若被捕获的事件未置位,则生成一个事件等待器,挂接到连接组的事件等待链表上,通过获取等待器中的信号量进入阻塞状态。在该连接组上某个连接上通报待捕获的事件后,释放等待器中的信号量唤醒捕获进程。

5.4.8　消息缓存管理

为实现较高的效率,消息缓存管理模块在初始化时,从操作系统申请固定的内存,作为消息缓存的内存池,传输数据所使用的消息缓存的申请与释放都在内存池中完成。内存池中设计了两种对象类型,一类是 CLUSTER 对象,作为存放数据包内容的载体,每个最终由 RapidIO 传输的数据包都对应到一个 CLUSTER。为提高搜索效率,内存池中的 CLUSTER 只能为 $2^N(5 \leqslant N \leqslant 12)$ 大小,而每种 CLUSTER 之间的比例关系在初始化时指定。另一类是 M_BLK 对象,负责对 CLUSTER 进行描述,因此,每个 M_BLK 对象都对应了一个 CLUSTER 对象。M_BLK 固定采用 64 字节大小,对象上的链表指针可以对 RCM 中的数据包队列提供支持,剩余的空间还可以存放数据包头的信息,图 5-25 所示在 RCM 队列中的消息缓存的组织方式。

140

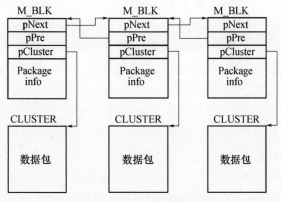

图 5 - 25   队列中消息缓存

内存池初始化时,由外部传入初始化参数,包括内存池首地址及大小、每种CLUSTER 的比例关系等信息,内存管理模块通过一个结构体描述内存池的信息,在初始化完毕后,内存池中形成一个 M_BLK 对象的空闲链表,若干个不同大小的CLUSTER 对象的空闲链表如图 5 - 26 所示。

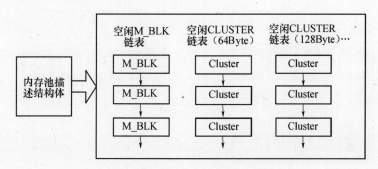

图 5 - 26   内存池初始化时的状态

当申请消息缓存时,通过内存池描述结构体获得 M_BLK 空闲链表头和匹配的 CLUSTER 空闲链表头,直接取下一个 M_BLK 和一个 CLUSTER,将两者通过pCluster 指针关联起来返回给用户。

当释放消息缓存时,将 M_BLK 和 CLUSTER 分别放入各自的空闲链表,更新空闲链表头即可。

5.5   可视化配置及监控

RCM 中间件为系统设计者提供了可视化的系统网络拓扑结构蓝图配置能力,

这在计算机上完成。系统设计者通过可视化的方法在计算机上设计网络物理部件拓扑及逻辑"虚通道"拓扑连接关系。在软件上,把应用软件模块信息封装成标准化的图形软件构件,每个软件构件信息包括软件模块名称,对外接口名称及其绑定的逻辑端口号等信息。在硬件上,把硬件模块信息封装成标准化的图形化硬件部件,每个硬件部件信息包括硬件类型,硬件模块插槽编号等信息。

用鼠标拖动软件构件到硬件部件相应的处理器中,表达软件在硬件上的绑定关系;在软件部件的端口间画连接线,表达软件部件之间的连接关系,如图5-27所示。用这种可视化方式来构建网络"虚通道"配置信息,并通过此工具自动生成"XML"文件,用"XML"文件的方式表达网络"虚通道"配置关系信息。RCM网络管理软件在系统启动时,自动读取该"XML"文件配置信息,根据该配置信息自动扫描发现并配置网络拓扑结构。

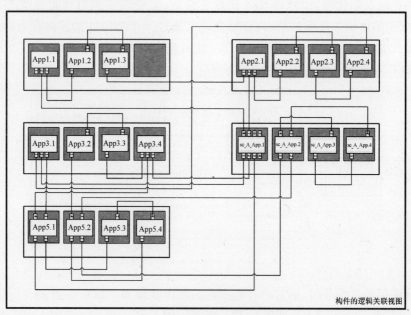

构件的逻辑关联视图

图5-27 RCM可视化配置

同时,RCM中间件还提供了实时网络运行状态信息监控能力,其监控界面如图5-28所示,系统网络实施拓扑结构、网络运行状态等信息可实时上报。

通信中间件对提升模块化综合系统集成效率,提升IMA系统灵活性、扩展及升级能力有巨大的好处。本章在介绍模块化综合系统处理器间通信模型的基础上,重点介绍了架构在RapidIO SwitchFabric网络基础上的RCM通信中间件,包括网络管理、进程间通信机制、流控、消息缓存、事件处理等。对于模块化综合集成系统,采用通信中间件技术,可以高效的实现系统并行开发。在中间件的基础上,系统功能软件、系统管理、系统重构、硬件模块等可并行开发、测试及验证,从而尽早发现并解决问题,减轻系统集成联试工作负担。

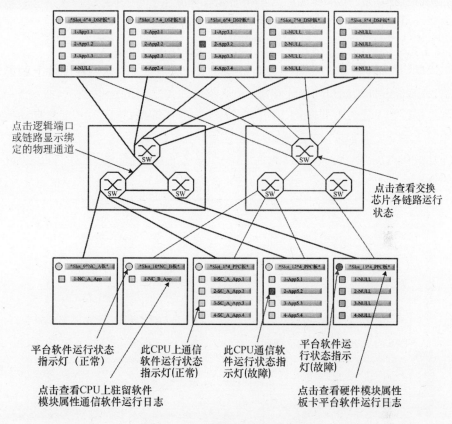

图 5-28 RCM 网络实时监控

参 考 文 献

[1] NATO. Modular And Open Avionics Architectures Part Ⅱ – Software, 2004.

[2] 孙学. 基于 Fabric 网络平台的中间件设计. 电讯技术, 2011, 51(11): 79–83.

[3] 张云勇, 等. 中间件技术原理与应用. 北京: 清华大学出版社, 2004.

[4] Picioroaga F. Scalable and Efficient Middleware for Real–time Embedded System. A Uniform Open Service ori-ented, Microkernel Based Architecture. PhD Thesis, 2004.

[5] 王英华. 移动计算中间件研究. 科技信息, 2010, 16: 191–192.

[6] Elia Niemela. Embedded Middleware: State of Art. VTT, 1999.

[7] Vic Giddings. Bill Beckwith Real–time CORBA Tutorial. OIS, 2003.

[8] Piotr Poznanski. Quattor – a Framework for Managing Grid – enabled Large Scale Computing Fabrics.

[9] RapidIO™. RapidIO Technology Solves the Communication Fabric Conundrum .

[10] 汤毅坚. 计算机实用网络编程. 北京：人民邮电出版社,1993.

[11] 周明天. TCP/IP 网络原理与技术. 北京：清华大学出版社,1993.

[12] Richard L Alena. Communications for Integrated Modular Avionics. IEEE AC,2006.

[13] Victor Menasce. Fault Tolerance Using RapidIO. Interconnect strategies：66 – 70.

144

第6章 可视化系统建模技术

随着军用模块化综合系统综合化程度的不断提高,系统的复杂性急剧增加,传统的面向结构的设计方法很难适应这种新系统集成的需求。为进一步提高系统集成效率,提高系统设计质量,迫切需要新的系统设计方法。基于模型驱动的可视化系统建模设计方法是近些年来解决这种复杂模块化综合系统设计的新途径。

模型驱动是一种对业务逻辑建立抽象模型,然后从抽象模型产生最终完备的应用程序的方法论。模型驱动设计方法学致力于提高系统开发行为的抽象级别,倡导将系统定义为精确的高层模型,并使用与具体实现无关的语言进行系统建模,使得系统模型与具体平台及实现技术分离,让开发人员从繁琐的重复低级劳动中解脱出来,更多地关注系统本身的逻辑层面。模型驱动的开发方式使系统能够更灵活的实现、集成、维护和测试,能够更方便地适应系统需求的变化。

模型驱动的设计方法学一方面采用图形化方法建立系统模型,验证模型的有效性。通过图形化建模,采用类似"电路图"的方式,建立复杂系统的高度抽象模型,表征复杂系统整体结构、各分层结构、层与层之间的关联关系等,从而使人们对复杂系统的内部实体、实体属性、实体之间的关联关系,演变过程更加清晰,同时也为不同领域专家之间、项目团队之间建立统一的复杂系统沟通方式。另一方面,现代模型驱动的设计方法学与具体实现直接关联。对于构建好的复杂系统图示化模型,现代设计工具具有根据图示化模型自动生成系统模型描述文件(通常采用XML描述语言)的能力,从而减轻人工软件编程工作量,实现"自动化"设计,减少人为错误,提升系统质量,简化系统修改过程。

在模型驱动的设计方法学中,图示化系统模型表示方法适合于人与人之间的沟通,而 XML 语言描述系统模型表示方法适合于机器解析,从而建立了人与人、人与机器之间的沟通之道。

总而言之,采用可视化模型驱动设计方法将为模块化综合系统集成带来以下益处:

(1) 采用可视化模型驱动设计设计方法建立系统模型,使得系统不再是一个黑匣子,以一种简单、直观的方式展示系统内部结构,便于项目团队之间相互理解、沟通、协调。

（2）建立好系统模型后,可以以一种图示化的操作方法方便地对系统模型进行修改,以快速适应系统顶层需求的变化。

（3）建立好系统模型后,模型可以在不同的系统中重用,简化新系统设计工作量。

（4）建立好系统模型后,可以自动生成相关代码,简化工作量,提高系统代码质量,提高系统设计、集成、测试、验证效率。

（5）建立系统模型,可在计算机上提前对系统进行仿真、验证。

（6）建立系统模型,系统对象结构将更加清晰,便于将复杂系统分而治之。

模型驱动的设计方法作为系统设计的核心方法,不仅仅是方法论上的发展,相应的设计工具也得到长足的发展。现有的支持复杂模块化综合系统设计的建模工具有 ZeligSoft CX、GME 等。其中 ZeligSoft CX 是 ZeligSoft 公司的旗舰产品,是一个功能强大的可视化大规模复杂系统建模工具,支持 OMG DDS4CCM 开发标准,包括系统建模、验证、代码产生及部署等功能。其最大的特点在于允许用户根据用户特定的领域概念定制系统模型,为系统建模提供了极大的灵活性和自由度,提高系统集成效率。GME 全称为通用建模环境（Generic Modeling Environment）,提供了分层、多视图、引用、集合、限制等多种技术构建大规模复杂系统模型。

6.1　基于元模型的系统建模

模型驱动架构（MDA）是以统一建模语言（UML）为基础的面向对象建模方法,它提升了软件开发的抽象层次,从而提高了软件开发效率和软件的可维护性。但 UML 作为一种通用建模语言显得过于通用和复杂,对于特定领域的建模效率不高。在不同的领域需要不同的建模语言及其建模工具,人们通常根据应用系统的需要建立自己的建模语言及其建模环境,基于元模型的系统建模技术解决了这个问题。

基于元模型的系统建模技术是指由领域专家对特定领域进行分析和抽象,得到该领域的共性和变化特征,通过 UML 类图定义该领域建模语言特有的语法和语义,建立该领域的元模型。

元模型用抽象的方式定义了一种建模语言的构件及它们之间的关系、约束和建模规则。元模型是对模型更高一级的抽象,是关于模型的模型,对如何建模、模型定义、模型间集成和互操作等信息做出了描述。元模型和模型之间是一种类和实例的关系,每个模型都是元模型的一个实例,如图 6 - 1 所示。

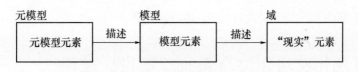

图 6-1　现实、模型和元模型之间的关系

基于元模型的系统建模技术不是对系统直接进行建模,而是针对某个系统领域,先建立用于刻画该系统领域的元模型,而后根据特定的系统应用需求,再由这些元模型针对特定应用系统搭建系统的整体模型。

基于元模型的系统建模更像人类社会的组织模型建模。社会的组织模型通过描述组织结构来建立对社会系统的认识和理解。组织模型描述社会系统是如何将各种资源通过一定的组织关系组织成为一个整体,由管理关系决定管理幅度,由管理幅度决定管理层次。社会系统的组织结构体现着管理理念、管理方式和管理手段的运用与实施。而基于元模型的系统建模技术首先建立面向特定领域的元模型类型,之后通过不同元模型的组合、交互构建面向特定应用系统的系统体系结构,实现对系统的建模,建立对系统的认识和理解。

元模型可以分层,不同的元模型可以组成规模更大的更高层元模型,不能继续分割的元模型通常称为元元模型或原子模型。

系统元模型通常由 5 个要素组成,即元模型类型、元模型属性、元模型功能(或行为)、元模型之间的交互关系、元模型的约束条件。

(1)元模型类型。元模型类型是领域专家根据特定领域特征,对构成该领域的基础实体进行高度抽象,根据不同的实体特征定义该领域的元模型类型。不同的元模型类型功能相对独立,具有独立的类型名称、功能、方法和属性。对于典型的军用模块化综合系统,可定义如天线接口、射频接收、射频激励、信号处理、数据处理、系统控制、网络交换、对外接口等元模型类型。

(2)元模型属性。为了突出属性的重要性,在元模型中单独列出了元属性。属性主要是指元对象不可缺少的属性,可以通过进一步抽象模型的属性获得。例如,对射频接收元模型,属性如接收通道数量、接收频段等。

(3)元模型功能。元模型功能是指对应的元模型类型完成系统中特定功能的描述,如射频接收功能主要是完成对小信号的接收、放大、滤波,变频等特定功能。

(4)元模型交互关系。元模型交互关系是对系统中不同实体之间关联关系的高度抽象。这种交互关系包括元模型对外交互所涉及的输入、输出信号类型、数量、属性等多重因数,也是元模型建模的一个重点。

(5)元模型约束条件。元模型约束条件也是元模型建模需考虑的问题,如信号处理元模型中 CPU 速度、内存大小、通信延迟等。

6.2　可视化模块化综合系统建模设计过程

可视化模块化综合系统建模设计过程如图 6-2 所示,包括以下几个步骤:

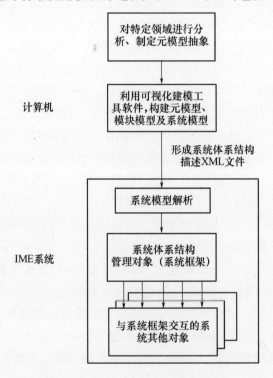

图 6-2　可视化系统建模设计过程

（1）对模块化综合系统域进行分析,建立模块化综合系统域的元模型抽象,典型的模块化综合系统域元模型抽象可划分为端口、链路、功能单元、组件、功能线程等元模型,其中端口、链路不能再细分,称为元元模型(或原子模型)。

（2）利用可视化建模工具软件,根据具体的目标系统,在元模型的基础上构建模块模型(规模更大的元模型),典型的模块化综合系统模块模型包括天线接口模块模型、射频接收模块模型、射频激励模块模型、信号处理模块模型、数据处理模块模型、网络(或数据)交换、系统控制模块模型等。

（3）在模块模型的基础上搭建符合用户要求的特定目标系统模型。

（4）利用可视化建模工具软件,生成系统体系结构描述文件及对应的高质量

148

代码。系统体系结构描述文件通常用 XML 文件表述,XML 是一种基于内容的数据存储语言,用一系列简单标记描述数据,易于在其他应用程序中读写数据。XML 语言可以让使用者根据需要,开发与自己的特定领域有关的标记语言,并且提供了访问信息的标准方法,使得各种类型的应用程序和设备更容易使用、存储,传送和显示数据。XML 表述有助于用一种标准的数据组织形式来传递数据,增强系统内外部的交互能力,以统一的模式进行数据交换。

(5) 在模块化综合系统内部,系统模型解析软件对输入的系统体系结构描述 XML 文件进行解析,形成系统体系结构管理对象(或称为系统框架),该对象内部封装系统体系结构数据结构,并对外提供操作系统体系结构的函数接口。

(6) 系统其他软件对象通过系统体系结构管理对象对外接口函数与系统体系结构管理对象进行互操作,获取对系统体系结构的相关信息。

(7) 当系统顶层需求发生变化时,需要增加(或删减)模块组件或功能线程时,只需在计算机上通过可视化建模工具修改系统模型,增加(或删减)对应的模块组件或功能线程,形成新的系统 XML 表述文件。将该 XML 系统表述文件加载到模块化综合系统内,由模块化综合系统内的系统模型解析软件进行解析,自动更新系统体系结构管理对象,而系统其他软件对象不需发生变化,从而使复杂的嵌入式系统软件更改过程转变为自动化、可视化设计过程,减轻系统更新工作量,提升系统设计质量。

(8) 系统建模通常只能建立静态模型,当系统运行过程中需要对系统架构进行动态调整(如某个模块发生故障,需要进行功能重构),有两种方案解决:一种是由系统建模工具根据故障处理预案生成预案策略 XML 文件,系统根据预案策略执行;另一种是将动态过程交给系统体系结构管理对象执行。

6.3　基于元模型的模块化综合系统建模实例

下面,以某简化的模块化综合系统工程为例说明系统建模过程。

6.3.1　基础元模型建立

通过对模块化综合系统进行域分析,有 5 种基础实体类型,对这 5 种基础实体类型进行抽象建模,建立 5 种元模型,分别是端口、链路、功能单元、组件和功能线程,其中端口、链路、功能单元为不可再分的元模型,称为元元模型或原子模型。各元模型的作用如下:

(1) 端口元模型。是对物理端口的抽象,用于描述系统中各模块的输入输出物理端口。

（2）链路元模型：是对连接链路的抽象，用于描述系统模块与模块之间的相互连接的链路。

（3）功能单元元模型：是对处理功能单元的抽象，用于描述系统模块内部的核心功能处理单元，如 DSP 功能处理单元、PPC 功能处理单元。

（4）组件元模型：是对模块的抽象，用于描述系统模块。

（5）功能线程元模型：是对应用功能的抽象，用于描述系统功能线程。

1）端口元模型

端口元模型是对物理端口的抽象，用于描述系统中各物理硬件模块的输入输出物理端口。端口基本属性包括端口号、端口状态、端口所属功能处理单元、端口类型等，对端口元模型的 UML 类描述视图如图 6 – 3 所示。典型的端口类型包括用于传输射频信号的 RF 端口、传输数字信号的 LVDS 端口、传输网络数据的 RapidIO 端口和总线控制 CAN 端口等。

图 6 – 3　端口元模型 UML 类描述视图

端口对象主要负责对端口的状态、类型，以及占用该端口的功能线程描述，对外提供对应的操作接口。端口元模型对象类图如图 6 – 4 所示。

端口的属性定义如下：

（1）Status：端口的状态，如端口良好未配置、端口故障、端口已经配置。

（2）Type：端口的类型，如 RF 端口、CAN 总线端口、RIO 总线端口、RS485 端口、LVDS 端口等。

（3）Users：使用该端口的功能线程编号。

对端口元模型对象的操作方法如下：

（1）addUser(js：u32)：增加使用该端口对象的功能线程。

（2）getUsers(users：CLongArray&)：获得所有使用该端口对象的功能线程。

（3）getStatus(status：u32&)：获取端口的状态。

（4）setStatus(status：u32&)：设置端口的状态。

（5）getType()：获取端口的类型信息。

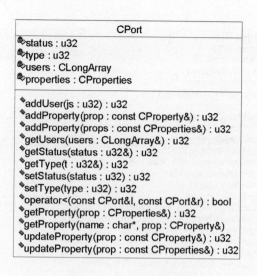

图6-4 端口对象类图

（6）setType(type：u32)：设置端口的类型信息。

（7）operator＜(const CPort&l，const CPort&r)：判断两个端口是否存在相互连接的链路。

（8）addProperty(prop：const CProperty&)：向当前端口中增加属性内容。

（9）updateProperty(prop：const CProperty&)：更新当前端口的属性内容。

（10）getProperty(prop：CProperties&)：获得当前端口的属性内容。

（11）getProperty(name：char＊，pro P：CProperties&)：获得指定名称的当前端口的属性内容。

2）链路元模型

链路元模型是对模块化综合系统中连接链路的抽象，用于描述系统模块与模块之间相互连接的链路。链路元模型的属性主要为链路的工作状态（链路工作正常或异常）。对链路元模型的 UML 类描述视图如图6-5 所示。

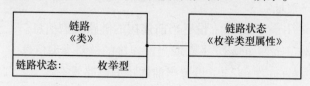

图6-5 链路元模型 UML 类描述视图

链路元模型主要负责对端口的状态、类型，以及占用该端口的功能线程描述。链路元模型对象类图如图6-6所示。

151

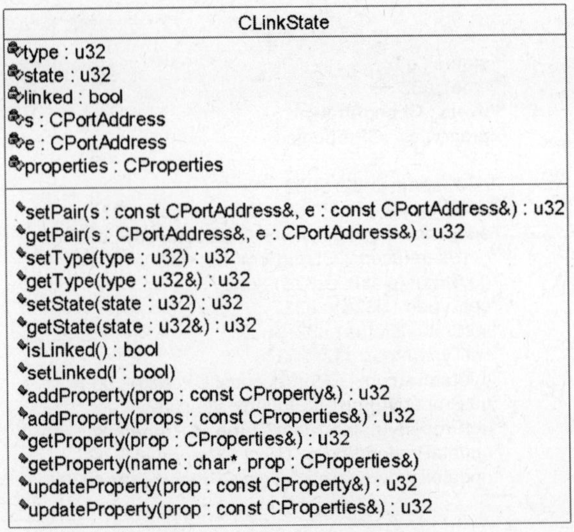

```
                        CLinkState
type : u32
state : u32
linked : bool
s : CPortAddress
e : CPortAddress
properties : CProperties

setPair(s : const CPortAddress&, e : const CPortAddress&) : u32
getPair(s : CPortAddress&, e : CPortAddress&) : u32
setType(type : u32) : u32
getType(type : u32&) : u32
setState(state : u32) : u32
getState(state : u32&) : u32
isLinked() : bool
setLinked(l : bool)
addProperty(prop : const CProperty&) : u32
addProperty(props : const CProperties&) : u32
getProperty(prop : CProperties&) : u32
getProperty(name : char*, prop : CProperties&)
updateProperty(prop : const CProperty&) : u32
updateProperty(prop : const CProperties&) : u32
```

图6-6 链路对象类图

链路的属性定义如下：

（1）type：链路的类型，如 RF 链路、RapidIO 链路、LVDS 链路等。

（2）state：链路的状态，如链路状态良好未配置、链路故障、链路状态良好且已配置等。

（3）linked：链路关系是否存在。

（4）s：链路的源端口。

（5）e：链路的对端端口。

对链路元模型对象的操作方法如下：

（1）setPair（s：const CPortAddress&，e：const PortAddress&）：按照给定的两个端口地址建立链路。

（2）getPair（s：CPortAddress&，e：CPortAddress&）：获取当前链路所对应的两个端口的端口地址。

（3）setType（type：u32）：设置当前连接的链路类型信息。

（4）getType（type：u32&）：获取当前连接的链路类型信息。

（5）setState（state：u32）：设置当前连接的链路状态。

（6）getState（state：u32&）：获取当前连接的链路状态。

（7）isLinked（）：获取当前连接链路是否存在。

（8）setLinked（l：bool）：设置当前连接链路存在状态。

（9）addProperty（prop：const CProperty&）：向当前连接链路中增加属性内容。

（10）updateProperty（prop：const CProperty&）：更新当前连接链路的属性内容。

（11）getProperty（prop：CProperties&）：获得当前连接链路的属性内容。

（12）getProperty（name：char *，prop：CProperties&）：获得指定名称的连接链路的属性内容。

3）功能单元元模型

功能单元元模型是对处理功能单元的抽象，用于描述系统模块内部的核心功能处理单元，如 DSP 功能处理单元、PPC 功能处理单元等。功能单元元模型的属性主要有功能单元号、功能逻辑状态、是否可共享等。对功能单元元模型的 UML 类描述视图如图 6-7 所示。

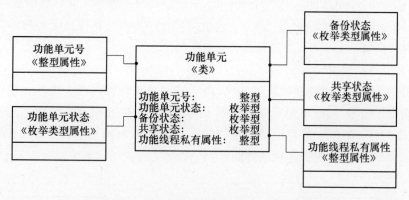

图 6-7 功能单元元模型 UML 类描述视图

功能单元元模型对象类图如图 6-8 所示。

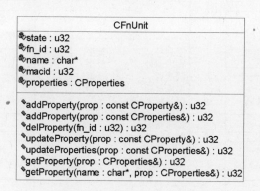

图 6-8 功能单元对象类图

功能单元的属性定义如下：

（1）State：功能单元开启状态，包括功能单元已经开启、功能单元已经关闭、功

153

能单元故障。

（2）fn_id：功能单元标志。

（3）macid：功能单元所在地址。

（4）properties：功能单元开启需要的数据属性列表。

（5）name：功能单元名称。

对功能单元对象的操作方法如下：

（1）addProperty(prop：const CProperty&)：向当前功能单元中增加属性内容。

（2）delProperty(fn_id：u32)：删除指定的 ID 的属性对象。

（3）updateProperty(prop：const CProperty&)：更新当前功能单元的属性内容。

（4）getProperty(prop：CProperties&)：获得当前功能单元的属性内容。

（5）getProperty(name：char*，prop：CProperties&)：获得指定名称的功能单元的属性内容。

4）组件元模型

组件元模型是对硬件模块的抽象，用于描述系统硬件模块。组件元模型通常包含端口元模型、功能单元元模型等原子元模型。组件元模型的属性主要有组件状态、序列号、制造商、物理地址、装配时间、主备状态、运行状态和专有属性等。对组件元模型的 UML 类描述视图如图 6-9 所示。

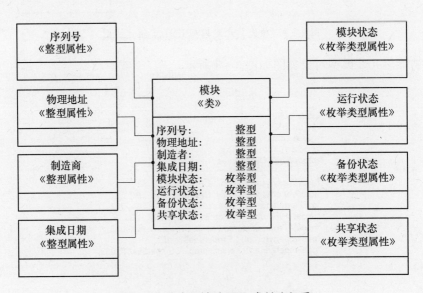

图 6-9　组件元模型 UML 类描述视图

组件元模型对象提供了对组件中对象的管理接口，包括以下几项：

（1）端口对象增加、删除、更新接口。

（2）链路对象增加、删除、更新接口。

（3）功能单元增加、更新接口。

（4）组件（默认）属性安装接口。

组件元模型对象类图如图 6 - 10 所示。

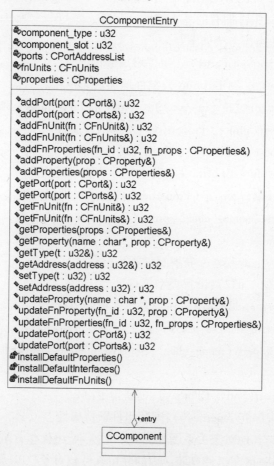

图 6 - 10　组件对象类图

组件的属性定义如下：

（1）component _ type：组件的类型，如 T _ ANTE _ L _ COM _ TYPE（L 波段天线组件）、T _ ANTE _ UV _ COM _ TYPE（UV 波段天线组件）、T _ RF _ RX _ TX _ L _ COM _ TYPE（L 频段射频收发组件）、T _ RF _ RX _ TX _ UV _ COM _ TYPE（UV 频段射频收发组件）、T _ SIGNPROC _ COM _ TYPE（信号处理组件）、T _ DATA _

EXCH _ COM _ TYPE(数据复用组件)、T _ CTRL _ COM _ TYPE(通用控制组件)等。

（2）component _ slot：组件所在的位置。

（3）ports：组件拥有的端口。

（4）fnUnits：组件拥有的功能单元集。

（5）properties：组件拥有的基本属性。

对组件对象的操作方法如下：

（1）addPort（port ：CPort&）：组件增加端口。

（2）addFnUnit（fn ：CFnUnit&）：组件增加功能单元。

（3）addFnProperties（fn _ id ：u32,fn _ props ：CProperties&）：增加功能单元属性。

（4）addProperty（prop：CProperty&）：增加组件属性。

（5）getPort（port ：CPort&）：获取组件端口信息。

（6）getFnUnit（fn ：CFnUnit&）：获取组件功能单元信息。

（7）getProperties（props ：CProperties&）：获取组件属性组信息。

（8）getProperty（name：char*, prop：CProperty&）：获取组件指定名称的属性信息。

（9）getType（t ：u32&）：获取组件类型信息。

（10）setType（t ：u32）：设置类型信息。

（11）setAddress（address：u32）：设置组件地址信息。

（12）getAddress（address：u32&）：设置组件地址信息。

（13）updateProperty（name：char*, prop：CProperty&）：更新组件指定名称的属性的信息。

（14）updatePort（port ：CPorts&）：更新指定端口。

（15）installDefaultProperties（）：安装组件默认属性。

组件元模型与其他对象关系图如图6-11所示,组件包含端口对象、功能单元对象,同时还包括驻留在组件存储区内的驻留软件包对象(CResidedSftPkg)及当前正在加载运行的软件包(CLoadedSftPkg)。

5）功能线程元模型

功能线程元模型是对应用功能的抽象,用于描述系统功能线程。模块化综合集成系统通常包含多个应用功能,每个应用功能对应为系统中的一个功能线程。

功能线程属性包括功能正常态子状态、功能状态、功能线程状态、功能线程优先级、功能线程的名称和功能正常态启动子状态等。对功能线程元模型的类描述视图如图6-12所示。

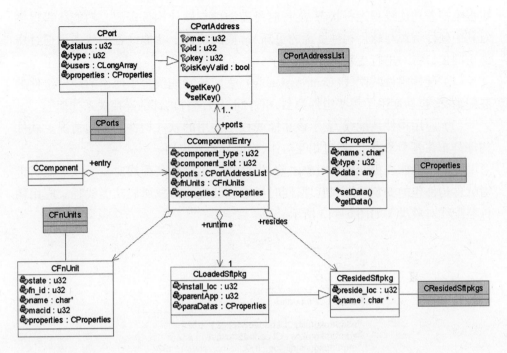

图 6 - 11　组件对象关系图

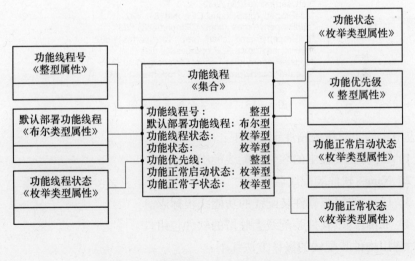

图 6 - 12　功能线程元模型 UML 类描述视图

　　功能对象元模型对象包含了两方面的内容:一是功能线程所使用的硬件组件以及链路关系;二是功能线程使用的软件构件及其部署关系。前者用硬件组件装配线(CompAssembly)来描述,后者用应用构件装配线(SftpkgLine)来描述。功能线程维护着功能线程运行状态、运行时所需硬件与软件构件资源。功能线程提供对其中硬件资源与软件构件资源的更新、替换的功能。功能线程的状态可通过资源访问接口统一进行更新。

（1）硬件组件装配线（CompAssembly），表示该功能线程中使用的硬件组件的装配情况，包括使用了哪些组件类型，组件间以及组件内部的连接关系如何。

（2）应用构件装配线，表示该功能线程中使用的软件构件的装配情况。软件构件分布在各个节点上，通过相互协作，构成分布式应用。

在介绍功能线程元模型对象之前，先介绍应用构件装配线对象。该对象负责对软件构件包的安装和卸载管理，同时标志该装配线对象所属功能线程。应用构件装配线对象类图如图6－13所示。

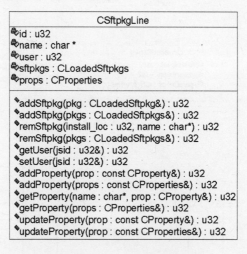

图6－13 软件装配线对象类图

应用构件装配线的属性定义如下：

（1）Id：功能线程中的软件装配线的唯一标志。

（2）Name：软件装配线名称。

（3）User：使用该软件装配线的功能线程标志。

（4）Sftpkgs：该软件装配线上驻留的软件包组件。

对应用构件装配线的操作方法如下：

（1）addSftpkg(pkg：CLoadedSftpkg&)：在装配线中增加软件组件包。

（2）remSftpkg(install＿loc：u32，name：char＊)：从装配线中卸载软件组件包。

（3）getUser(jsid：u32&)：获得当前装配线中的功能线程的编号。

（4）setUser(jsid：u32&)：改变当前装配线中的功能线程的编号。

（5）addProperty(prop：const CProperty&)：向当前装配线中增加属性内容。

（6）updateProperty(prop：const CProperty&)：更新当前装配线的属性内容。

（7）getProperty(prop：CProperties&)：获得当前装配线的属性内容。

（8）getProperty(name：char*，prop：CProperties&)：获得指定名称的当前装配线的属性内容。

功能线程元模型对象提供对参与功能线程中的软件资源和硬件资源的管理接口，其对象类图如图6－14所示。

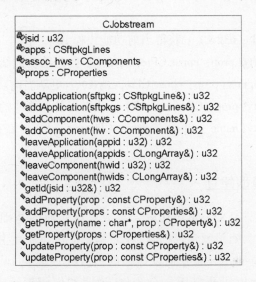

图6－14　功能线程元模型对象类图

功能线程元模型对象属性定义如下：

（1）Jsid：功能线程标志。

（2）Apps：所有应用构件装配线。

（3）assoc_hws：所有硬件模块组。

对功能线程元模型对象的操作方法如下：

（1）addApplication(sftpkg：CSftpkgLine&)：向指定功能线程中加入软件装配线。

（2）addApplication(sftpkgs：CSftpkgLines&)：向指定功能线程中加入软件装配线组。

（3）addComponent(hws：CComponents&)：向功能线程中加入指定硬件组件组。

（4）addComponent(hw：CComponent&)：向功能线程中加入指定硬件组件。

（5）leaveApplication(appid：u32)：通过装配线标志删除软件装配线对象。

（6）leaveApplication(appids：CLongArray&)：通过装配线名称删除软件装配线组对象。

（7）leaveComponent(hwid：u32)：从功能线程中删除指定的硬件组件。

（8）leaveComponent(hwids：CLongArray&)：从功能线程中删除指定的硬件组件组。

（9）pushSftpkg(id：u32，sftpkg：CSftpkg&)：向指定软件装配线中增加软件构件对象。

（10）getId(jsid：u32&)：获得当前功能线程ID。

（11）addProperty(prop：const CProperty&)：向当前功能线中增加属性内容。

（12）updateProperty(prop：const CProperty&)：更新当前功能线的属性内容。

（13）getProperty(prop：CProperties&)：获得当前功能线的属性内容。

（14）getProperty(name：char*，prop：CProperties&)：获得指定名称的当前功能线属性内容。

6.3.2　模块元模型建立

上述基础元模型定义了模块化综合集成系统领域的基础语法和语义，形成了模块化综合集成系统领域建模语言，在此基础上可建立更上层的元模型，如模块元模型、应用元模型。下面分别以典型的信号处理模块、天线接口模块、数据交换模块、射频控制模块及应用集合为例，说明如何用领域元模型建立更高层模型。

1）信号处理模块元模型

典型的信号处理模块（简称SPM模块）由若干个接收中频/基带采样数据的输入端口、若干个处理后的数据输出端口及若干个DSP功能处理单元组成。SPM模块元模型是组件元模型的派生，继承组件类属性。

在该模块化综合系统中，定义每个SPM模块由两个处理通道构成，每个处理通道由一个DSP功能处理单元，两个LVDS基带AD采样数据单向输入端口，一个LVDS基带数据单向输出端口，两个RapidIO双向数据输入输出端口组成。对该SPM模块进行可视化建模，如图6-15所示，SPM_DSP-01表示通道1中的DSP功能处理单元，CH-01表示1通道，CH-02表示2通道。

SPM模块对外可视化元模型图形符号如图6-16所示。

SPM模块元模型的UML类描述视图如图6-17所示。

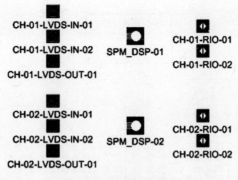

图 6 – 15　SPM 元模型

■为输入 LVDS 端口元模型图形符号；✦为输出 LVDS 端口元模型图形符号；

◐为双向 RapidIO 端口元模型图形符号；◀▶为 DSP 功能处理单元端口元模型图形符号。

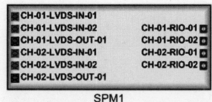

SPM1

图 6 – 16　SPM 模块元模型图形符号

2）天线接口单元模块元模型

天线接口单元模块（简称 AIU 模块）主要完成天线与射频信号的接口转换，包括对天线接收到的射频信号限幅、低噪放、滤波，对发射信号的大功率放大及到天线的路由切换功能等。天线接口单元模块元模型是组件元模型的派生，继承组件类属性。

在该模块化综合系统中，定义 AIU 模块由一个与天线相连的 RF 端口，一个与后续射频接收模块相连的射频输出口，一个与射频激励模块相连的射频输入口组成。对该 AIU 模块进行可视化建模，建立的可视化元模型图形符号如图 6 – 18 所示。

AIU 模块元模型的 UML 类描述视图如图 6 – 19 所示。

3）数据交换模块元模型

数据交换模块（简称 DXM 模块）主要完成信号、数据处理之间的网络数据交换功能，数据交换采用具有双向通信能力的 RapidIO 端口。

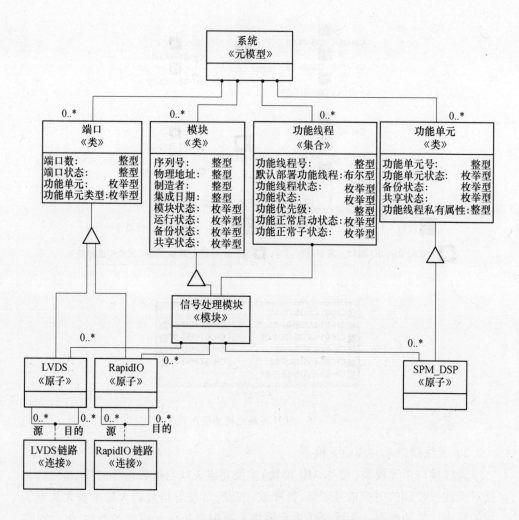

图 6-17 SPM 模块元模型 UML 类描述视图

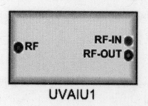

图 6-18 AIU 模块元模型图形符号

162

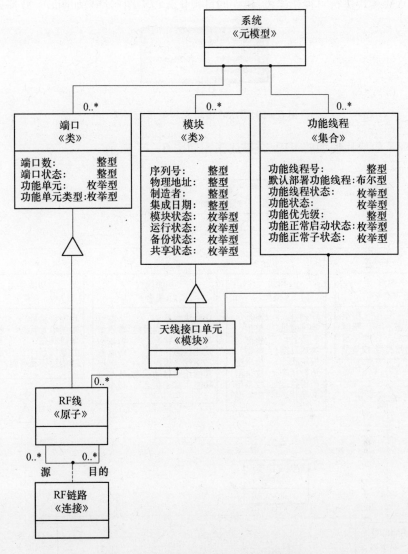

图 6 – 19　AIU 元模型 UML 类描述视图

DXM 模块主要由若干个 RapidIO 端口和 1 个 PPC 功能处理单元组成,RapidIO 端口实现与外部模块之间的双向连接,PPC 功能处理单元完成对多个 RapidIO 端口数据交换的调度及控制。

DXM 元模型包含 RapidIO 端口元模型和 PPC 功能处理单元元模型,是组件元模型的派生,继承组件类属性。

在该模块化综合系统中,定义每个 DXM 模块包括 6 个双向 RapidIO 端口组成。

163

对该 DXM 模块进行可视化建模,建立的可视化元模型图形符号如图6-20所示。

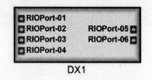

图6-20 DXM 模块元模型图形符号

DMX 模块元模型的 UML 类描述视图如图6-21所示。

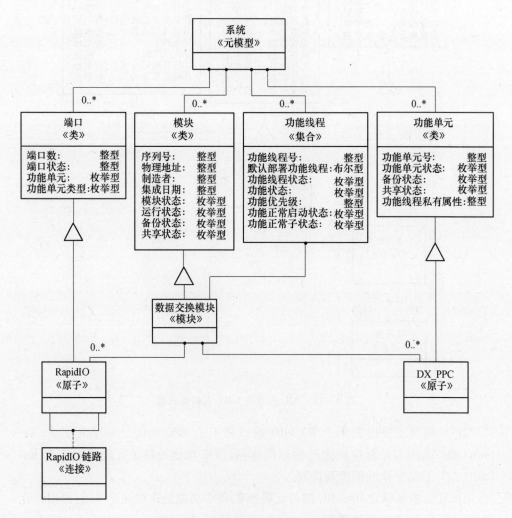

图6-21 DXM 元模型 UML 类描述视图

4）应用集合元模型

每个功能线程在物理上都是由多个模块及模块之间的链路构成,故功能线程元模型可用集合描述,是多个组件与多条链路元模型的集合。

在应用层,每个应用功能用一个集合描述。应用功能在物理资源上是连贯的,是对执行某项特定功能而定义的逻辑实体。集合描述的是应用功能与物理资源之间的映射关系,这种映射关系不是固定的。考虑到物理资源可能故障的情况,同一应用功能必须可以映射到多种物理资源配置,以实现对故障资源的屏蔽。任务阶段和系统状态的变化,也可能导致同一物理资源在不同时间运行不同应用功能。所以,应用功能与物理资源配置之间是多对多的映射,系统可以对资源的分配进行调整,因此,集合记录了应用功能和资源之间当前的配对状态。应用功能集合包含所有的组件资源,如图 6-22 所示。

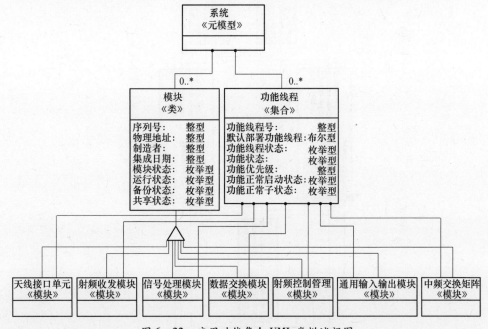

图 6-22　应用功能集合 UML 类描述视图

6.3.3　系统模型建立

在完成对模块化综合系统领域基础元模型建立及对特定系统模块元模型建立的基础上,可对特定模块化综合系统进行系统建模。系统模型基于模块元模型,根据系统的特点和要求,采用类似"电路图"的方式,对模块元模型进行拖放、连接,绘制出具体的模块化综合系统模型。如通过模块元模型绘制的某模块化综合集成系统简化系统模型如图 6-23 所示。

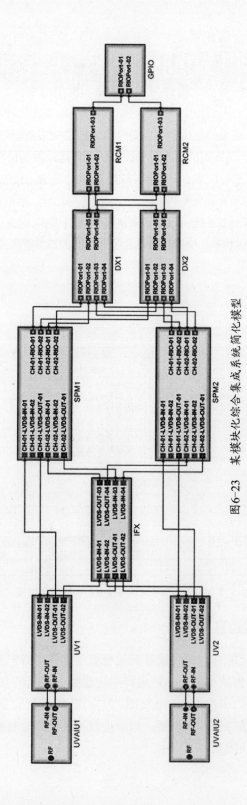

图6-23 某模块化综合集成系统简化模型

166

在该模块化综合集成系统中包括两个 UV 天线接口单元模块（UVAIU1、UVAIU2）、两个 UV 射频模块（UV1、UV2），一个中频信号交换模块（IFX）、两个信号处理模块（SPM1、SPM2），两个数据交换模块（DXM1、DXM2）、两个系统控制模块（SCM1、SCM2）及一个通用接口模块（GPIO）。各模块之间通过不同的链路连接在一起，构成整个系统物理组成。

应用功能线程集合实际上是逻辑层面的，记录了应用功能和物理资源之间部署关系，如图 6-24 所示。在该图中实线部分记录了某应用功能线程的实际部署情况。

最终形成的该模块化综合集成系统元模型的 UML 类描述视图如图 6-25 所示。

该系统类包含了应用功能线程集合、组件类、功能单元类、端口类和链路类。组件类派生了不同的系统组件类，如 AIU、RF、SPM、DXM、SCM、GPIO、IFX 等组件类元模型。端口类派生了不同的系统端口类，如 RF、LVDS、CAN、RapidIO 端口类。

建立系统模型后，可使用自动生成的 XML 语言描述系统模型，XML 描述文件部分如下所示：

```
<? xml version = "1.0" encoding = "UTF-8"? >
<! DOCTYPE project SYSTEM "mga.dtd" >
<model    id = "id-0065-00000004"    kind = "SPM1"    role = "
SPM1"    relid = "0x3" childrelidcntr = "0x4" >
        <name >SPM1 < /name >
                < attribute kind = "Assembl·ate" status ="
meta" >
                        <value >2011-03-01 < /value >
                < /attribute >
                .....
                < attribute kind = "SerialNumber" status = "me-
ta" >
                        <value >9090950 < /value >
                < /attribute >
                <atom id = "id-0066-00000008" kind = "LVDS"
role = "LVDS" relid = "0x1" >
                        .....
                < /atom >
                <atom id = "id-0066-00000009" kind = "LVDS"
role = "LVDS" relid = "0x2" >
                        < name >LVDS < /name >
                        < attribute kind = "Module" status = "
meta" >
```

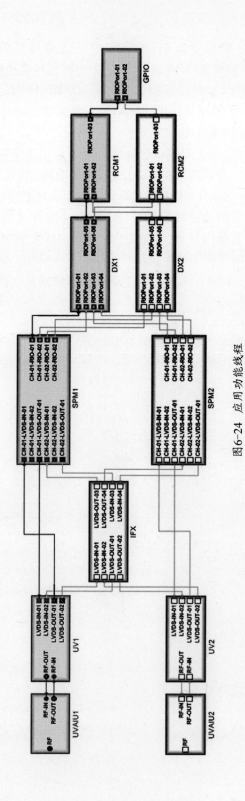

图6-24 应用功能线程

168

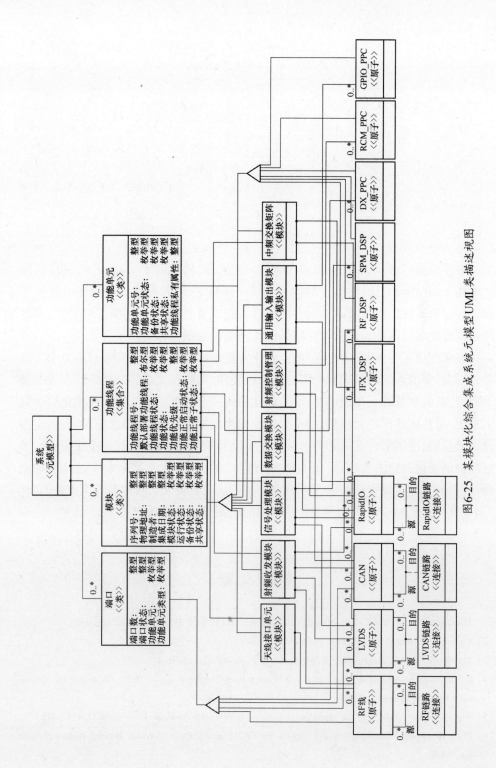

图6-25 某模块化综合集成系统元模型UML类描述视图

169

```
                              <value>0</value>
                          </attribute>
                          ......
                          <attribute kind="PortStatus" status
="meta">
                              <value>2</value>
                          </attribute>
                          <atom id="id-0066-0000000b" kind
="LVDS" role="LVDS" relid="0x4">
                          </atom>
        </model>
```

组件的描述在<model>和</model>之间,组件的名字<name>,组件的各种属性<attribute>,组件包含的各种端口<atom>,对各种端口的描述也包括了端口名称和属性。组件和端口包含的属性信息是在构建组件元模型时定义,而组件包含哪些端口是在构建具体应用系统元模型时根据具体需求定义。

本章介绍了一种基于元模型的可视化系统建模技术。整个建模过程分为三部分,首先抽象出系统的基础元模型,如端口、链路、功能单元、组件、功能线程等基础元模型,然后在基础元模型的基础上,构建系统复合模型。对于特定模块化综合集成系统,就是构建模块元模型,如信号处理模块元模型、天线接口元模型、数据交换模块元模型、应用集合元模型等。最后在模块元模型的基础上,构建系统模型。通过这种可视化的建模方法,采用类似"电路图"的方式,建立复杂系统的高度抽象模型,并与具体实现直接关联,自动生成代码,从而减轻人工软件编程工作量,实现"自动化"设计,减少人为错误,提升系统质量,简化系统修改过程。

参 考 文 献

[1] Akos Ledeczi,et al. The Generic Modeling Environment. IEEE WISP2001. Budapest, Hungary.

[2] Vanderbilt University. GME Manual and user Guide. http://www. isis. vanderbilt. edu.

[3] 刘兴堂,等. 复杂系统建模理论、方法与技术. 北京. 科学出版社,2008:228-231.

[4] D P J Goodburn. Integrated Visualization and Description of Complex Systems. DSTO Electronics and Surveillance Research Laboratory, 1999.

[5] Wim Gielingh. A Theory for the Modelling of Complex and Dynamic Systems. ITcon 2008,13.421-475.

[6] Mark Hermeling. Componet-Based Support for FPGAs and DSPs in Software Defined Radio. Zeligsoft Inc, 2005.

[7] Mecury Computer Systems, Inc. Component Portability for Specialized Hardware in Software Defined Radio,2006.

[8] John Hogg. Communicating SCA Architectures by Visualizing SCA Connections, 2005.

[9] Zeligsoft Inc. Accelerating Development for Texas Instruments' DSPs with Zeligsoft CE,2007.

[10] Zeligsoft Inc. Modeling a Software Architecture Targeting Multiple Platforms, 2007.

[11] Mark Underseth. The Complexity Crisis in Embedded Software, Embedded Computing Design,2007.

[12] 林山,李越雷,陈颖. 基于元模型的复杂航电系统建模. 电讯技术,2011,51(7):14 - 19.

[13] Pieter J Mosterman. Model – Based Design for System Intergation. http://library. gueeusu. ca/ojs/index. php/PCEEA/article/download/3912/3958.

[14] Abdoulaye Gamatie. A Modeling Paradigm for Integrated Modular Avionics Design. Software Engineering and Advanced Applications, 2006. SEAA 06. 32nd EUROMICRO Conference.

第7章 系统框架技术

大部分现有模块化综合集成系统并没有考虑到系统全生命周期过程中不断变化的顶层系统需求、工作流程、研制过程。这样的系统功能单一、结构僵化,要想对其进行修改不但非常困难,而且代价极高。对于长生命周期、性能不断优化提升的模块化综合集成系统而言,这种结构功能单一、结构僵化的系统是不可接受的,模块化综合集成系统必须能够以最快的速度来适应未来全生命周期内的各种变化。

对模块化综合集成系统设计的一些非功能性要求包括以下几点:

(1)具有直观性。采用的系统设计、表征方法,构建的系统体系结构应当对应用领域实体概念作出直观反应,这些概念的使用和结合方式应当在逻辑上与领域专家的观点一致;

(2)具有可重用性。系统设计应在系统分解粒度、通用性和专用性等方面做好仔细的权衡,提供可重用的组件。

(3)具有灵活性。在系统开发过程中,应能够方便地对系统的组成、分析过程、设计过程及设计结果进行反复修改,以达到系统的最佳状态。

框架是一组相互协作的类及运行对象,用于维护体系结构各功能构件之间的相互关系,并可根据特定需求生成特定领域的应用软件。

根据特定的应用系统,框架可方便地描绘一个待建应用系统的体系结构。建立在框架基础上的应用软件只需根据具体需求制定功能部分,因此,更容易生成应用程序。利用框架生成的应用程序具有相似的结构、并且可以清晰地实现软件模块之间的功能划分,这有助于大型软件设计、故障定位及维护,因此具有更高的质量。同时,采用框架技术,当系统部分结构发生变化时,如需要增加新的功能模块或删除某个功能模块,只需按固定的模式更改框架中对应的内容,不会影响到系统整体及其他部分,而传统方式结构化方法往往需要对整个系统重新设计,耗费大量的人力、物力及时间。因此,基于框架的设计方法学可以直观的形式表征系统,并方便地适应系统需求更改或其他同类系统研制。而框架设计的重点是如何以一种稳定的模式支持应用系统的开发、升级、扩展、变更。

本章针对模块化综合集成系统的特点介绍一种基于元模型的模块化综合集成系统框架设计方法,该框架的主要作用是建立和维护系统硬件物理资源及其连接关系、功能线程资源及分配关系、软件构件资源及其部署关系和资源的使用状态等数据信息库,并通过框架提供的服务接口在物理资源和逻辑资源之间建立起一座桥梁,为系统控制管理提供便利的机制、途径和方法,屏蔽对这些资源控制涉及的流程和细节,从而以一种稳定的框架使用模型适应系统顶层需求的变化、资源及配置关系的变化、新功能组件、新技术的插入,以及新功能的扩展。

7.1 模块化综合集成系统层次结构模型

典型的模块化综合集成系统层次模型如图7-1所示,系统分为应用层、逻辑构件层及物理平台层。应用层包含若干个应用功能线程,应用功能线程之间存在关联关系;每个应用功能线程的具体实现由逻辑构件层的若干构件组合完成,构件与构件之间存在关联关系;构件部署在物理平台层上,物理平台层由具体的硬件模块组成,模块与模块之间存在关联关系。

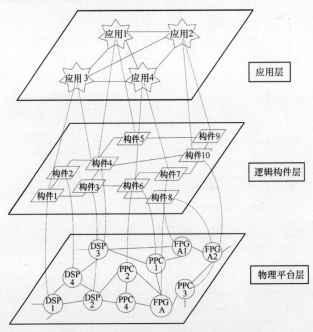

图7-1 模块化综合集成系统层次模型

图7-2所示为对模块化综合集成系统层次模型进行的进一步细分。第一层为系统层。第二层为应用层,应用层包括多个应用功能线程(Application),有些功能线程直接部署在系统中,有些功能线程根据任务规划,根据任务需要调度启动。对各功能线程的调度、配置、管理由系统完成。各功能线程由应用软件构件包(sftpkg)组成,软件装配线(SftpkgLine)负责对软件构件的装配。软件构件由系统部署在合适的硬件组件内。第三层为硬件平台层,位于不同槽位的硬件组件由硬件装配线(CompAssembly)装配在一起,构成独立的功能线程。

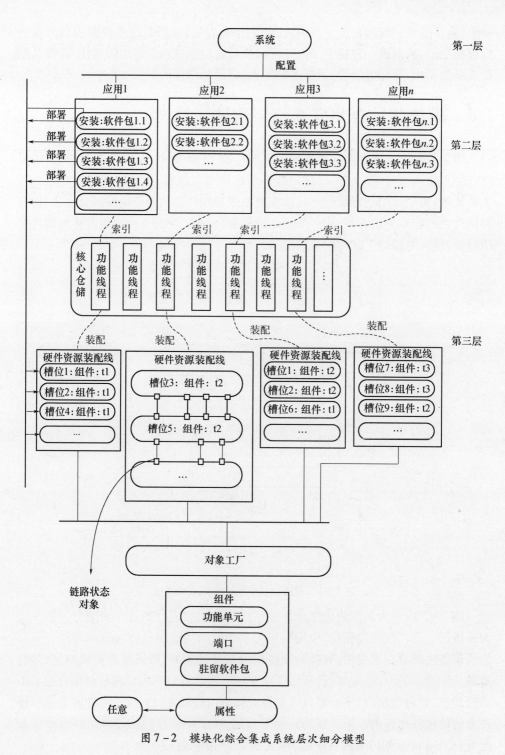

图 7-2 模块化综合集成系统层次细分模型

174

系统提供核心仓储(CoreRepo)负责对应用层及硬件平台层资源的管理、部署及关联关系的管理。

7.2　模块化综合集成系统框架设计

7.2.1　模块化综合集成系统框架建立过程

模块化综合集成系统框架为系统提供了各种抽象对象类、关联关系及实现机制。这里的系统框架主要包括实现两大类对象,即用于描述系统元模型的抽象类及用于描述系统实现机制的核心仓库类对象。

模块化综合集成系统框架创建过程如图7-3所示。系统框架由元模型对象,元模型集合对象,核心仓储对象、框架对外接口及框架知识库组成。创建框架包括以下步骤:

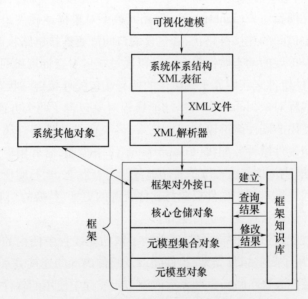

图7-3　模块化综合集成系统框架创建过程

(1)由领域专家根据系统需求制定符合领域概念的系统基础元模型、扩展元模型。

(2)通过可视化建模工具建立基础元模型、扩展元模型结构,并在此基础上建立系统体系结构模型。

(3)通过可视化建模工具生成系统体系结构XML表征文件。

（4）由 XML 解析器对输入的系统体系结构 XML 表征文件进行解析,并通过框架对外接口函数,由核心仓储对象创建框架知识库,实现对系统体系结构的管理。

系统其他对象通过框架对外接口函数查询或根据需要修改框架知识库。

7.2.2　模块化综合集成系统框架元模型对象

模块化综合集成系统框架元模型是根据模块化综合集成系统领域特点,由领域专家制定的。元模型是框架实现的基础,在上一章中,定义了模块化综合集成系统基础元模型,其中直接由框架进行管理的元模型主要有以下 3 种:

（1）硬件模块元模型对象（Module）。硬件模块元模型是对 IMA 系统中天线、天线接口单元、射频接收、射频激励、信号处理、数据处理、交换、控制等模块具体硬件资源的抽象。硬件模块对象内部包含了属性、端口、功能单元及驻留软件包等内容。

（2）链路元模型对象（Linkstate）。链路元模型对象描述硬件组件对象内部以及组件之间的端口间的连接链路状态,包含端口间配置连接链路状态、实际连接链路状态以及可以扩展的动态属性集合。可以通过端口对查询端口间的连接链路关系,也可指定硬件组件来获取属于该组件的所有端口的连接链路状态。

（3）功能线程对象（JobStream）。功能线程对象包含了两个方面的内容:一个是功能线程所使用的硬件组件以及连接关系;另一个是软件组件属性以及它的部署关系。前者用硬件组件装配线（CompAssembly）来描述,后者用应用构件装配线（SftpkgLine）来描述。功能线程维护着功能线程运行状态、运行时所需硬件与软件资源。功能线程提供对其中硬件资源与软件资源的更新、替换的功能,功能线程的状态可通过资源访问接口统一进行更新。

硬件组件装配线（CompAssembly）,表达了该功能线程中使用的硬件组件的装配情况,包括使用了哪些组件类型,组件间以及组件内部的连接关系如何。

应用构件装配线（SftpkgLine）,表示该该功能线程中使用的软件构件的装备情况。软件构件分布在各个节点上,通过相互协作,构成分布式应用。

模块化综合集成系统框架元模型对象组织关系如图 7-4 所示。

从对象构成的角度看,硬件模块元模型由具体的组件实体构成。具体的组件实体部分通过组件的以下属性来描述该对象:

（1）组件实例类型。

（2）组件实例位置。

（3）组件实例所使用或者拥有的端口集。

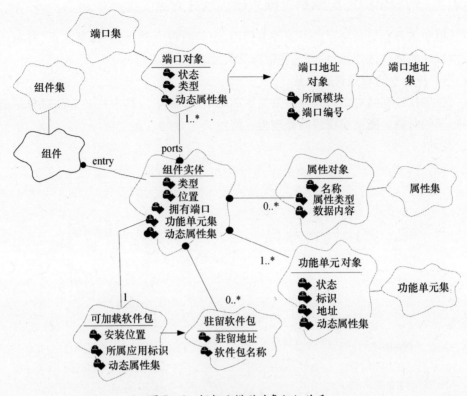

图7-4 框架元模型对象组织关系

（4）组件实例所使用或者拥有的功能单元集。

（5）组件实例所使用或者拥有的动态属性集。

（6）组件实例所使用到的关系集。

功能单元元模型对象通过下面主要内容来描述：

（1）功能单元的状态，包括开启，关闭，使用，故障等。

（2）功能单元的标志，唯一标志组件上的功能。

（3）功能单元的地址，唯一标志功能单元的地址。

（4）功能单元所拥有或者使用的动态属性集。

端口是构成硬件组件实体的基本元素，它通过以下属性来描述：

（1）端口地址（包括端口所属组件、端口的标志）。

（2）端口的状态（包括良好在使用、良好未使用、故障）。

（3）端口的类型（CAN 总线端口，RIO 总线端口，RS485 端口等）。

（4）扩展的动态属性集。

7.2.3 模块化综合集成系统框架核心仓储对象

框架核心仓储对象存储系统各类物理、逻辑资源及其连接、部署关系,并对外提供统一的接口,访问及管理这些资源及关系。

1)核心仓储对象管理关系

框架核心仓储对象与其他对象关系如图7-5所示。其中核心仓储对象是全局唯一的对象。框架对资源的管理为三层。

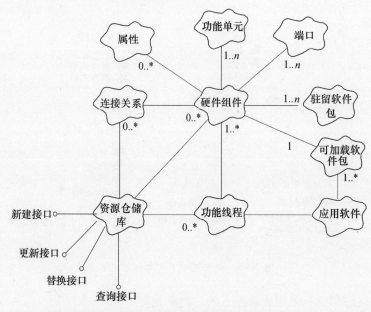

图7-5 资源仓储与其他对象关系

第一层为核心仓储层,它直接管理的对象包括:链路关系对象、硬件组件对象、功能线程对象。

第二层为功能线程层,功能线程对象直接管理的对象包括:硬件组件对象、应用软件构件对象。

第三层为硬件组件层,硬件组件对象直接管理的对象包括:端口对象、功能单元对象、驻留软件包。

核心仓储对象对外提供4类接口,即新建接口、更新接口、替换接口、查询接口。通过这4类接口,实现对核心仓储对象的统一访问。

(1)新建接口:增加新的资源对象到资源仓储库中。

(2)更新接口:更新资源仓储库中的指定资源对象的内容。

（3）替换接口：替换资源仓储库中现有的内容，包含了原有对象的销毁和新增新的对象。

（4）查询接口：按照查询要求，搜索资源知识库中的对象以及它们的内容。

框架核心仓储对象为全局唯一的实例，提供对象的全面的访问控制接口，包括对端口对象的访问、链路关系的访问、硬件组件的访问、软件构件的访问、功能线程的访问、组件属性的访问、硬件组件装配线的访问、软件组件装配线的访问等。

2）核心仓储对象类图

框架核心仓储对象类图如图 7-6 所示。

框架核心仓储对象对外提供的操作方法如下：

（1）instance（）：CCoreRopository *：全局唯一的单例。

（2）getJobStream（jsid：u32, js：CJobstream&）：通过功能线程标志获得系统中指定的功能线程。

（3）getComponent（type：u32, coms：CComponents &）：获得系统中指定组件类型 type 的所有硬件组件。

（4）getComponent（macId：u32, com：CComponent &）：获得部署在 macid 地址上的所有硬件组件。

（5）getFnUnits（macId：u32, fns：CFnUnits&）：获得部署在 macId 地址上的所有功能单元组。

（6）getFnUnit（macId：u32, fn_name：char *, fn：CFnUnit&）：获得部署在 macId 地址上，名称为 fn_name 的所有功能单元。

（7）getProperty（macId：u32, prop：CProperties&）：获得部署在 macId 地址上的所有属性对象。

（8）getProperty（macId：u32, prop_name：char *, prop：CProperty&）：获得部署在 macId 地址上，名称为 prop_name 的属性对象。

（9）getPorts（macId：u32, ports：CPorts&）：获得部署在 macId 地址上的所有端口对象。

（10）getPorts（jsid：u32, ports：CPorts&）：获得标志为 jsid 的功能线程标的所有端口对象。

（11）getLink（macId：u32, lnk：CLinkStates&）：获得部署在 macId 地址上的所有链路对象。

（12）getSftpkgLines（jsid：u32, apps：CSftpkgLines&）：通过功能线程标志获得参与该功能线程的所有的软件装配线对象。

```
┌─────────────────────────────────────────────────────────────────────┐
│                          CCoreRepository                              │
├─────────────────────────────────────────────────────────────────────┤
├─────────────────────────────────────────────────────────────────────┤
│ ⚙CCoreRepository()                                                    │
│ ◆<<virtual>> ~CCoreRepository()                                       │
│ ◆<<static>> instance() : CCoreRopository*                             │
│ ◆updateJobstreamgrp(grpid : u32, js : const CJobstreamGrp&) : u32     │
│ ◆updateJobStreams(grpid : u32, jobstreams : const CJobstreams&) : u32 │
│ ◆updateJobStream(jsid : u32, js : const CJobstream&) : u32            │
│ ◆updateComponent(macId : u32, com : CComponent&) : u32                │
│ ◆updateComponent(jsid : u32, com : CComponent&) : u32                 │
│ ◆updateSftpkgLines(jsid : u32, apps : const CSftpkgLines&) : u32      │
│ ◆updateSftpkgs(name : char *, pkgs : const CLoadedSftpkgs&) : u32     │
│ ◆updateSftpkg(macid : u32, lsp : const CLoadedSftpkg&) : u32          │
│ ◆updateFnUnits(fns : const CFnUnits&)                                 │
│ ◆updateFnUnits(jsid : u32, fns : const CFnUnits&)                     │
│ ◆updateFnUnit(jsid : u32, fn_id : u32, fn : const CFnUnit&)           │
│ ◆updatePorts(macId : u32, ports : const CPorts &)                     │
│ ◆updatePorts(jsid : u32, macId : u32, ports : const CPorts &)         │
│ ◆updateLink(lnk : const CLinkStates&)                                 │
│ ◆updateProperty(macId : u32, prop : const CProperty&)                 │
│ ◆updateProperty(jsid : u32, macId : u32, prop : const CProperty&)     │
│ ◆getJobstreamgrp(grpid : u32, js : CJobstreamGrp&) : u32              │
│ ◆getJobStreams(grpid : u32, jobstreams : CJobstreams&) : u32          │
│ ◆getJobStream(jsid : u32, js : CJobstream&) : u32                     │
│ ◆getComponents(type : u32, coms : CComponents&) : u32                 │
│ ◆getComponent(macId : u32, com : CComponent&) : u32                   │
│ ◆getFnUnits(macId : u32, fns : CFnUnits&) : u32                       │
│ ◆getFnUnit(macId : u32, fn_name : char*, fn : CFnUnit&) : u32         │
│ ◆getProperty(macId : u32, prop : CProperties&) : u32                  │
│ ◆getProperty(macId : u32, prop_name : char*, prop : CProperty&) : u32 │
│ ◆getPorts(macId : u32, ports : CPorts&) : u32                         │
│ ◆getPorts(jsid : u32, ports : CPorts&) : u32                          │
│ ◆getLink(macId : u32, lnk : CLinkStates&) : u32                       │
│ ◆getSftpkgLines(jsid : u32, apps : CSftpkgLines&) : u32               │
│ ◆getSftpkgs(jsid : u32, app_name : char *, pkg : CLoadedSftpkgs&) : u32│
│ ◆getSftpkg(install_mac : u32, lsp : CLoadedSftpkgs&) : u32            │
│ ◆getSftpkg(resided_mac : u32, rsp : CResidedSftpkgs&) : u32           │
│ ◆getOccupiedResource(js : u32, hws : CComponents&, sws : CLoadedSftpkgs&)│
│ ◆getInterfaces(comtype : u32, itfs : CInterfaces&) : u32              │
│ ◆replaceJobStream(js : CJobstream&) : u32                             │
│ ◆replaceComponent(jsid : u32, com : CComponent&) : u32                │
│ ◆replaceApp(jsid : u32, app : CSftpkgLine&) : u32                     │
│ ◆addJobStreamGrp(jsgrp : const CJobstreamGrp&) : u32                  │
│ ◆addJobStream(grpid : u32, js : const  CJobstream&) : u32             │
│ ◆addComponent(com : const CComponent&) : u32                          │
│ ◆addComponent(jsid : u32, com : const CComponent&) : u32              │
│ ◆addComponent(jsid : u32, com : const CComponents&) : u32             │
│ ◆addFnUnits(macid : u32, fns : const CFnUnits&) : u32                 │
│ ◆addFnUnits(jsid : u32, macId : u32, fns : const CFnUnits&) : u32     │
│ ◆addProperty(macId : u32, prop : const CProperty&) : u32              │
│ ◆addProperty(jsid : u32, macId : u32, prop : const CProperty&) : u32  │
│ ◆addSftpkgLine(jsid : u32, apps : const CSftpkgLines&) : u32          │
│ ◆addSftpkgLine(jsid : u32, app : const CSftpkgLine&) : u32            │
│ ◆addSftpkg(jsid : u32, sftpkg : const CLoadedSftpkg&) : u32           │
│ ◆addResidedSftpkg(rsp : const CResidedSftpkg&) : u32                  │
│ ◆addPorts(macId : u32, pts : CPorts &)                                │
│ ◆addPorts(jsid : u32, macId : u32, pts : CPorts &)                    │
│ ◆addLinks(ls : const CLinkStates&) : u32                              │
│ ◆isConnected(sId : u32, spid : u32, eId : u32, epid : u32) : bool      │
└─────────────────────────────────────────────────────────────────────┘
```

图 7-6　核心仓储对象类图

（13）getSftpkg(install_mac：u32，lsp：CLoadedSftpkgs&)：获得部署在地址 install_mac 上的所有软件包。

（14）getSftpkgs(jsid：u32，app_name：char *，pkg：CLoadedSftpkgs&)：通过功能线程标志 jsid 和名称 app_name,获得系统中所有参与该功能线程的软件装配线对象。

（15）getSftpkg(resided_mac：u32，rsp：CResidedSftpkgs&)：获得部署在地址 resided_mac 上的所有软件包。

（16）getOccupiedResource（js：u32，hws：CComponents&，sws：CLoadedSftpkgs&)：通过功能线程标志 js 获得参与该功能线程的软件装配线对象组和硬件装配线对象。

（17）updateJobStream(jsid：u32，js：const CJobstream&)：更新标志为 jsid 的功能线程。

（18）updateComponent(macId：u32，com：CComponent&)：更新部署在 macId 地址上的所有硬件组件。

（19）updateComponent(jsid：u32，com：CComponent&)：更新标志为 jsid 的功能线程中的所有硬件组件。

（20）updateSftpkgLines(jsid：u32，apps：const CSftpkgLines&)：更新标志为 jsid 的功能线程中的所有软件配置线。

（21）updateSftpkgs(name：char *，pkgs：const CLoadedSftpkgs&)：更新名称为 name 的所有软件包。

（22）updateSftpkg(macid：u32，lsp：const CLoadedSftpkg&)：更新部署在 macid 地址上的所有软件包。

（23）updateFnUnits(fns：const CFnUnits&)：更新系统中的所有功能单元。

（24）updateFnUnits(jsid：u32，fns：const CFnUnits&)：更新标志为 jsid 的功能线程中的所有功能单元。

（25）updatePorts(macId：u32，ports：const CPorts &)：更新部署在 macId 上的所有端口信息。

（26）updatePorts(jsid：u32，macId：u32，ports：const CPorts &)：更新部署在 macId 上,标志为 jsid 的功能线程上的所有端口信息。

（27）updateLink(lnk：const CLinkStates&)：更新系统中所有链路信息。

（28）updateProperty(macId：u32，prop：const CProperty&)：更新部署在 macId 地址上的所有属性信息。

（29）updateProperty(jsid：u32，macId：u32，prop：const CProperty&)：更新部

署在 macId 地址上,标志为 jsid 的功能线程上的所有属性信息。

（30）replaceComponent(jsid：u32, com：CComponent&)：替换标志为 jsid 的功能线程上的硬件组件。

（31）replaceJobStream(js：CJobstream&)：替换系统中所有工作线程。

（32）addComponent(com：CComponent&)：向系统中加入新的组件对象。

（33）addComponent(jsid：u32, com：const CComponent&)：向标志为 jsid 的功能线程中加入新的组件对象。

（34）addComponent(jsid：u32, com：const CComponents&)：向标志为 jsid 的功能线程中加入新的组件组。

（35）addFnUnits(macid：u32, fns：const CFnUnits&)：向标志为 macid 的组件中加入功能单元组。

（36）addFnUnits(jsid：u32, macid：u32, fns：const CFnUnits&)：向标志为 macid 的组件和标志为 jsid 的功能线程中加入功能单元组。

（37）addProperty(macId：u32, prop：const CProperty&)：向标志为 macId 的组件中加入属性对象。

（38）addProperty(jsid：u32, macId：u32, prop：const CProperty&)：向标志为 macId 的组件和标志为 jsid 的功能线程中加入属性。

（39）addSftpkgLine(jsid：u32, apps：const CSftpkgLines&)：向标志为 jsid 的功能线程中新增软件装配线对象组。

（40）addSftpkgLine(jsid：u32, apps：const CSftpkgLine&)：向标志为 jsid 的功能线程中新增软件装配线对象。

（41）addResidedSftpkg(rsp：const CResidedSftpkg&)：增加驻留的软件包对象。

（42）addSftpkg(jsid：u32, sftpkg：const CLoadedSftpkg&)：向标志为 jsid 的功能线程和标志为 id 的软件装配线中新增软件包对象。

（43）addPorts(macId：u32, pts：CPorts &)：向标志为 macId 的组件中新增端口对象。

（44）addPorts(jsid：u32, macId：u32, pts：CPorts &)：向标志为 jsid 的功能线程和标志为 macId 的组件中增加端口对象。

（45）addLinks(ls：const CLinkStates&)：向系统中增加链路对象组。

（46）isConnected(sId：u32, spid：u32, eId：u32, epid：u32)：判别链路关系[(sId,spid),(eId,epid)]是否存在。

3）核心仓储对象组织关系

对框架核心仓储对象的主要属性及详细的组织关系如图 7-7 所示。

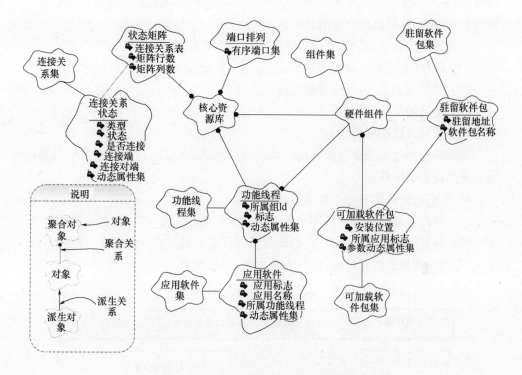

图 7-7　核心仓储资源对象详细组织关系

从图 7-7 可以看出,框架核心仓储资源对象主要存储及管理的软、硬件资源,包括:

（1）系统中所有的功能线程对象。

（2）系统中所有的硬件组件对象。

（3）系统中所有的组件间关联关系矩阵。

（4）系统中参与共建功能线程的所有应用软件构件对象(包括驻留软件构件和可加载软件构件)。

软件构件包通过以下内容来描述:

（1）软件构件包名称。

（2）软件构件包驻留的位置。

（3）软件构件包加载的位置。

（4）软件构件包所属功能线程。

（5）软件构件包所需要的工作参数数据动态属性集。

端口排列对象是为了快速访问链路关系而存在的,它首先按照组件的标志来排列,然后按照端口的标志来排列,从而通过获取联机的端口对在存储的端口排列对象中的键值,获得链路关系的状态。

链路关系状态对象刻画了端口间链路的状态数据,包括以下内容:

(1) 链路的类型,区分内部和外部。

(2) 链路的状态,区分正常和故障。

(3) 链路的两端口地址。

(4) 扩展的动态属性集。

关系矩阵表达了系统中所有端口间的链路状态,可以通过端口排列中的存储地址来快速索引链路状态。

4) 核心仓储对象对硬件实体的管理

(1) 硬件物理地址编码。IMA系统中,端口、功能单元、组件是相互关联的,框架对所有这些硬件实体提供查询、修改等操作。系统必须唯一标志这些硬件实体,采用32位物理地址进行标志,编码方案如图7-8所示。

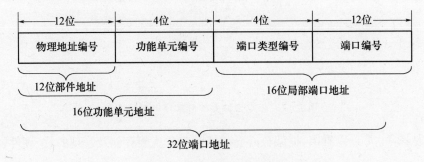

图 7-8 32 位物理地址编码

硬件物理地址由四部分构成:

① 组件地址:macId,标志组件的物理地址(如插槽号),由12位组成。

② 功能单元标志:fn_unitId,组件内的功能单元的编号,支持的功能单元数为16。

③ 端口类型:typeId,按照端口的类别进行分类,包括RIO/CAN/LVDS等类型。

④ 端口编号:portId,最多支持端口号为4096个。

(2) 链路关系和属性内容管理。链路关系主要表现为"端口对"之间的连接。通过"端口对"直接搜索连接关系时,通常是比较耗时的,主要是因为需要在连接关系集合中分别匹配到符合查询要求的"端口对",而这种存储是无序的,从而耗时较多。

为此,可根据模块化综合集成系统特点,按照组件地址、功能单元地址、类型及端口地址信息进行"分类",并对组件的地址、功能单元地址、类型及端口地址进行排序,并将它们存储在线性表中。通过这种方式,使得各地址与一个索引键值对应,通过索引键值可以快速地定位对象。

同时,为了快速索引端口连接关系和状态,可用线性存储端口的地址,比如端口 A 与端口 B 是否有连接关系,在线性存储中的索引分别为 i,j,通过建立状态矩阵,可查询到元素 State(i,j) 的有无连接关系与相应的状态,如图 7-9 所示。

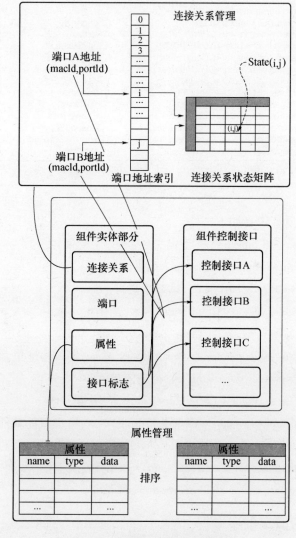

图 7-9 框架对硬件实体的管理

类似地,对于非原子对象的属性的访问,例如组件属性,以属性的名称按照字符字典方式进行排序,之后以属性名称为键值,快速索引到属性对象,从而访问到属性的类型及数据。

7.2.4 模块化综合集成系统框架集合对象

为更好地对框架进行管理,定义了框架集合对象,对系统资源集合进行管理。集合对象类图如图7-10所示。

```
typedef unsigned long u32;
typedef std::vector<u32>            CLongArray;
typedef std::vector<CPort*>          CPorts;
typedef std::vector<CLinkState*>      CLinkStates;
typedef std::vector<CComponent*>      CComponents;
typedef std::vector<CPortAddress*>    CPortAddressList;
typedef std::vector<CFnUnit*>        CFnUnits;
typedef std::vector<CProperty*>      CProperties;
typedef std::map<std::string,u32>    CInterfaces;
typedef std::vector<CSftpkgLine*>     CSftpkgLines;
typedef std::vector<CLoadedSftpkg*>   CLoadedSftpkgs;
typedef std::vector<CResidedSftpkg*>  CResidedSftpkgs;
typedef std::vector<CJobstream*>      CJobstrea...
```

图7-10 集合对象1类图

集合对象的属性定义如下:

(1) u32:unsigned long u32 类型定义。

(2) ClongArray:vector < u32 >,u32 列表。

(3) CPorts:vector < CPort * >,端口集。

(4) CLinkStates:vector < CLinkState * >,连接集。

(5) CComponents:vector < CComponent * >,组件集。

(6) CPortAddressList:vector < CPortAddress * >,端口地址集。

(7) CFnUnits:vector < CFnUnit * >,功能单元集。

(8) CSfpkgLines:vector < CSfpkgLine * >,应用集。

(9) CLoadedSftpkgs:vector < CLoadedSftpkg * >,可加载的软件包集。

(10) CResidedSftpkgs:vector < CResidedSftpkg * >,驻留的软件包集。

(11) CJobStreams:vector < CJobStream * >,功能线程集。

(12) CProperties:vector < CProperty * >,属性集。

7.2.5 框架知识库创建过程

在创建框架知识库之前,需首先建立好硬件组件资源及功能线程资源。

1）创建硬件组件资源

硬件组件资源包括端口、功能单元、属性、驻留的软件包等内容,并与链路资源关联。其建立过程也是这些对象逐个创建的过程,并有逻辑上的先后顺序,主要包括以下步骤:

（1）创建没有内容的硬件组件对象,然后再创建端口对象,将端口中的属性内容加入到端口中,并将所有创建的端口对象加入到与之关联的硬件组件对象中。

（2）创建硬件组件对象所属的属性对象,将属性内容存储到属性对象中,并将所有的对象加入到组件对象中。

（3）创建硬件组件所属的功能单元对象,同时创建它所有的属性对象。并将属性内容按照名称对应的方式加入到该功能单元中,最后将该功能单元加入到硬件组件中。

（4）将组件上驻留的软件构件等信息加入到硬件组件中。

（5）创建组件间的连接关系,并加入框架知识库中。

组件资源创建过程如图 7 - 11 所示。

2）创建功能线程资源

功能线程资源包含功能线程所需的所有硬件组件资源和软件构件资源。其创建过程如下:

（1）创建一个空的功能线程对象。

（2）将与之关联的硬件组件资源依次加入到功能线程对象中。

（3）将硬件组件间关联关系,即链路关系对象加入到功能线程对象中,形成一个硬件组件的装配线。

（4）由软件装配线将指定的应用软件构件记录到功能线程对象中。

功能线程资源创建过程如图 7 - 12 所示。

3）创建框架知识库

框架知识库是所有对象访问的基础,它的信息来源包括:

（1）外部系统体系结构 XML 表征文件,包含组件,端口,连接关系等物理信息,以及功能线程装配资源信息。

（2）系统其他对象通过新增接口或更新接口向框架知识库中增加新的对象内容或者更新已有的对象内容。

框架核心知识库主要包括创建及更新两个过程,创建过程如图 7 - 13 所示。

框架核心知识库的创建主要包括以下过程:

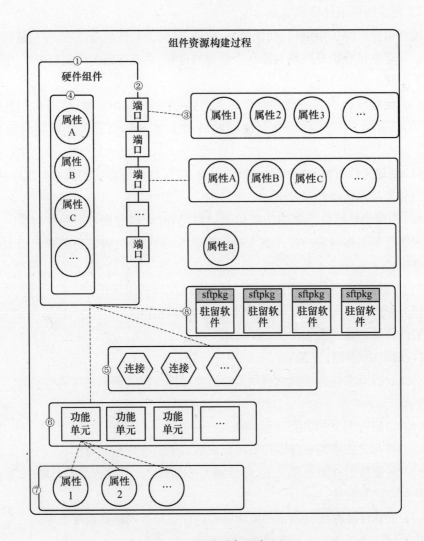

图 7-11 组件对象创建过程

（1）用户创建全局唯一的资源仓储对象，同时创建端口管理对象，连接关系管理对象，硬件组件对象以及功能线程管理对象。

（2）通过端口对象加入接口向框架知识库依次增加新的端口资源对象。

（3）通过连接关系对象加入接口向框架知识库依次增加新的连接关系资源对象。

（4）通过硬件组件对象加入接口向框架知识库依次增加新的硬件组件资源对象。

188

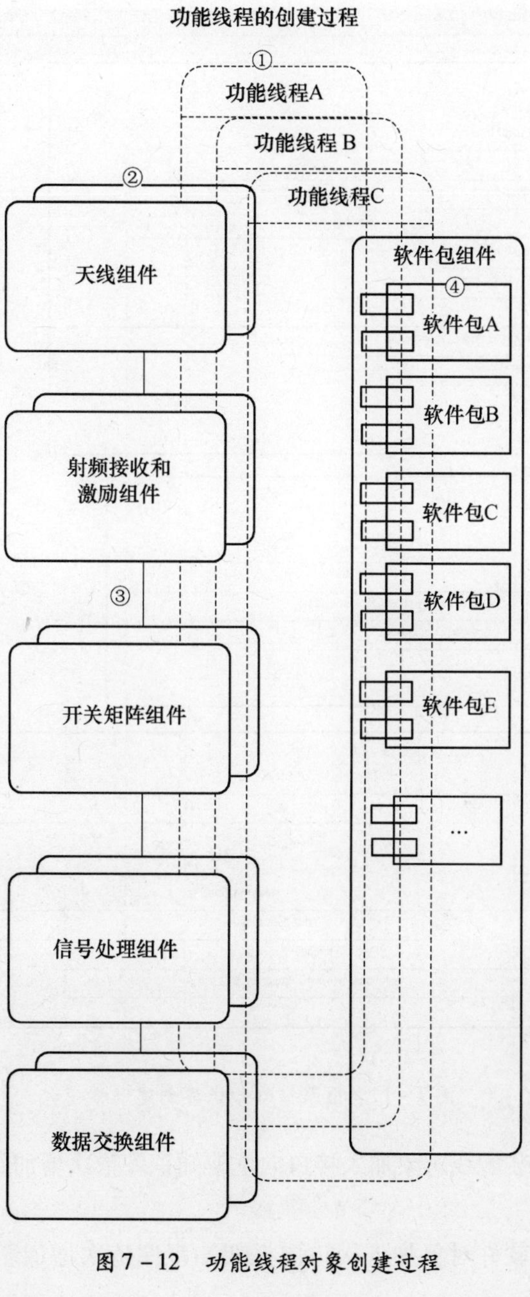

功能线程的创建过程

图 7 - 12   功能线程对象创建过程

（5）通过组件属性对象加入接口向框架知识库依次增加新的组件属性资源对象。

189

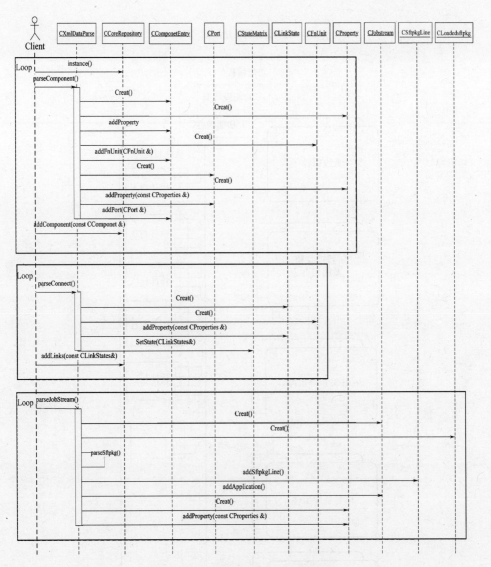

图 7 - 13 框架核心知识库创建过程

（6）通过组件装配线对象加入接口向框架知识库依次增加新的组件装配线资源对象。

（7）通过驻留软件对象加入接口向框架知识库依次增加新的驻留软件资源对象。

（8）通过功能线程对象加入接口向框架知识库依次增加新的功能线程资源对象。

190

框架核心知识库的更新过程如图 7 - 14 所示。

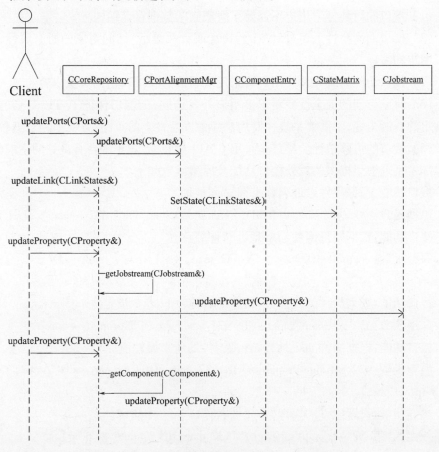

图 7 - 14　核心资源知识库功能线程部分更新过程

框架核心知识库的更新主要包括以下过程：

（1）更新端口时，框架知识库首先更新 CPortAlignmentMgr 中的实例内容。类似地，客户端在更新连接关系时，框架知识库首先更新状态矩阵中的连接状态。

（2）更新功能线程属性内容时首先通过 getJobStream 接口从核心知识库中查找到需要更新的实体。

（3）然后分别更新组件的端口、属性以及功能单元的属性内容。

7.3　模块化综合集成系统框架对外操作接口设计

模块化综合集成系统框架对外提供了丰富的接口函数，这些接口具有以下

特点:

(1) 接口的封装性。用户不需要了解底层的数据存储结构。

(2) 接口的简易性。通过对象的句柄(或者关键字)访问对象的所有属性,简化了用户的编程。

(3) 接口访问的统一性。用户可采用统一的 API 接口访问对象内容。

(4) 对象访问的安全性。对于多用户并发访问,该接口保证了可以安全的访问指定的资源内容,不需要系统控制用户考虑安全性上的策略,方便了用户编程。

(5) 接口的可移植性。接口是采用 C API 封装的,对于平台有良好的适应性。

IMA 系统框架提供的对外接口功能及原型函数如下:

接口功能:根据硬件组件名称查询 mac 地址。

原型函数:u32 compName2MacID(IN char ∗ name, OUT u32 ∗ mac)。

接口功能:根据硬件组件 mac 地址查询名称。

原型函数:compMacID2Name(IN u32 mac, OUT char ∗ name, IN u32 nameLength)。

接口功能:查询组件的属性值,属性的名称在 prop 中指定。

原型函数:u32 getCompProperty(IN u32 mac, IN OUT property ∗ prop)。

接口功能:根据组件 mac 地址,查询组件的所有属性值。

原型函数:u32 getCompProperties(IN u32 mac, OUT property ∗ ∗ props, OUT u32 ∗ propCount)。

接口功能:设置组件的属性值,属性名称在 prop 中指定。

原型函数:u32 setCompProperty(IN u32 mac, IN property ∗ prop)。

接口功能:更新指定 mac 地址的组件的工作状态。

原型函数:u32 setCompStatus(IN u32 mac, IN u32 status)。

接口功能:查询指定 mac 地址的组件的工作状态。

原型函数:u32 getCompStatus(u32 mac, u32 ∗ status)。

接口功能:获取库中组件的数量。

原型函数:u32 getComponentCount(OUT u32 ∗ count)。

接口功能:获取所有组件的 mac 地址。

原型函数:u32 getAllComponents(OUT u32 ∗ macs, OUT u32 ∗ count)。

接口功能:获取库中指定类型的所有组件 mac 地址。

原型函数:u32 getComponentsByType(IN u32 type, OUT u32 ∗ ∗ macs, OUT u32 ∗ count)。

接口功能:获取库中指定状态的所有组件 mac 地址。

原型函数:u32 getComponentsByStatus(IN u32 status, OUT u32 ∗ ∗ macs, OUT u32 ∗ count)。

接口功能:获取 mac 地址所指定的组件上的所有端口地址。

原型函数:u32 getAllPortsInComp(IN u32 mac, OUT portAddress ∗ ∗ adds,OUT u32 ∗ count)。

接口功能:获取 mac 地址所指定的组件上 type 类型的端口地址集。

原型函数:u32 getPortsInCompByType(IN u32 mac, IN u32 type, OUT portAddress ∗ ∗ addrs, OUT u32 ∗ count)。

接口功能:获取端口指定属性的属性值。属性名在 prop 中指定。

原型函数:u32 getPortProperty(IN portAddress addr, IN OUT property ∗ prop)。

接口功能:设置端口指定属性的属性值。

原型函数:u32 setPortProperty(IN portAddress addr, IN property ∗ prop)。

接口功能:获取指定端口的所有内部连接端口。

原型函数:u32 getInnerCompCnnPort(IN portAddress addr, OUT portAddress ∗ ∗ peerAddrs, OUT u32 ∗ count)。

接口功能:获取指定端口的所有外部连接端口。

原型函数:u32 getInterCompCnnPort(IN portAddress addr, OUT portAddress ∗ peerAddr, OUT u32 ∗ bConnected)。

接口功能:获取指定端口的状态。

原型函数:u32 getPortStatus(IN portAddress addr, OUT u32 ∗ status)。

接口功能:更新端口的状态。

原型函数:u32 setPortStatus(IN portAddress addr, IN u32 status)。

接口功能:获得 addr 端口与 peeraddr 端口间是否存在连接关系。

原型函数:u32 isLinked(IN portAddress addr, IN portAddress peerAddr, OUT u32 ∗ bLinked)。

接口功能:更新 addr 与 peerAddr 端口间的连接关系。

原型函数:u32 setLnk(IN portAddress addr, IN portAddress peerAddr, IN u32 bLinked)。

接口功能:获取组件内部的具有连接关系的所有端口对。

原型函数:u32 getAllLnksInnerComp(IN u32 mac, OUT cnnpair ∗ ∗ links, OUT u32 ∗ cout)。

接口功能:获取组件间的具有连接关系的端口对。

原型函数:u32 getAllLnksInterComp(IN u32 mac, IN u32 peerMac, OUT cnnpair ∗ ∗

links, OUT u32 * cout)。

接口功能:获取组件间指定端口类型的具有连接关系的端口对。

原型函数:u32 getLnksInterCompByType(IN u32 mac, IN u32 peerMac, IN u32 portType, OUT cnnpair * * links, OUT u32 * cout)。

接口功能:根据功能单元的 mac 地址,获取功能单元的名称。

原型函数:u32 compFnUnit2Name(IN u32 mac, OUT char * name, IN u32 size)。

接口功能:获取功能单元的属性。

原型函数:u32 getCompFnUnitProperty(IN u32 mac, IN OUT property * prop)。

接口功能:更新功能单元的属性。

原型函数:u32 setCompFnUnitProperty(IN u32 mac, IN property * prop)。

接口功能:获取功能单元的状态。

原型函数:u32 getCompFnUnitStatus(IN u32 mac, OUT u32 * status)。

接口功能:更新功能单元的状态。

原型函数:u32 setCompFnUnitStatus(IN u32 mac, IN u32 status)。

接口功能:获取驻留在组件上的所有软件包的功能号。

原型函数:u32 getResideSftpkgsInComp(IN u32 mac, OUT u32 * * sftpkgIDs, OUT u32 * count)。

接口功能:获取载入到组件上的软件包功能号。

原型函数:u32 getLoadSftpkgInComp(IN u32 mac, OUT u32 * sftpkgID)。

接口功能:通过功能线程的名称查找功能线程 ID。

原型函数:u32 jobstreamName2ID(IN char * name, OUT u32 * jsID)。

接口功能:通过功能线程 ID 获取功能线程名。

原型函数:u32 jobstreamID2Name(IN u32 ID, OUT char * name, IN u32 nameLength)。

接口功能:获得功能线程的运行状态。

原型函数:u32 getJobstreamStatus(IN char * name, OUT u32 * status)。

接口功能:获得功能线程中的指定属性。

原型函数:u32 getJobstreamProperty(IN char * jsname, IN OUT property * prop)。

接口功能:更新功能线程属性。

原型函数:u32 setJobstreamProperty(IN char * jsname, IN property * prop)。

接口功能:获取功能线程所使用的所有组件 mac 地址。

原型函数：u32 getCompsInJobstream（IN char * jsname，OUT u32 * * macs，OUT u32 * count）。

接口功能：功能线程中所使用的端口序列。

原型函数：u32 getPortsInJobstream（IN char * jsname，OUT portAddress * * addrs，OUT u32 * count）。

接口功能：获取功能线程中使用某组件上的端口地址。

原型函数：u32 getCompPortsInJobstream（IN char * jsname，IN u32 mac，OUT portAddress * * addrs，OUT u32 * count）。

接口功能：获取功能线程中所使用的组件的 mac 地址与需要载入组件的软件构件包。

原型函数：u32 getPkgOnCompInJs（IN char * jsname，OUT pkgOnComp * * binds，OUT u32 * count）。

接口功能：把组件 mac 地址与功能线程运行时需要载入的软件构件包加入到功能线程中。

原型函数：u32 addPkgOnCompIntoJs（IN char * jsname，IN pkgOnComp * binds，IN u32 count）。

接口功能：把功能线程需要使用的端口的有序集加入到功能线程中。

原型函数：u32 addLnksIntoJs（IN char * jsname，IN cnnPair * addrs，IN u32 count）。

接口功能：获得功能线程锁定的状态。

原型函数：u32 getJsLockState（IN char * jsname，OUT u32 * bLock）。

接口功能：锁定名为 jsname 的功能线程。

原型函数：u32 lockJobstream（IN char * jsname）。

接口功能：解锁名为 jsname 的功能线程。

原型函数：u32 unLockJobstream（IN char * jsname）。

接口功能：删除功能线程中的所有连接关系。

原型函数：u32 delLinksFromJs（IN char * jsname）。

接口功能：删除功能线程中使用的指定组件。

原型函数：u32 remCompFromJs（IN char * jsname，IN u32 mac）。

接口功能：清除功能线程所占用的资源。

原型函数：u32 clearJobstream（IN char * jsname）。

接口功能：删除功能线程，自动释放功能线程所占用的资源。

原型函数：u32 deleteJobstream（IN char * jsname）。

接口功能：创建名为 jsname 功能线程。

原型函数：u32 createJobstream（IN char * jsname，OUT u32 * jsID）。

接口功能：获取框架内所有功能线程的信息，包括功能线程号与功能线程名。

原型函数：u32 getAllJobstreams（ OUT jobstreamInfo * * jsInfo，OUT u32 * count）。

接口功能：获取框架内功能线程的数量。

原型函数：u32 getJobstreamCount（OUT u32 * count）。

模块化综合集成系统框架必须以最快的速度适应系统全生命周期内的各种变化。框架可根据特定的应用系统，方便地描绘一个待建应用系统的体系结构。本章介绍了一种基于元模型的模块化综合集成系统框架设计方法，重点介绍了框架元模型对象、核心仓储对象、集合对象及各对象之间的相互组织及协作关系。

参 考 文 献

[1] Mohamed E. Fayad. 特定领域应用框架:行业的框架体验. 姜晓红，等译. 北京:电子工业出版社,2004:333-343.

[2] John W Cruz, Tony Davis. An Approach to Compact JTRS SCA Core Framework for Handheld Radio. SDR FORUM,2003.

[3] Eric Evans. Domain - Driven Design Tackling Complexity in the Heart of Software, Posts & TeleCOM Press,2007.

[4] Kyo C Kang, et al, FORM: A Feature - Oriented Reuse Method with Domain - Specific Reference Architectures. Annals of Software Engineering , 1998,5:143-168.

[5] Wei Zhao, Barrett R Bryant. A Component Assembly Architecture with Two - Level Grammar Infrastructur, Proc. of OOPSLA'2002 Workshop Generative Techniques in the Context of Model Driven Architecture, 2002.

[6] Zhao Y. XML based frameworks for internet commerce and Implementation of B2B eprocurement, Ph. D. thesis, Linköping University, Sweden, 2001.

[7] Danica L. Models and Standards for Production Systems Integration - Technological Process and Documents, Yugoslav Journal of Operations Research, 2005, 15: 221-241.

[8] George F Providakes. A Synthetic Environment for C2 System Integration Based on Emerging Infrastructures Standard. http://www. mitre. org/work/tech _ papers _ 00/flournoy _ synthetic. pdf.

第8章 软件通信体系结构

软件通信体系结构(SCA)最初由美国国防部联合战术无线电(JTRS)联合计划办公室主持开发,以支持在不同的软件无线电(SDR)设备上实现软硬件独立性,支持波形互连、互通、互操作,降低无线电设备全生命周期成本。由 JTRS 联合计划办公室资助的软件无线电论坛(SDR Forum)为 SDR 开发了一个开放式软件通信体系结构(SCA)标准及框架,最初为 0.9 版本,现在已发展到 3.0 版本。

软件通信体系结构定义了一个核心框架标准,标准化信号处理平台及应用开发过程,侧重物理硬件及应用构件的重用性,以简化系统集成过程。其设计目标如下:

(1)应用可以相对简单地从一个平台向另一个平台移植,增强通信互操作能力。

(2)COTS 技术可以方便地插入,减少开发及维护成本。

(3)硬件平台及软件应用可抽象,简化系统集成及测试过程。

除了定义核心框架标准外,SCA 还集成了以下商用软件标准,例如:

(1)可移植操作系统接口(POISX)规范,提供代码可移植性。

(2)CORBA 抽象进程间通信。

(3)CCM(CORBA 构件模型)提供的构件化开发生命周期结构。

(4)X.731 ITU/CCITT 提供的设备状态管理。

在开发构件、软件及硬件时,SCA 制定了一系列的规则及行为,并充分利用 COTS 技术及标准,采用成熟的软件工程技术,以方便地将这些应用构件及平台硬件集成在一起。

尽管 SCA 最初用于美国国防部军用无线电通信设备的开发,但其设计准则及结果与 IMA 系统设计目标完全一致,具有对 IMA 系统开发的所有特性,几乎在任何模块化综合集成系统中都可应用,从空间到航空,从雷达到测试设备等。

SCA 设计准则如下:

(1)基于开放的商用标准设计。

(2)支持系列化无线电设备。

(3)可互通。

（4）可在线编程。

（5）可扩展。

（6）可负担得起。

（7）最大化软件硬件独立。

（8）应用及设备可移植、可重用。

（9）随时间推移，支持快速新技术插入。

（10）可扩展新的波形及应用。

SCA 最终形成的设计结果如下：

（1）定义了一套开放的、分布式构件化结构规范。

（2）通过多层开放式基础商业软件，将应用与底层运行环境分离。

（3）最大化使用商用标准及产品。

（4）定义了一套通用接口管理和软件构件部署规范。

（5）定义了一套通用服务及 API 支持设备和应用移植。

（6）使用 CORBA 中间件技术，提供分布式处理环境，以支持软件移植能力、重用能力及扩展能力。

SCA 设计了一套构架在 CORBA 中间件上的核心框架，通过该核心框架解决软件无线电系统的波形加载、动态部署、运行、互操作等问题。作为一个与具体实现平台独立的框架，支持多操作系统、多处理器类型及宽泛的外设，SCA 实际上是一个通用的嵌入式系统构件化开发框架。

SCA 为模块化综合集成系统提供了另一种系统框架，隐藏在 SCA 概念之后的是现代复杂系统综合集成的核心理念，即采用更加系统化的方法，包括技术的集成、系统的集成、开发工具及过程的集成，支持迭代及增量开发、支持模型驱动开发、支持自动代码生成，使系统总体性能得到最优，使集成效率最高。

8.1　SCA 体系结构

SCA 规范包括软件运行环境、核心框架、硬件抽象三部分。

8.1.1　SCA 软件运行环境

SCA 定义了一个运行环境，该环境由一系列的核心框架服务及基础软件（包括板级支持包、操作系统及服务、CORBA 中间件服务等）组成，如图 8－1 所示。

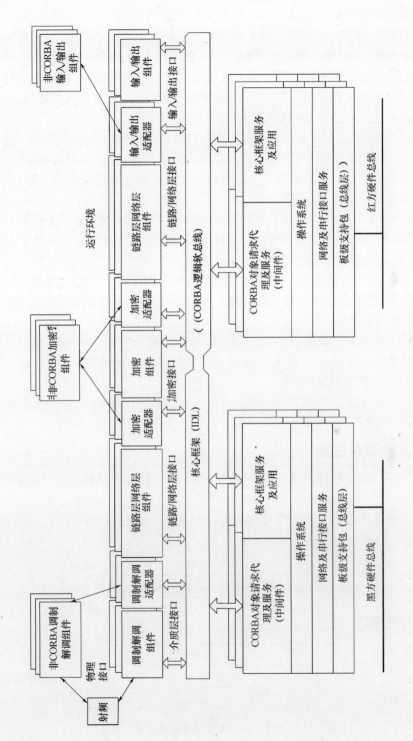

图8-1 SCA软件运行环境

199

SCA 软件运行环境包括以下几部分：

（1）总线层（板级支持包）。SCA 能运行在任何商用总线结构上，运行环境基于可靠传输机制，可能的总线包括 VME、PCI、CPCI、以太网、IEEE1394 等。

（2）网络及串行服务接口层。SCA 采用商用串行及网络接口，可能的串行及网络物理接口包括 RS232、RS422、RS485、以太网、802. x 等，为支持这些接口，可能会采用各种底层网络协议，如 PPP、SLIP、LAPx 等。

（3）操作系统层。SCA 采用嵌入式实时操作系统，以支持多线程应用服务。为方便应用软件的移植，SCA 要求操作系统遵循 POSIX 规范，标准化操作系统服务接口。

（4）核心框架层。核心框架是一系列的开放式应用层接口及服务，为应用软件设计者提供底层软件及硬件的抽象。

（5）CORBA 中间件层。分布式处理是 SCA 体系结构的基础，SCA 核心框架使用 CORBA 中间件作为分布式环境下消息传输机制。CORBA 是一种跨平台的框架，在分布式环境下标准化 Client/Server 操作。

（6）应用层。应用层完成用户通信功能，包括调制解调级的数字信号处理、链路层协议处理、网络层协议处理、网络路由、外部输入/输出存取、保密等，应用层要求使用 CF 接口及服务。

应用由一个或多个资源（Resource）组成，资源接口提供通用的 API 接口控制和配置软件构件。应用开发者可以通过为应用创建特定的资源接口（如链路资源、网络资源等）扩展资源接口。

适配器用于支持域中的非 CORBA 设备，适配器在非 CORBA 组件或设备与 CORBA 组件或设备之间转换。

8.1.2　SCA 硬件抽象

SCA 定义的典型软件无线电系统结构如图 8 - 2 所示，包括物理模块（如射频模块、调制解调信号处理模块、协议处理模块等）、介质接入层、链路层及网络层处理等。各实体之间通过标准的 CORBA 传输机制进行通信，CORBA 可以运行在 TCP/IP 协议上，也可运行在其他协议上。

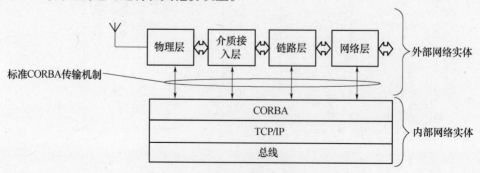

图 8 - 2　SCA 定义的典型软件无线电系统结构

SCA 采用面向对象形式的类结构对软件无线电系统硬件进行抽象,将硬件按功能划分为不同的类,这些类根据域特点定义通用的物理属性,适合于应用需求的硬件模块可作为通用模块,应用于不同的平台。SCA 定义的硬件模块基础类如图 8 –3 所示。

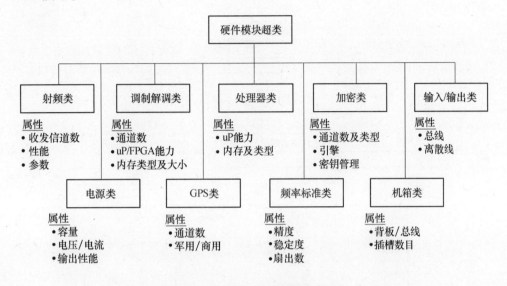

图 8 – 3 SCA 定义的硬件模块基础类

SCA 定义的硬件模块抽象第一层为硬件模块超类,第二层为第一层的派生,包括:

(1) 射频类:包含收发信道数、性能、参数等属性。

(2) 调制解调类:包含通道数、处理器/FPGA 能力,内存类型及大小等属性。

(3) 处理器类:包含处理器能力,内存类型及大小等属性。

(4) 加密类:包含通道数、加密引擎、密钥管理等属性。

(5) 输入/输出类:包含总线、离散线等属性。

(6) 电源类:包含容量、电压/电流、输出性能等属性。

(7) GPS 类:包含通道数、军用/商用等属性。

(8) 频率标准类:包含精度、稳定度、扇出数等属性。

(9) 机箱类:包含背板/总线、插槽数目等属性。

SCA 定义的硬件模块类结构可扩展,并定义了一个"设备"(Device)对象,由应用使用,作为软件代理,用于控制实际硬件设备。设备也是一种资源,继承资源对象,并可根据实际情况向下可派生,如派生调制解调设备、输入/输出设备、加密设备等。调制解调设备向下仍可派生,派生出调制解调适配设备、调制解调波形设备、调制解调波形射频适配设备等,如图 8 -4 所示。

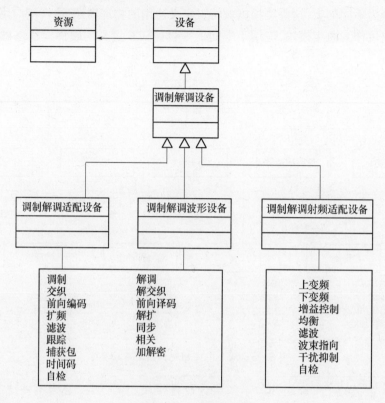

图 8-4　设备类派生

8.2　SCA 核心框架

通信中间件解决了模块化综合集成系统物理层及逻辑层之间的关联关系,构建了模块化综合集成系统分布式环境下多进程间复杂的逻辑通信通道关系,属于系统底层问题。而 SCA 核心框架为模块化综合集成系统设计提供了上层问题的另一种解决方案,包括应用构件设计、注册、测试、管理;硬件平台逻辑抽象设计、设备构件注册、测试、管理;应用/设备构件静态/动态部署、功能重构;新功能应用/设备构件自动化插入等问题。

SCA 核心框架负责解析由系统可视化建模工具生成的模型 XML 表征文件,并根据模型 XML 表征文件完成系统的自动配置及部署,生成指定的应用系统,如图 8 -5 所示。SCA 核心框架实际上是一组相互协作的类及运行对象,用于维护模块化综合集成系统各功能构件之间的相互关系,并具备根据特定需求生成特定系统的一组功能软件。

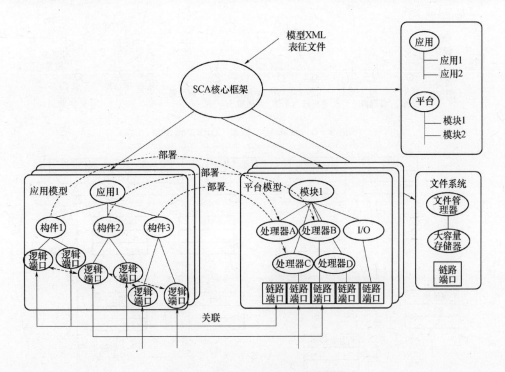

图 8-5　SCA 核心框架作用示意图

SCA 核心框架为系统及上层应用软件开发者提供基础软件及硬件抽象,它由一组开放式应用层软件接口及服务组成,包括应用(Application)、应用工厂(ApplicationFactory)、设备(Device)、设备管理器(DeviceManager)、复合设备(AggregateDevice)、文件(File)、文件管理器(FileManager)、文件系统(FileSystem)、生命周期(LifeCycle)、端口(Port)、属性集(PropertySet)、资源(Resource)、端口供应者(PortSupplier)、可测试对象(TestableObj)、可执行设备(ExecutableDevice)、可加载设备(LoadableDevice)等模块组成,各模块接口采用 CORBA IDL 描述,如图 8-6 所示。

SCA 核心框架各模块之间的继承关系如图 8-7 所示。

SCA 核心框架主要由以下四部分组成:

(1)应用接口。包括端口(Port)、生命周期(LiftCycle)、可测试对象(TestableObject)、属性集(PropertySet)、资源(Resource)接口,这些接口为所有软件应用使用,实现对原始软件的构件封装。

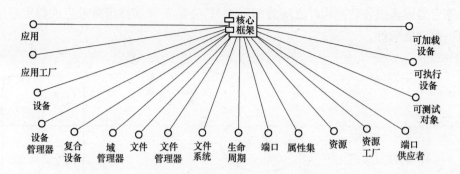

图 8-6　SCA 核心框架 CORBA 模块

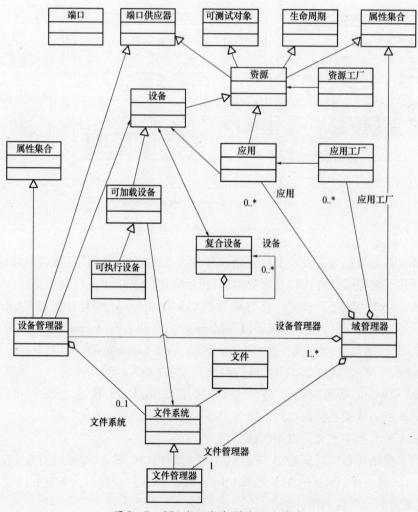

图 8-7　SCA 核心框架模块继承关系

204

(2) 框架控制接口。包括应用(Application)、应用工厂(AppilicationFactory)、域管理器(DomainManager)、设备(Device)、可执行设备(ExectableDevice)、复合设备(AggregateDevice)、设备管理器(DeviceManager)接口,完成对系统构件的控制。

(3) 框架服务接口。包括文件(File)、文件系统(FileSystem)、文件管理器(FileManager),定时器(Timer)接口,为系统提供服务。

(4) 域描述文件。由一组 XML 配置文件组成,描述系统中硬件设备属性(通过设备配置文件)及软件构件属性(通过软件配置文件)。域管理器通过使用这些文件提供的信息完成对系统的配置、重构、控制及管理功能。

SCA 核心框架通过这些接口及配置文件,为 IMA 系统软件构件的配置、管理、重构、互连及通信提供支持。其中,域管理器用于管理域内的应用、应用工厂、设备管理器及文件管理器。资源为应用构件提供端口连接、生命周期、测试和属性操作。资源分为两大类:一类为硬件平台提供抽象服务,如设备、可加载设备、可执行设备;一类为应用提供服务,如完成某数据链波形应用的具体网络层功能的网络资源(NetworkResouce)等。

8.2.1 应用接口

1) 端口(Port)接口

端口接口提供管理端口间的互联操作,其 UML 如图 8-8 所示。

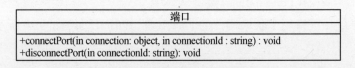

端口
+connectPort(in connection: object, in connectionId : string) : void
+disconnectPort(in connectionId: string): void

图 8-8　端口接口 UML 图

应用程序通过继承端口接口定义特定类型的端口,以进行构件间的数据传输及控制,并决定这些端口的特性和使用方式。构件间的端口连接方式在 SAD 域配置文件中描述,域管理器负责通过端口接口的操作建立所有的端口连接。

2) 生命周期(LiftCycle)接口

生命周期接口提供初始化及释放制定构件的数据或处理单元的基本操作,其UML 如图 8-9 所示。

205

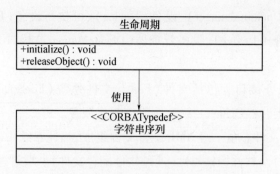

图 8-9　生命周期接口 UML 图

3）可测试对象(TestableObject)接口

可测试对象接口用于测试组件的实现,其 UML 如图 8-10 所示。

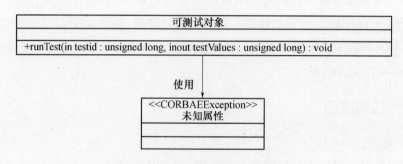

图 8-10　可测试对象接口 UML 图

4）端口供应器(PortSupplier)接口

端口供应器接口用于获取构件的 Port 对象,其 UML 如图 8-11 所示。

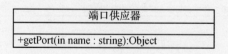

图 8-11　端口供应者接口 UML 图

5）属性集(PropertySet)接口

属性集接口用于对构件的属性进行配置及查询,其 UML 如图 8-12 所示。

6）资源(Resource)接口

资源接口为控制和配置构件提供公共的用户接口,其 UML 如图 8-13 所示。资源接口继承生命周期、属性集、可测试对象、端口供应器接口。

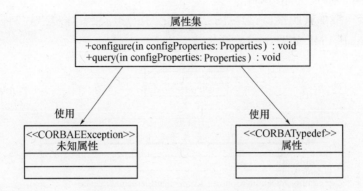

图 8 – 12　属性集接口 UML 图

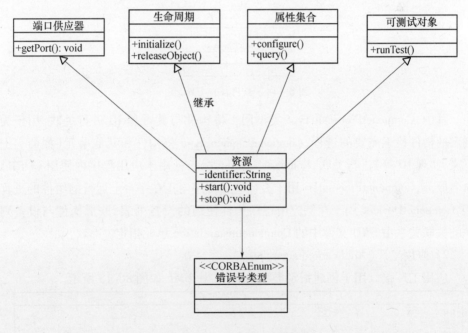

图 8 – 13　资源接口 UML 图

8.2.2　框架控制接口

框架的控制通过域管理器、设备和设备管理器接口来完成。域内的管理通过应用、应用工厂及域管理器接口来完成,通过这些接口管理域内所有的应用程序、设备、设备管理器的注册与注销,以及对应用程序的控制。

1）应用（Application）接口

应用接口继承资源接口，为域内已经例化的波形应用程序提供控制、配置和状态查询操作，其 UML 如图 8 – 14 所示。

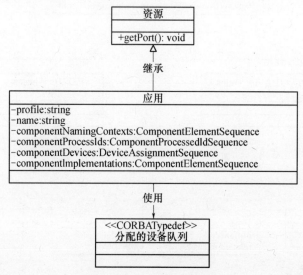

图 8 – 14　应用接口 UML 图

其中，ComponetProcessIdType 类型用于将构件与其进程 ID 进行关联，用于为制定的构件检索需要的进程，ComponetElementType 将构件和其他单元（如命名上下文，实现 ID 等）进行关联，ComponeNamingContexts 用于应用程序内使用 CORBA 命名服务，ComponetProcessIDs 用于表征应用程序内正在平台上运行的组件的进程 ID，ComponetDevices 用于存储应用程序构件使用的设备列表，波形构件与设备列表的关联关系由 SAD 文件中的 Componetinstantiation 单元指定。

2）应用工厂（ApplicationFactory）接口

应用工厂接口用于创建指定类型的应用，其 UML 如图 8 – 15 所示。

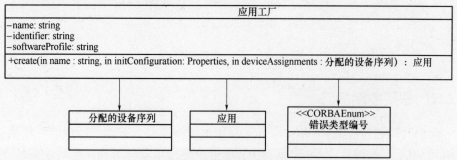

图 8 – 15　应用工厂接口 UML 图

一个应用由一个或多个构件组成,在 SAD 域配置文件中,每个构件都有相应的 SPD 指定加载及运行该构件所需的要求,如处理器类型、处理能力、内存需求等。应用工厂接口的 creat( )操作使用 SPD 中的 implementation 单元的信息定位加载和执行应用构件的设备,并根据 SAD 将应用构件间的端口互联(通过端口供应器接口的 GetPort( )获取端口,并以 SAD 中 connectinterface 单元的 ID 作为连接 ID)。

3)域管理器(DomainManager)接口

域管理器接口定义了控制和配置系统域的操作,该接口在逻辑上分为 3 类,即人机界面、注册和框架管理,其 UML 如图 8-16 所示。

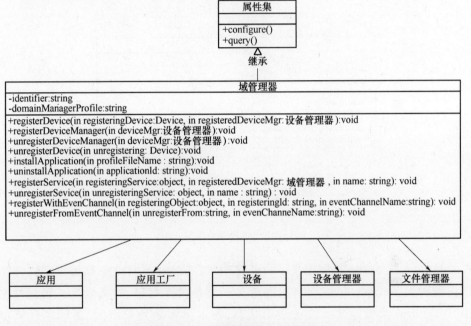

图 8-16　域管理器接口 UML 图

人机界面操作用来配置域、获取域所具有的能力以及发起域维护功能。

注册操作用于注册/注销设备管理器、设备、服务及应用,或者在运行时动态加载/卸载设备、服务及应用。

框架管理操作用于访问已注册的设备管理和文件管理。

其中,DeviceManagerSequence 类型用于存放所有已经注册到域管理器中的设备管理器。ApplicationSequence 类型用于存放所有已经运行的波形应用。RegisterDeviceManager( )操作用于注册设备管理器及其中的设备和服务,并完成 DCD 文件中 connection 单元中指定的所有连接关系的建立。RegisterDevice( )操作用于为指定的设备管理器注册设备到域管理器中。InstallApplication( )操作

209

用于安装新的应用软件。RegisterService( )操作用于将指定的服务注册到域管理器中。

4）设备（Device）接口

设备指系统中的逻辑设备,逻辑设备也是域内的一种资源,它满足资源接口要求,并为域内的逻辑设备定义了附加的性能和属性,是硬件设备的功能抽象,其 UML 如图 8 – 17所示。

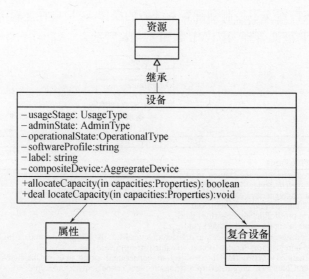

图 8 – 17　设备接口 UML 图

其中,AdminType 类型定义了设备管理状态类型,表明设备是处于允许还是禁止使用状态,OperationalType 类型定义了设备操作状态,表示设备是否正常工作,UsageType 类型定义了设备使用状态,表示设备是处于空闲、激活还是繁忙状态。

5）设备管理器（DeviceManager）接口

设备管理器接口用于对一系列逻辑设备和服务进行管理,其 UML 如图 8 – 18所示。

其中,Identifier 属性用于表示设备管理器的例化 ID,由 DCD 配置文件中的 deviceconfiguration 单元中的 ID 决定,文件系统属性标志是与该设备管理器相关联的文件系统,RegisterDevices 属性表示所有已向设备管理器注册的设备,RegisterServices 属性表示所有已向设备管理器注册的服务。

设备管理器在启动时将其自身注册到域管理器中,并根据 DCD 配置文件信息确定相关的配置服务,创建设备,并完成设备的配置及初始化工作。

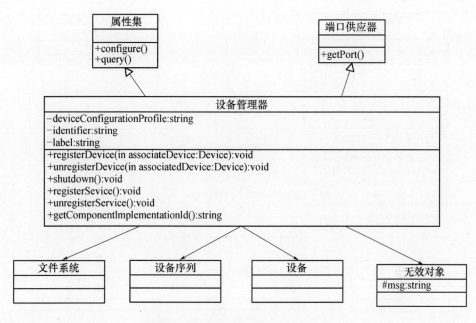

图 8 - 18　设备管理器接口 UML 图

8.2.3　框架服务接口

1）文件（File）接口

文件接口用于对框架文件系统中的文件进行操作，其 UML 如图 8 - 19 所示。

图 8 - 19　文件接口 UML 图

2）文件系统（FileSystem）接口

文件系统接口定义了远程访问一个物理文件系统的 CORBA 操作，其 UML 如图 8 - 20 所示。

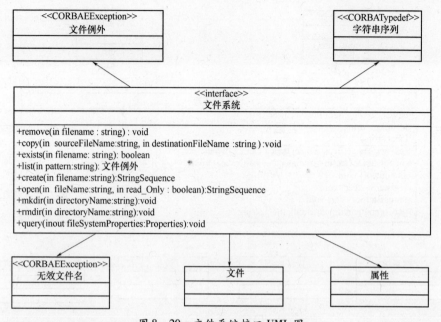

图 8-20 文件系统接口 UML 图

3）文件管理器（FileManager）接口

文件管理器接口定义了对多个分布式文件系统进行访问操作,通过安装（mount）及释放（unmount）操作将文件系统与挂接点相连,其 UML 如图 8-21 所示。

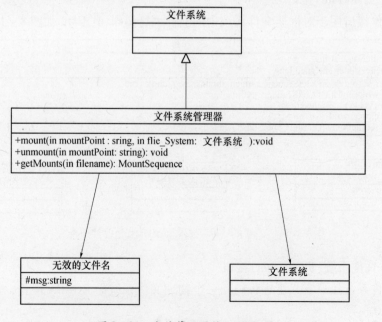

图 8-21 文件管理器接口 UML 图

8.2.4 域描述文件

SCA核心框架中各种软件构件或硬件平台通过一组XML文件来进行描述,称为域配置文件,这些XML域配置文件清楚地定义硬件设备和软件组件的信息和交付格式,包括构件的位置、标志、属性、性能及相互间的关系,域管理器通过这些XML配置文件来启动、初始化、运行、配置、重构及维护应用程序及硬件平台。域配置文件主要包括以下7种类型:

(1)域说明描述器(Profile Descriptor):为SAD、SPD或DCD实例提供完整的文档名,通过核心框架接口的"Profile"属性进行访问。

(2)软件装配描述器(Software Assembly Descriptor,SAD):描述应用程序各构件的装配逻辑和配置、连接信息。

(3)软件包描述器(Software Package Descriptor,SPD):确定一个软件构件的实现情况,如处理器类型、操作系统、执行代码类型和文件名等。

(4)软件构件描述器(Software Component Descriptor,SCD):描述CORBA软件构件提供和使用的接口信息。

(5)设备包描述器(Device Package Descriptor,DPD):描述硬件设备的有关信息。

(6)设备配置描述器(Device Configuration Descriptor,DCD):描述设备启动时初始化的设备构件和服务组件信息,以及设备构件之间的连接关系。

(7)属性描述文件(Properties Descriptor File,PRF):描述软件包或设备包的属性。

各文件之间的关系如图8-22所示。

(1)软件装配描述器(SAD)。软件装配描述器基于CORBA构件规范的构件装配描述规范,描述了应用的装配构件及这些构件之间的连接关系,其XML文件格式为

```
<! ELEMENT softareassembly
    (Description?
    componetfiles,
    partioning,
    assemblycontroller,
    connections?,
    externports?,
    ) >
```

213

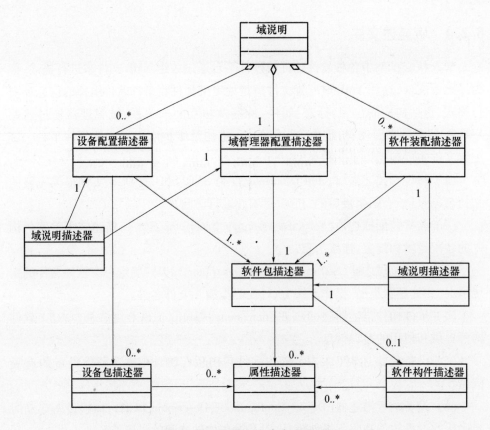

图 8-22　配置文件关系 UML 图

其中,componetfiles 单元用于描述一个装配包含的一个或多个构件文件,每个 componetfiles 单元指定一个本地 SPD 文件。Partioning 单元说明构件如何安装,哪些构件安装在哪些宿主上。Connections 单元说明构件之间的连接关系。整个 SAD 描述器关系如图8-23所示。

（2）软件包描述器(SPD)。SPD 是域管理器在基础框架中管理构件的基础,主要用于在部署构件时定义构件加载的实现信息。其 XML 文件格式为

```
<! Element softpkg
(title?,
author +,
desctipition?,
propertyfile?,
descriptor?,
implementation +,
usesdevice *
```

214

) >

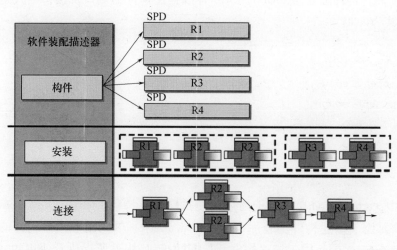

图 8-23 软件装配描述器

其中 descriptor 单元指向 SCD 文件,该文件描述了系统中构件信息,包括构件类型、消息通道及 IDL 接口等。Propertyfile 单元用于指定与软件包相关联的属性描述文件。Desctiption 单元用于描述软件包内所有构件的永久信息。Impletation 单元用于描述软件包内构件的某个具体实现模板信息,包括与该构件相关联的具体实现属性描述文件、具体实现代码文件、编程语言、编译器、处理器、构件之间、构件与设备之间的相互依赖关系等信息。整个 SPD 描述器关系如图 8-24 所示。

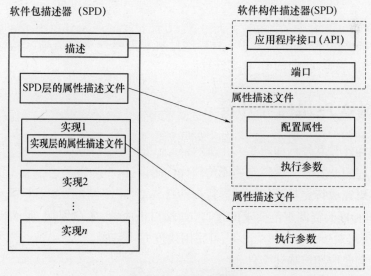

图 8-24 软件包描述

215

（3）软件构件描述器（SCD）。SCD 详细描述构件的端口及接口格式定义,其 XML 格式为

```
<! Element softwarecomponent
(corbaversion,
componentrepid,
componentretype,
componentfeature,
interface,
propertyfile?
) >
```

其中,corbaversion 单元用于描述所发布构件支持的 CORBA 版本,componentrepid 单元用于描述构件的仓库 ID,componentretype 单元用于描述构件的类型,componentfeature 单元用于描述构件所支持的接口、构件所提供及使用的 port,interface 用于标志构件所支持的 IDL 接口。

（4）设备包描述器（DPD）。设备描述器用于描述硬件设备的注册属性,其 XML 格式为

```
<! Element devicepkg
(title?,
author +,
description?,
hwdeviceregistration
) >
```

其中,hwdeviceregistration 单元提供硬件设备的具体设备信息,包括指定的属性文件、硬件类型、指向的 DCD 文件等。

8.3 SCA 应用构件开发

应用构件开发过程如图 8 - 25 所示,分为以下 4 个步骤:

（1）应用开发者完成特定功能的软件代码设计。

（2）对完成特定功能的软件进行构件封装,封装过程如图 8 - 26 所示,实现满足 SCA 核心框架资源规范要求的接口（如端口供应器、生命周期、属性集、可测试对象、资源）,对于非 CORBA 设备,可采用代理方式完成。

（3）创建应用域描述文件。

（4）根据域描述文件,对应用进行安装部署及测试。

216

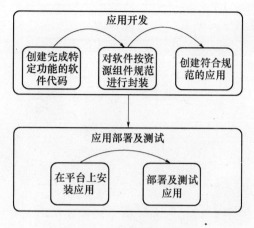

图 8 – 25　应用构件开发过程

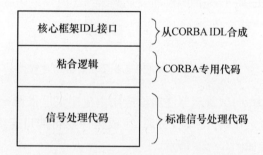

图 8 – 26　软件构件封装过程

8.4　SCA 系统启动过程

SCA 系统启动过程包括以下步骤：

（1）启动域管理器，域管理器负责应用的创建及控制。一旦域管理器被创建，则向 CORBA 命名服务器、事件服务器注册，并创建自己的文件系统，如图 8 – 27 所示。

（2）创建设备管理器，并向域管理器注册。系统内可以有多个设备管理器，每个设备管理器根据 DCD XML 配置文件要求管理多个逻辑设备及服务，在图 8 – 27 中，设备管理器 1、设备管理器 2 向域管理器注册，逻辑设备 1、逻辑设备 2、逻辑设备 3、逻辑设备 4 由设备管理器 1 管理，逻辑设备 5、逻辑设备 6 由设备管理器 2 管理。

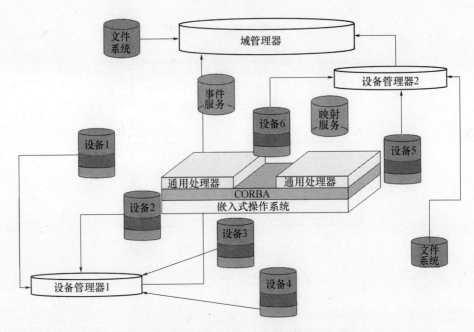

图 8-27　域管理器、设备管理器启动过程

（3）安装应用,并向域管理器注册。应用由应用工厂根据 SAD XML 装配描述文件创建,同时负责定位/分配设备资源,完成构件逻辑端口连接,构件到逻辑、物理硬件资源的映射,如图 8-28 所示。

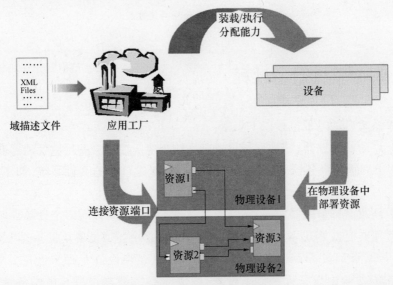

图 8-28　应用安装示意图

启动一个应用线程的 UML 序列图如图 8 - 29 所示。

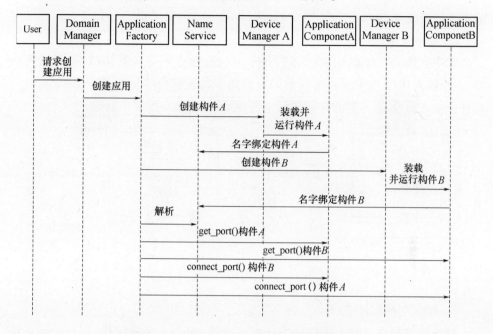

图 8 - 29　启动一个应用线程的 UML 序列图

8.5　SCA 设计实例

下面以 Zeligsoft 公司 CE 开发环境为例说明 SCA 系统开发过程。我们创建了一个 WaveTransAPP 应用,该应用由一个波形输入(InputWave)构件、一个频率变换构件(FreqTrans)、一个幅度变换构件(ScopeTrans)和一个装配构件(AssemblyTrans)组成。波形输入构件输出一个 wave1 正弦波,作为频率变换构件的输入,经过周期变换输出 wave2,周期是原来的 2 倍;wave2 作为幅度变换构件的输入,经过幅度变换输出 wave3,幅度变为 2 倍。

8.5.1　应用建模

首先对 WaveTransAPP 应用的波形输入、频率变换、幅度变换和装配 4 个构件进行建模。

1)波形输入构件

波形输入构件产生一个正弦波信号,并将此信号输出。该构件包括一个资源接口和一个输出接口,如图 8 – 30 所示。资源用于与装配构件相连,输出接口用于输出正弦波信号。

2) 频率变换构件

频率变换构件对输入的信号进行频率变换,包含一个资源接口、一个输入接口、一个输出接口,如图 8 – 31 所示。资源用于与装配构件相连,输入接口从上一构件中输入信号,在本构件中完成频率变换后,通过输出端口中输出。

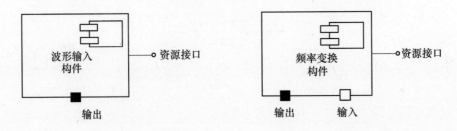

图 8 – 30 波形输入构件   图 8 – 31 频率变换构件

3) 幅度变换构件

幅度变换构件对输入的信号进行幅度变换,包含一个资源接口、一个输入接口,如图 8 – 32 所示。资源接口用于与装配构件相连,输入接口从上一构件中输入信号,在本构件中完成幅度变换后显示波形。

4) 装配构件

装配构件完成对应用构件的装配,并与域管理器和设备管理器配合将应用构件加载到指定的设备上,如图 8 – 33 所示。

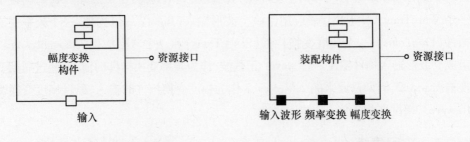

图 8 – 32 幅度变换构件   图 8 – 33 装配构件

在对应用构件建模后,应对 WaveTransAPP 应用进行装配建模,如图 8 – 34 所示。WaveTransAPP 应用包括波形输入、频率变换、幅度变换和装配 4 个构件,其中装配构件通过资源接口对其他 3 个构件进行资源控制管理。

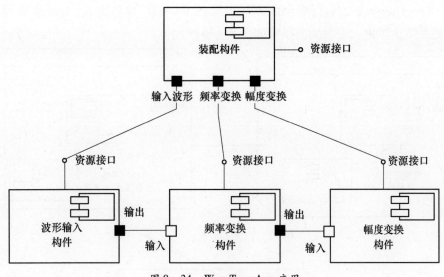

图 8 - 34   WaveTransApp 应用

8.5.2 平台建模

在完成 WaveTransAPP 的应用建模后,对 WaveTransAPP 的运行平台进行建模。WaveTransAPP 的运行平台由 3 块相同的 PowerPC 模块组成。

首先对 PowerPC 模块节点进行建模。由于 3 个 PowerPC 模块硬件结构相同,故抽象为统一的 GPP 设备,Dependency 设为 OS:VxWorks5.5.1,Processor:PPC7447。每个节点由一个可执行的 GPP 设备和一个设备管理器组成,逻辑抽象如图 8 - 35 所示。

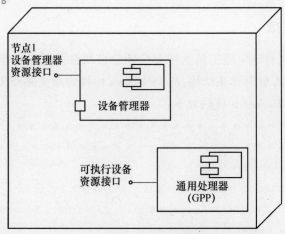

图 8 - 35 节点建模

221

WaveTransAPP 的运行平台由 3 块相同的 PowerPC 模块组成,对平台进行建模,包括 3 个节点。平台抽象模型如图 8 - 36 所示。

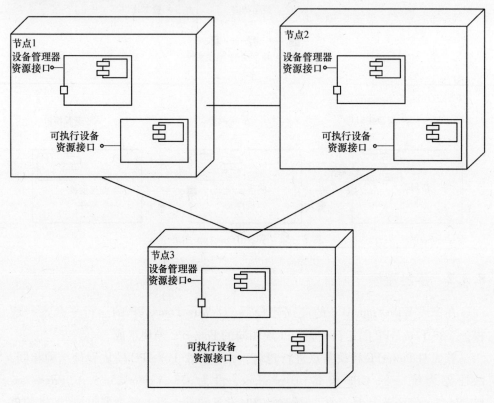

图 8 - 36　平台抽象模型

8.5.3　代码生成

采用 CE 代码自动生成工具为所有应用软件构件及所有设备自动生成代码,为更好的理解 SCA 软件体系结构,将 FreqTrans 构件的相关部分代码展示如下:

zceFreqTransWorker. h 代码如下:

```
//* * * * * * * * * * * * * * * * * * * * * * * * * * * * * * * * *
* * * * * * * * * * * * * * * * * * * * * * * * * * * * * * * * *
//Restricted Rights
//WARNING: This is a restricted distribution Zeligsoft file.
//Copyright (C) 2006 Zeligsoft Inc. - All Rights Reserved
//    FILE: zceFreqTransWorker.h
//* * * * * * * * * * * * * * * * * * * * * * * * * * * * * * * * *
```

```
* * * * * * * * * * * * * * * * * * * * * * * * * * * * * * * * * *

ifndef __ ZCEFREQTRANSWORKER _ H
define __ ZCEFREQTRANSWORKER _ H

#include < iostream >
#include < iomanip >
#include < stdio.h >
#include < string >

#include "PortTypes.h"
#include "zceOperatingEnvironment.h"
#include "zceFreqTransServant.h"
#include "zceChannelApplication _ FreqTransPortHandler.h"
#include "zceChannelApplication _ ScopeTransUsesPort.h"

#ifdef __ cplusplus
extern "C" void channel(double T,double h,double mT,double mh);
extern double gT ;
extern double gh ;
#else
void channel(double T,double h,double mT,double mh);
extern double gT ;
extern double gh ;
#endif
class zceFreqTransWorker :
            public zceChannelApplication _ FreqTransPortHandler
    {
        public:
            zceFreqTransWorker ( zceFreqTransServant *pServant,
const FreqTrans _ params& execParams , zceChannelApplication _
ScopeTransUsesPort& outport ZCE _ EXC _ ENV _ ARG );
            virtual ~zceFreqTransWorker();
            void    setoutport ( zceChannelApplication _
ScopeTransUsesPort& outport );
            void initExecParams( const FreqTrans _ params& params ZCE
```

```
_ EXC _ ENV _ ARG);
                        /*!      \brief
                        *        Describe operation here.
                        *        \throw ::CF::LifeCycle::InitializeError
                        * /
                virtual void CF _ LifeCycle _ initialize( int portIdenti-
fier ZCE _ EXC _ ENV _ ARG );
                        /*!      \brief
                        *        Describe operation here.
                        *        \throw ::CF::LifeCycle::ReleaseError
                        * /
                virtual    void    CF _ LifeCycle _ releaseObject(    int
   portIdentifier ZCE _ EXC _ ENV _ ARG );
                        /*!
                        * \brief The start operation is provided to command
a Resource
                        * implementing this interface to start internal pro-
cessing.
                        * Specification reference: 3.1.3.1.6.5.2
                        * The start operation puts the Resource in an operating
condition.
                        * \return This operation does not return a value.
                        * \throw StartError The start operation shall raise the
StartError
                        * exception if * an error occurs while starting the re-
source.
                        * /
                virtual void CF _ Resource _ start ( int portIdentifier
ZCE _ EXC _ ENV _ ARG );
                        /*!
                        * \brief The stop operation is provided to command a
Resource implementing
                        * this interface to stop internal processing.
                        * Specification reference: 3.1.3.1.6.5.1
                        * The stop operation shall disable all current opera-
tions and put the
```

224

```
                    * Resource in a non - operating condition. Subsequent
configure, query, and * start operations are not inhibited by the sto Pop-
eration.
                    * \return This operation does not return a value.
                    * \throw StopError The stop operation shall raise the
StopError exception
                    * if anerror occurs while stopping the resource.
                    * /
                    virtual void CF _ Resource _ stop ( int portIdentifier
ZCE _ EXC _ ENV _ ARG );
                    /* !      \brief
                    *        Describe operation here.
                    *        \param scope ( double )
                    *        \param period ( double )
                    *        \param mutiple ( double )
                    * /
                    virtual    void    ChannelApplication _ FreqTrans _
FreqTrans _ method (    int portIdentifier, CORBA::Double& scope, CORBA::
Double& period, CORBA::Double& mutiple ZCE _ EXC _ ENV _ ARG );
                    #if defined( DEBUG _ MSGS)
                    void setDebugStream( const std::ostream& stream);
                    void debugMsg( const std::string&);
                    #endif
                    CORBA::Double period _;
                    CORBA::Double scope _;
            private:
                    zceChannelApplication   _   ScopeTransUsesPort   *
outport _;
                    FreqTrans _ params execParams _;
                    zceFreqTransServant * pServant _;
                    #if defined( DEBUG _ MSGS)
                    std::ostream debug _;
                    #endif
};
#endif    // _ ZCEFREQTRANSWORKER _ H
// End - Of - File
```

225

//- -
- -

zceFreqTransWorker. cpp 代码如下：

```
zceFreqTransWorker::zceFreqTransWorker(      zceFreqTransServant      *pS-
ervant,   const FreqTrans_params&   execParams,   zceChannelApplica-
tion_ScopeTransUsesPort*     outport ZCE_EXC_ENV_ARG ):
        outport_(outport)
        #if defined(DEBUG_MSGS)
          debug_(0),
        #endif
{
        ZCE_ASSERT_EXCEPTION_VOID;
        #if defined(DEBUG_MSGS)
        debug_.rdbuf(std::cout.rdbuf());
        #endif
        pServant_ = pServant;
        initExecParams(execParams ZCE_EXC_ENV_PARAM );
        //TODO : Implement constructor for zceFreqTransWorker
}
zceFreqTransWorker::~zceFreqTransWorker()
{
        //TODO : Implement destructor for zceFreqTransWorker
}
void zceFreqTransWorker::initExecParams( const FreqTrans_params& params
ZCE_EXC_ENV_ARG)
{
        ZCE_ASSERT_EXCEPTION_VOID;
        execParams_.NAMING_CONTEXT_IOR = params.NAMING_CONTEXT_IOR;
        execParams_.NAME_BINDING = params.NAME_BINDING;
        execParams_.COMPONENT_IDENTIFIER = params.COMPONENT_IDENTI-
FIER;
        //TODO: perform some action based on these exec parameters
}
/*
 *    \throw ::CF::LifeCycle::InitializeError
```

226

```
*/
void zceFreqTransWorker::CF_LifeCycle_initialize( int portIdentifier
ZCE_EXC_ENV_ARG )
{

        ZCE_ASSERT_EXCEPTION_VOID;

}
/*!    \brief
*    Describe operation here.
*    \throw ::CF::LifeCycle::ReleaseError
*/
void zceFreqTransWorker::CF_LifeCycle_releaseObject( int portIdentifi-
er ZCE_EXC_ENV_ARG )
{

        ZCE_ASSERT_EXCEPTION_VOID;

}
/*!
* \brief The start operation is provided to command a Resource implemen-
ting this
* interface to start internal processing.
* Specification reference: 3.1.3.1.6.5.2
* The start operation puts the Resource in an operating condition.
* \return This operation does not return a value.
* \throw StartError The start operation shall raise the StartError excep-
tion if
* an error occurs while starting the resource.
*/
void zceFreqTransWorker::CF_Resource_start( int portIdentifier ZCE_EXC
_ENV_ARG )
{

        ZCE_ASSERT_EXCEPTION_VOID;
                CORBA::Double T = 2.00000;
                outport_- >ScopeTrans_method( scope_,period_, T);

}
/*!
* \brief The sto Poperation is provided to command a Resource implementing
this
```

```
*  interface to sto Pinternal processing.
*  Specification reference:3.1.3.1.6.5.1
*  The sto Poperation shall disable all current operations and put the Re-
source in
*  a non-operating condition. Subsequent configure, query, and start oper-
ations
*  are not inhibited by the stop operation.
*  \return This operation does not return a value.
*  \throw StopError The sto Poperation shall raise the StopError exception
if an
*  error occurs while stopping the resource.
*/
void zceFreqTransWorker::CF _ Resource _ stop( int portIdentifier ZCE _ EXC
_ ENV _ ARG )
{

      ZCE _ ASSERT _ EXCEPTION _ VOID;

}
/*!    \brief
*     Describe operation here.
*     \param scope ( double )
*     \param period ( double )
*     \param mutiple ( double )
*/
void      zceFreqTransWorker::ChannelApplication _ FreqTrans _ FreqTrans _
method(     int portIdentifier, CORBA::Double& scope, CORBA::Double& pe-
riod, CORBA::Double& mutiple ZCE _ EXC _ ENV _ ARG )
{

      ZCE _ ASSERT _ EXCEPTION _ VOID;
      printf(" \nFreqTrans:Input wave......\n");
      channel(period,scope,1.00000,1.00000);
      period = period * mutiple;
      printf("FreqTrans:周期变为原来的 % f 倍\n",mutiple);
      channel(period,scope,1.00000,1.00000);
      period _ = period;
      scope _ = scope;

}
void zceFreqTransWorker::setoutport( zceChannelApplication _
ScopeTransUsesPort& outport )
```

```
{
    outport_ = &outport;
}
#if defined(DEBUG_MSGS)
void zceFreqTransWorker::setDebugStream(const std::ostream& stream)
{
    debug_.rdbuf(stream.rdbuf());
}
void zceFreqTransWorker::debugMsg(const std::string& msg)
{
    if(debug_! = NULL)
    {
        debug_ << msg << std::endl;
    }
}
#endif
//End-Of-File
//- - - - - - - - - - - - - - - - - - - - - - - - - - - - - - - - - - - - - -
- - - - - - - - - - - - - - - - - - - - - - - - - - - - - - - - - - - -
```

8.5.4 域描述文件

1）WaveTransApp 应用的域描述文件

由 CE 的自动 XML 生成功能自动生成 WaveTransApp 应用的相关域描述文件，包括构件 AssemblyTrans、InputWave、FreqTrans 和 ScopeTrans 的 scd 和 spd 文件以及 WaveTransApp. sad. xml，如图 8 – 37 所示。

名称 ▲	大小	类型
AssemblyTrans.scd.xml	2 KB	XML Document
AssemblyTrans.spd.xml	1 KB	XML Document
FreqTrans.scd.xml	2 KB	XML Document
FreqTrans.spd.xml	1 KB	XML Document
InputWave.scd.xml	2 KB	XML Document
InputWave.spd.xml	1 KB	XML Document
ScopeTrans.scd.xml	2 KB	XML Document
ScopeTrans.spd.xml	1 KB	XML Document
WaveTransApp.sad.xml	7 KB	XML Document

图 8 – 37 WaveTransApp 应用的域文件清单

其中 FreqTrans. spd. xml 的内容如下：

```
<? xml version = "1.0" encoding = "us -ascii"? >
<! DOCTYPE softpkg SYSTEM "softpkg.dtd" >
<! --
      Generated by Zeligsoft Component Enabler 2.4.6
      http://www.zeligsoft.com
- ->
< softpkg      id = "DCE:1a8cd872 -b5a5 -40d4 -a5b6 -6189fca0ff86"
 name = "FreqTrans" type = "sca _ compliant" version = "" >
      <title />
      <author />
      <descriptor name = "" >
           <localfile name = "FreqTrans.scd.xml" />
      </descriptor >
      <! - -[Implementation FreqTransImplementation1] - - >
      <implementation                    id = "DCE:88acfbf9 -2113 -
477e -8369 -e2cc7fa30428" aepcompliance = "aep _ compliant" >
           <code type = "Executable" >
                <localfile name = "FreqTransImplementation1.out" />
                 <entrypoint > FreqTransImplementation1.out </entry-
point >
           </code >
           <os name = "VxWorks" version = "5.5.1" />
           <processor name = "PPC" />
      </implementation >
  </softpkg >
```

FreqTrans. scd. xml 的内容如下：

```
<? xml version = "1.0" encoding = "us -ascii"? >
<! DOCTYPE softwarecomponent SYSTEM "softwarecomponent.dtd" >
<! --
      Generated by Zeligsoft Component Enabler 2.4.6
      http://www.zeligsoft.com
- ->
<softwarecomponent >
      <corbaversion >2.2 </corbaversion >
```

230

```
< componentrepid repid = "IDL:CF/Resource:1.0" />
< componenttype > resource < /componenttype >
< componentfeatures >
        < supportsinterface repid = "IDL:CF/Resource:1.0" supports-
name = "Resource" />
        < supportsinterface repid = " IDL:CF/PropertySet:1.0 " sup-
portsname = "PropertySet" />
        < supportsinterface repid = "IDL:CF/PortSupplier:1.0" sup-
portsname = "PortSupplier" />
        < supportsinterface repid = " IDL:CF/LifeCycle:1.0 " sup-
portsname = "LifeCycle" />
        < supportsinterface            repid = " IDL:CF/TestableOb-
ject:1.0" supportsname = "TestableObject" />
        < ports >
        < provides repid = "IDL:ChannelApplication/FreqTrans:1.0"
providesname = "inport" >
            < porttype type = "data" />
        < /provides >
        < uses repid = "IDL:ChannelApplication/ScopeTrans:1.0" us-
esname = "outport" >
            < porttype type = "data" />
        < /uses >
    < /ports >
 < /componentfeatures >
 < interfaces >
    < interface repid = " IDL:ChannelApplication/FreqTrans:1.0 "
name = "FreqTrans" />
        < interface repid = "IDL:CF/Resource:1.0" name = "Resource" >
        <! - -[Inherited interface IDL:CF/PropertySet:1.0] - - >
        < inheritsinterface repid = "IDL:CF/PropertySet:1.0" />
        <! - -[Inherited interface IDL:CF/PortSupplier:1.0] - - >
        < inheritsinterface repid = "IDL:CF/PortSupplier:1.0" />
        <! - -[Inherited interface IDL:CF/LifeCycle:1.0] - - >
        < inheritsinterface repid = "IDL:CF/LifeCycle:1.0" />
        <! - -[Inherited interface IDL:CF/TestableObject:1.0] -
- >
```

231

```xml
            < inheritsinterface repid = "IDL:CF/TestableObject:1.0" />
        < /interface >
        < interface repid = " IDL:ChannelApplication/ScopeTrans:1.0 "
name = "ScopeTrans" />
        < /interfaces >
    < /softwarecomponent >
```

2）platform 平台的域描述文件

由 CE 的自动 XML 生成功能自动生成 WaveTransApp 运行平台的域描述文件，包括设备 GPP 和设备管理器 Device Manager 的 scd 和 spd 文件以及 3 个节点的 dcd 文件，如图 8 - 38 所示。

名称 ▲	大小	类型
DeviceManager.scd.xml	3 KB	XML Document
DeviceManager.spd.xml	1 KB	XML Document
GPP.scd.xml	3 KB	XML Document
GPP.spd.xml	1 KB	XML Document
GPPPackage.prf.xml	1 KB	XML Document
Node1.dcd.xml	2 KB	XML Document
Node2.dcd.xml	2 KB	XML Document
Node3.dcd.xml	2 KB	XML Document

图 8 - 38   platform 平台的域文件清单

其中 Node1. dcd. xml 的内容如下：

```xml
<? xml version = "1.0" encoding = "us - ascii"? >
<! DOCTYPE deviceconfiguration SYSTEM "deviceconfiguration.dtd" >
<! - -
    Generated by Zeligsoft Component Enabler 2.4.6
    http://www.zeligsoft.com
- - >
< deviceconfiguration id = " DCE:716cd0a0 - 64e1 - 43e5 - ba86 -
a8175e34d358" name = "Node1" >
    < devicemanagersoftpkg >
        < localfile name = "DeviceManager.spd.xml" />
    < /devicemanagersoftpkg >
    < componentfiles >
        <! - -Device and Core Framework Definitions - - >
        < componentfile           id = "GPPFile _ 257bcf7f - 9c90 - 4d2c -
a88c - fab35cd3015a" type = "Software Package Descriptor" >
```

```
        <localfile name = "GPP.spd.xml" />
    </componentfile >
  </componentfiles >
  <partitioning >
    <componentplacement >
        <componentfileref refid = "GPPFile _ 257bcf7f - 9c90 - 4d2c -
a88c - fab35cd3015a" />
        <! - -[Component gpp1] - - >
        < componentinstantiation id = "DCE:68255ee1 - 88c7 - 431c -
bc45 - 2cf18fbf29b3 " >
            <usagename > gpp1 < /usagename >
        < /componentinstantiation >
    < /componentplacement >
  < /partitioning >
  <connections />
  <domainmanager >
    < namingservice name = "DomainName1 /DomainManager" />
  < /domainmanager >
< /deviceconfiguration >
```

8.5.5　应用动态部署

在完成应用及平台建模,生成域描述文件后,可将应用部署在平台上。应用到平台的部署由两个条件决定:一是应用构件所需的运行条件;二是平台设备能够提供的条件。CE 能自动匹配这两个条件,并提供手动更改部署。

我们创建了两个部署情况,WaveTransApp 部署方式 1 及 WaveTransApp 部署方式2,如图 8 -39 所示。在 WaveTransApp 部署方式 1 中,WaveTransApp 所有软件构件,包括 AssemblyTrans、InputWave、FreqTrans、ScopeTrans 都部署在节点 1 上,节点 2、3 未部署应用构件。在 WaveTransApp 部署方式 2 中,WaveTransApp 软件构件,分别部署在节点 1、2、3 上,其中 AssemblyTrans、InputWave 部署在节点 1 上,FreqTrans 部署在节点 2 上,ScopeTrans 部署在节点 3 上。

软件通信体系结构为模块化综合集成系统定义了一套标准的系统核心框架,该核心框架构建在 CORBA 上,为系统提供了从软硬件抽象、构件间通信、应用功能波形加载、动态部署、运行、互操作等一系列系统集成技术解决方案,采用该技术将使系统更加标准、开放。

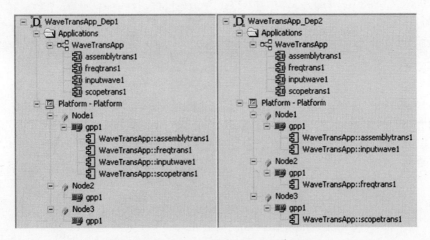

图 8 - 39 WaveTransApp 的两种部署方式

参 考 文 献

[1] JTRS JPEO. Software Communication Architecture Specification, JTRS - 5000SCA V3. 0, Aug, 2004.

[2] JTRS JPEO. Joint Tactical Radio System (JTRS) Standard Modem Hardware Abstraction Layer Application Program Interface (API) ,2007.

[3] Raytheon Corp. SCA Developer's Guide, 2002.

[4] Kiel C. Joint Jactical Radio System (JTRS) and Software Communication Architecture (SCA), BAE Systems, 2001.

[5] Bernier S, et al. Tacking the SCA to new Froniters, CRC.

[6] Kosmicki M, Pearce S. Digital Processing Pool for JTRS SDR: In - Mission Flexibility and Efficient Technology Insertion. IEEE MILCOM, Monterey, Calif. , 2004.

[7] Pucker L, Holt G. Spectrum Signal Processing, Inc. , Extending the SCA Core Framework inside the Modem Architecture of a SCA. IEEE Radio Communications , March 2004.

[8] Zhang Y, et al. Strategies and Insights into SCA - Compliant Waveform Application Development, MITRE Corporation.

[9] Hogg J, et al. Generation of SCA Domain Profile Descriptors from UML2. 0 Models. Software Define Radio Forum, 2004.

[10] PrismTech Corporation, CORBA on DSPs, FPGAs and microcontrollers - synthesizing a ubiquitous "SCA machine" in software radio devices, Real - time and Embedded Systems Workshop, 2005.

[11] Hogg J, Communicating SCA Architecture by Visualizing SCA Connections, 2006. http://www. zeligsoft. com/ Technology/Resources. asp.

[12] Ryser P. A Framework for a TV Broadcast Receiver, Embedded System Conference San Francisco, 2005.

[13] Brown A, el al. Implementing a GPS Waveform Under the SCA. Proceedings of SDR Forum, Orlando, Nov. 2006.

[14] Zhang Y, et al. Stratigies and Insights into SCA – Compliant Waveform Application Development. Military Communications Conference, IEEE, 2006: 1 – 7.

[15] CRC Inc. Software Communications Architecture v2.2 Reference Implementation Project, 2005.

[16] John Hogg, Francis Bordeleau. SCA Deployment Management: Bridging the Gap in SCA Development, Zeligsoft Inc. 2006.

[17] Hermeling M, John Hogg, Francis Bordeleau. Developing SCA Compliant Systems, 2005, http://www.zeligsoft.com/Technology/Resources.asp.

[18] Hermeling M, John Hogg, Francis Bordeleau. Component Enabler Best Practices: SCA, 2005, http://www.zeligsoft.com/Technology/Resources.asp.

[19] Jeff Smith, et al. Software communication architecture: Evolution and status update, Military EMBEDDED SyStEMS, 2005.

[20] Lee Pucker. Applicability of the JTRS Software Communications Architecture in Advanced MilSatcom Terminals, IEEE MILCOM, 2003: 533 – 537.

第9章 系统管理

模块化综合集成系统将在模块级上对系统进行统一考虑,将多个应用功能集成在一个开放式的体系结构下。应用及系统功能建立在开放式标准基础之上,不依赖于底层技术或硬件结构,这种系统的典型特征包括以下几点:

(1) 应用可移植性。应用功能可以在不同硬件平台上移植,这种特性实际上是由技术透明性支持的。

(2) 技术透明性。技术透明性包括硬件独立性、网络独立性及软件独立性。硬件独立性可在将来硬件部件过时,允许硬件独立更新、替换,从而方便地实现系统升级。网络独立性允许将来系统网络可独立升级。

(3) 系统可伸缩性。系统可根据不同的系统规模及任务模式,支持对应用功能的裁剪,支持对系统将来的扩展。这种系统伸缩能力实际上也是由技术透明性支持的,尤其是硬件独立性及网络独立性。

(4) 系统可重构性。根据系统的工作模式,实现对系统的重配置,可以减少对硬件资源的需求。同时,还可以在系统出现故障时,对故障进行重构,从而提高系统的可靠性。

(5) 故障容忍性。故障容忍性有助于提高系统的可靠性,这实际上是由系统可重构能力支持的。

模块化综合集成系统的这些典型特征,为系统带来了巨大的利益,提升了系统性能、降低了系统全生命周期成本、减小了系统体积、提高了系统可靠性,但也使得系统具有极其复杂的体系结构及关联关系,这导致对模块化综合集成系统的管理异常复杂。

模块化综合集成系统体系结构及特点还带来了系统配置问题。模块化综合集成系统支持多种工作模式,存在多种逻辑系统,为支持系统的长期的可升级能力,逻辑系统与真实系统完全隔离,通过映射的方法将逻辑系统映射到真实的物理系统中,这种映射过程称为模块化综合集成系统的配置。随着系统规模的不断增大,这种配置映射过程也将变得越来越复杂。

本章主要描述对模块化综合集成系统的系统管理技术。

9.1 系统管理需求分析

9.1.1 需求分析

需求分析主要对系统工程必须实现的功能、场景及其边界条件进行分析。模块化综合集成系统管理负责系统从上电启动到关机的全状态系统过程管理,根据对系统域进行分析,其主要完成功能包括以下几点:

（1）根据操作员请求或功能应用需求,控制系统任务模式选择。

（2）为勤务人员提供集成测试及维护能力,以便他们能确定系统状态,并进行系统维护。

（3）系统健康状态检测功能。

（4）系统应用管理功能。

（5）系统故障识别、屏蔽、定位功能。

（6）系统配置管理功能。

（7）为功能应用提供安全保密相关服务。

（8）系统日志记录功能。

模块化综合集成系统的系统管理功能如图9-1所示。

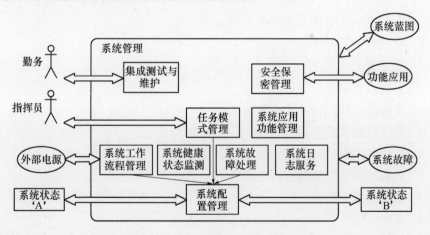

图9-1 IMA系统管理功能视图

首先,系统管理能为勤务人员提供对系统的集成测试与维护能力。IMA系统将多个硬件模块综合集成在一个机箱内,不同的模块组合在一起完成特定的应用功能。通常要求在无需外部仪器设备辅助的情况下,系统提供的集成测试与维护能力应能够将故障隔离到单一 LRM 模块上。同时，还需为勤务人员提供良好的监测维护信息用户界面，典型的系统维护监测信息应包括应用功能状态列表、模块状态列表、端口（接口）状态列表等。

其次，系统管理能够根据指挥员或任务计划，对系统任务模式进行管理，并根据当前系统的任务模式，对系统进行配置管理。

系统管理能够实时在线的对系统健康状态进行监测，并能对故障进行滤波、识别、屏蔽、定位等处理。

系统能够对故障情况进行分析、决策，根据系统预定的系统蓝图信息对系统进行重配。在整个系统重配过程中，从系统稳定状态'A'转移到稳定状态'B'，系统管理应维持对系统的控制。在系统状态转移过程中，导致系统状态发生转移的事件及接下来应采取的行动都应在系统设计时预先分析及定义，并记录在系统蓝图中。

系统管理还应为系统提供从上电开机初始化到系统关机的全状态工作流程管理，为系统应用功能提供应用管理，为应用功能提供安全保密管理，为系统相关模块提供日志服务管理等。

9.1.2 模块化综合集成系统运行场景分析

典型的模块化综合集成系统运行场景用例如下所示，其中扩展场景为正常场景的分支，如 2.a、2.b 为正常场景 2 的两个分支。

（一）正常运行场景：

1. 系统上电；

2. 系统启动上电自检；

3. 系统按默认配置方式配置系统；

4. 系统按默认配置运行；

5. 指挥员（或任务规划系统）改变系统工作模式；

6. 系统按新的配置重构系统；

7. 系统按新的配置运行；

8. 系统下电。

正常运行的扩展场景：

2.a 系统上电自检报故，系统处于非紧急状态，对故障进行排查；

2.b 系统上电自检报故，系统处于紧急状态，启动强制重构，重构系统，屏蔽故障，系统转入正常运行方式；

3.a 系统不能按默认配置方式配置系统，向上级报故，根据 2.a 或 2.b 运行；

4.a 系统正常运行时,检测到故障,启动故障处理功能,并根据当前系统工作模式及资源情况,重构系统,屏蔽故障或降级工作,同时向上级报故;

6.a 系统不能按新的方式配置系统,启动故障处理功能,并根据当前系统工作模式及资源情况,重构系统,屏蔽故障或降级工作,同时向上级报故。

(二)测试维护运行场景:

1. 系统上电;

2. 系统启动上电自检;

3. 按默认方式配置系统;

4. 系统按默认配置运行;

5. 勤务人员对系统进行测试维护;

6. 系统根据测试预案对系统进行重构,启动强制自检测试,并上报测试结果;

7. 勤务人员终止对系统的测试;

8. 系统按默认配置方式配置系统,系统按默认配置方式运行;

9. 系统下电。

9.2 系统管理对象设计

9.2.1 IMA 系统管理层次模型

采用层次结构模型方法是管理模块化综合集成系统复杂性的有效方法。可以从不同的角度对模块化综合集成系统的系统管理层次进行划分,如面向域的层次模型、面向对象的层次模型。

ASAAC 采用面向域的层次划分方法,将系统管理分为航空平台层、集成区域层、资源层 3 个管理层次,如图 9-2 所示。其中航空平台层是最顶层系统管理功能实体,负责整个系统的管理。集成区域层为中间层,一个完整的集成区域的管理。资源层是最底层,负责一个处理单元的管理。

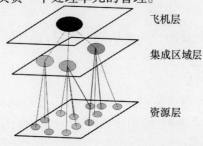

飞机层

集成区域层

资源层

图 9-2 ASAAC 三层抽象系统管理模型

面向对象的层次管理模型如图9-3所示,系统分为应用层、逻辑构件层及物理平台层。对应的,系统管理包括对应用层的应用管理、对逻辑构件层的构件管理、对物理平台层的物理资源管理以及这三者之间相互关联、相互映射的管理。

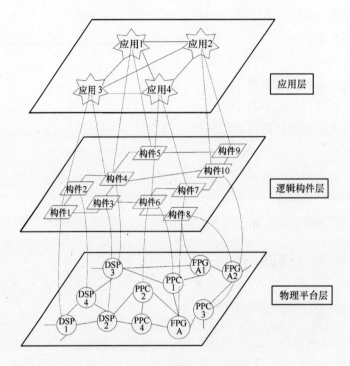

图9-3 面向对象的系统管理模型

9.2.2 系统管理对象

采用面向对象设计方法设计系统管理。面向对象设计方法在分析过程中强调发现并描述系统域对象,在设计过程中强调如何定义软件对象及对象之间如何协同工作,以完成系统需求。

根据对系统管理功能及运行场景的需求分析,设计系统管理对象如图9-4所示。

系统管理包括以下对象:

(1)系统运行框架管理对象(FrameworkM)。该对象主要负责对系统运行框架的管理,包括对系统应用资源、应用构件资源、硬件模块资源、资源间连接关系及映射关系的管理及维护。

240

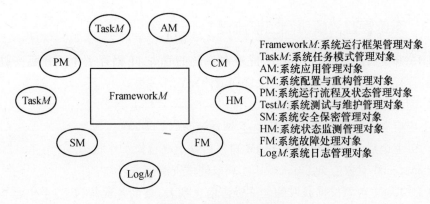

FrameworkM:系统运行框架管理对象
TaskM:系统任务模式管理对象
AM:系统应用管理对象
CM:系统配置与重构管理对象
PM:系统运行流程及状态管理对象
TestM:系统测试与维护管理对象
SM:系统安全保密管理对象
HM:系统状态监测管理对象
FM:系统故障处理对象
LogM:系统日志管理对象

图9-4 系统管理对象

（2）系统任务模式管理对象（TaskM）。该对象主要负责对系统任务模式的管理,根据外部输入,完成系统不同任务模式的切换及状态维护,并向其他对象下发模式切换命令。

（3）系统应用管理对象（AM）。该对象主要负责对系统应用的管理,包括对应用的例化、装载、注册、启动、装卸及应用参数加载等操作。

（4）系统运行流程及状态管理对象（PM）。该对象主要负责对系统运行工作流程及工作状态的管理,包括对系统从上电初始化、转电、执行任务、下电关机的全状态工作流程的管理。

（5）系统配置及重构管理对象（CM）。该对象主要负责对系统配置及重构的管理,根据系统当前任务模式、资源情况,产生系统配置及重构决策信息,并根据决策信息完成对系统的配置。

（6）系统健康监测管理对象（HM）。该对象主要负责对系统健康状态信息的检测,采用主动或被动方法收集系统各软、硬件资源层上报的故障信息,并对故障信息进行滤波等处理,以便确认故障。

（7）系统故障处理管理对象（FM）。该对象主要负责对系统故障的处理,包括对故障信息的相关、识别、定位、屏蔽等处理。

（8）系统安全管理对象（SM）。该对象主要负责对系统安全方面的处理,如系统密钥管理、密钥注入、毁钥等。

（9）系统测试及维护管理对象（TestM）。该对象主要负责对系统自检、自测试方面的处理,包括上电自检、强制自检、连续自检、BIST 自检等多种检测方式,对于 BIST 自检,还包括系统检测预案及措施的管理。

（10）系统日志服务管理对象（LogM）。该对象主要负责对系统日志的管理,包括日志的纪录、读取、分析等。

9.2.3 系统管理对象协同工作流程

IMA 系统管理对象相互协作,完成对系统的管理,下面以上电启动运行及测试维护运行为例说明系统管理对象之间的协同工作关系。

1)上电启动运行

上电启动运行工作流程如图 9-5 所示,包括以下步骤:

(1)上电启动,PM 对象向 TestM 对象启动上电自检工作状态。

(2)TestM 对象查询 FrameworkM 获取硬件资源信息。

(3)TestM 对象根据获取的硬件资源信息列表,查询各资源(RE)上电自检结果,并向 PM 对象返回各资源自检结果。

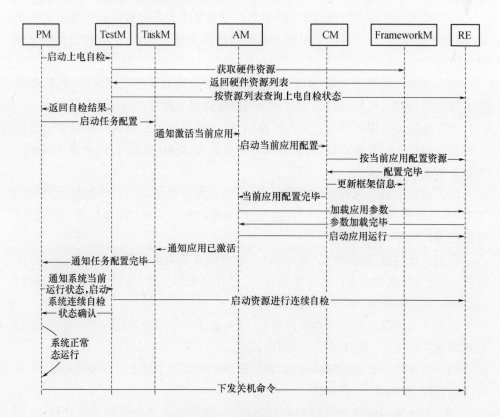

图 9-5　上电启动运行工作流程

(4)PM 对象向 TaskM 对象启动任务配置。

(5)TaskM 对象根据任务配置情况,向 AM 对象启动相关的应用。

(6)AM 对象向 CM 对象申请启动当前应用配置。

242

（7）CM 对象根据当前应用配置相关软、硬件资源，并通知 FrameworkM 对象更新框架信息。

（8）AM 对象向相关应用加载应用参数，并启动应用运行。

（9）TaskM 对象通知 PM 对象，任务配置完毕。

（10）PM 对象通知 TestM 对象，启动连续自检工作状态。

（11）PM 对象转入系统正常工作状态，系统正常工作。

（12）PM 对象向相关对象发送下电命令。

2）测试维护运行

测试维护运行工作流程如图 9-6 所示，包括以下步骤：

（1）勤务人员启动强制测试命令，通知 TestM 对象。

（2）TestM 对象通知 CM 对象按测试用例 1 配置系统。

（3）CM 对象按测试用例 1 配置相关资源（RE），并通知 FrameworkM 对象更新框架，通知 TestM 对象用例 1 配置完毕。

（4）TestM 对象通知测试资源（RE）发送用例 1 测试激励向量。

（5）被测资源（RE）向 TestM 返回测试结果。

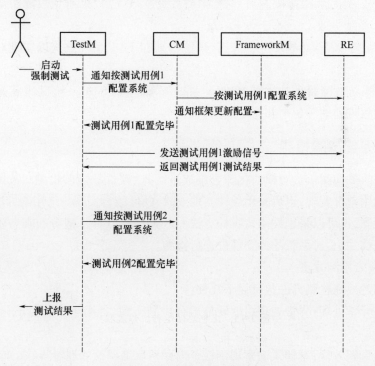

图 9-6　测试维护工作流程

（6）TestM 对象按测试用例 2 重复步骤（2）～（5）。

（7）系统测试完毕，上报测试结果。

9.3　系统故障管理

故障管理是模块化综合集成系统管理的重要组成部分之一，评价故障管理技术的指标包括覆盖率、准确率、速度、资源利用率（如网络带宽、CPU 时间、内存等）。所选择的所有故障管理技术加在一起应满足 IMA 系统对故障容忍、集成测试及维护的需求。

首先介绍 IMA 系统故障管理涉及的一些基本概念：

（1）故障检测：采用故障检测机制、手段对故障进行检测。

（2）故障屏蔽：对故障进行屏蔽而不处理。

（3）故障定位：故障定位对上报的故障进行关联处理，并决定是对检测到的故障进行修正，还是限制处理。

（4）故障限制：故障限制对部分 IMA 系统进行隔离，以避免故障扩散而导致整个 IMA 系统失效。

（5）故障修正：对故障进行修正，可能需要对 IMA 系统重构以实现对故障的修正。

IMA 系统故障管理技术包括 IMA 系统故障检测、IMA 系统健康状态检测及IMA 系统故障处理等 3 个部分。

9.3.1　系统故障检测

系统故障检测负责对模块化综合集成系统软、硬件故障的检测。故障检测机制可以采用软件实现，也可采用硬件实现或软、硬件结合实现。采用的方法可以采用主动探测，也可以采用被动监听的方法。故障检测软件一般分布在各资源部件及各应用构件上，对系统的各个部分进行检测。

1）故障检测方法

常用的故障检测方法包括以下几种：

（1）异常处理：异常处理由软硬件组合机制实现，常用于检查溢出、被零除等故障。

（2）奇偶效验：奇偶效验常用于检查内存存取错误及处理器间数据传输错误。

（3）周期循环效验（CRC）：CRC 通过循环多项式算法，检测一个数据块是否正确。

（4）求和效验：与 CRC 类似，通过对块数据增加行或列效验字，检测数据块是否正确。

（5）看门狗：看门狗可由硬件或软件实现，用于检测一个操作是否按时完成。

（6）性能测量：通过将一个实际线程计算的结果与一个分析模型结果进行比较，以确定结果是否正常。

（7）授权：授权用于检查一个服务请求发起端是否有权限进行，如验证一个应用线程是否被授权在一个特定的虚通道上发送数据。

（8）边界检查：边界检查用于在每次计算起始时输入的数据是否在制定的范围内。

（9）一致性检查：一致性检查在一段时间内检测数据值，检查数据变化率是否与预定的数据包络一致，也可对两组测量数据进行相互比较，以检查数据是否一致。

（10）定时检查：检查到达的数据是否在制定的时隙内到达。

（11）N-版本软件：N-版本软件是避免软件通用故障的一种方法，通过运行完全独立设计、功能相近的 N 个不同软件版本，以避免软件故障。

（12）N-模块冗余：N-模块冗余通过投票机制，比较 N 个相同模块的输出结果，以屏蔽故障。

2）故障检测机制

故障检测机制主要通过 BIT(Built in Test)来实现，BIT 主要用于检测硬件故障，如 CPU、电源电压、内存地址逻辑、外设、信道、频率等。通过系统内置的 BIT 功能，确认系统是否功能正常。

通常 BIT 有 3 种方式：

（1）启动 BIT(IBIT)。IBIT 在外部命令要求下启动系统自检工作，IBIT 将中断系统的正常工作。

（2）连续 BIT(CBIT)。连续 BIT 在系统正常工作时，不断地对系统及相关部件进行自检测试。CBIT 功能测试不能影响被测部件的正常工作能力。CBIT 包括但不仅限于以下测试内容：

① 奇偶、CRC 及其他数据效验。

② 处理器。

③ 超时看门狗。

④ 通信链路丢失。

⑤ 频率失锁。

⑥ 功率检测。

⑦ 同步失锁。

⑧ 数据不一致。

（3）上电 BIT（CBIT）。上电 BIT 在系统上电时对系统进行自检。

（4）BIST。BIST 与通常的 BIT 不同,BIST 可采用辅助测试逻辑,通过预定的测试信号对系统进行测试,并将测试结果与标准结果进行比较,以判断系统是否正常。

9.3.2　系统健康监测

1）健康监测基本概念

健康监测负责对资源层、集成区域层健康状态信息的监测,对故障信息的滤波处理,并确认故障。将已确认的故障信息送往故障处理单元,在故障处理单元内进行进一步的故障诊断及故障校正处理。

健康监测可以采用主动询问、也可以采用被动监听的方式向资源层、应用构件等单元收集健康状态信息,如图 9－7 所示。

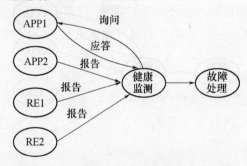

图 9－7　健康状态信息收集及处理示意图

资源或应用构件层健康监测单元的主要职责如下:

（1）定期询问或被动接收由资源或应用构件层故障检测机制检测到的故障信息。

（2）对报告的故障信息进行滤波及相关处理,以确认故障。

（3）向故障处理单元报告所有已确认的故障。

（4）维护资源或应用构件的健康状态信息。

（5）向日志单元记录已确认的故障信息。

集成区域层的健康检测功能单元主要职责如下:

（1）接收来自下级故障处理单元发送的故障报告。

（2）对报告的故障进行滤波及相关处理,以确认故障。

（3）向集成区域层故障处理单元报告已确认的故障。

（4）维护集成区域层健康状态信息。

采用分层处理机制，若故障能在资源层被处理，则在资源层对故障进行处理；否则，将故障上报给更高层，由更高层对故障进行处理。

2）故障滤波

对监测到的故障进行滤波是系统健康监测的主要功能之一。模块化综合集成系统具有足够的灵活性，能够针对不同的系统配置使用不同的故障管理策略，这要求健康监测功能单元也应有足够的灵活性，以支持不同的故障管理策略。因此，健康监测功能应能够根据故障危害程度、行为、系统配置情况、工作状态等多种因素，对故障进行不同的滤波处理。这些不同的滤波器组成滤波器集，系统根据配置情况及故障处理策略，从这些滤波器集中选择适当的滤波器对故障进行滤波。

对故障进行滤波，可采用不同的滤波方法，ASAAC推荐的一种通用故障滤波方法如图9-8所示。

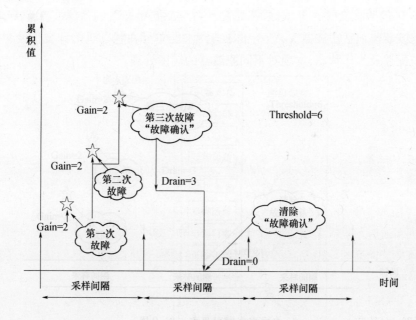

图9-8　通用故障滤波方法

通用故障滤波方法如下：

（1）将故障确认阈值设为6。

（2）每检测到1次故障，故障累加值加2；当检测到3次故障后，故障累加值为6，超过故障确认阈值，对故障进行"故障确认"。

（3）在故障采样周期内,若没有检测到故障,则每次从累加值减3,当累加值减为0时,清除"故障确认"。

对故障进行滤波处理,可以采用主动故障滤波处理,也可采用周期故障滤波处理。主动故障滤波处理在收到一个故障报告后,主动启动对故障的滤波处理。周期故障滤波处理是按周期对故障滤波进行调度。

3）故障滤波器集

何时激活何种滤波器需要根据 IMA 系统的工作状态及配置情况进行选择。针对不同的工作状态及系统配置情况,IMA 系统可采用不同的故障滤波方法,将功能相近的滤波器组成在一起,可构成滤波器集。为方便检测和处理故障,ASAAC 建议建立背景滤波器集和配置滤波器集。

背景滤波器集由系统设计者定义,在系统启动时被激活,支持底层硬件、资源层的故障检测机制。配置滤波器集由一组与系统配置对应的滤波器组成,不同的匹配滤波器只有当该配置发生时才起作用,如图 9 - 9 所示。系统配置 A 对应滤波器集 1,包括滤波器 A、B、C;系统配置 B 对应滤波器集 2,包括滤波器 C、D、E、F;背景滤波器集包括滤波器 X、Y、Z;健康检测功能单元在状态机的调度下针对不同的系统配置及工作状态,实现对不同滤波器的调度处理。

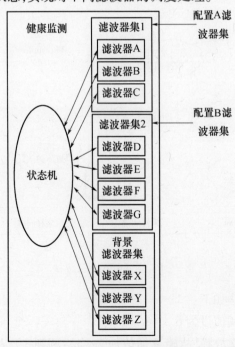

图 9 - 9　健康检测滤波器集

9.3.3 系统故障处理

系统故障的处理功能由故障处理对象负责,主要包括对系统故障的屏蔽、定位、限制等处理,以保证当系统出现故障,部分系统失效时,在剩余的时间内系统仍能正常工作。

典型的故障处理行为包括以下几点:

(1)故障相关。单个故障可能在系统中表现为一系列的故障,系统内一个故障可能是由其他故障引起的,导致一系列的级联故障。故障相关的主要目的是:

① 在一个给定的时间周期内,对已经确认的故障进行分析,以判定这些故障是否由一个单一的故障引起的。

② 分析一系列连续故障之间的关系,以判定这些故障是不是级联故障。

(2)故障识别。故障识别采用故障代码及数据分析,以准确地标定故障。

(3)故障定位。故障定位必须尽可能准确地定位故障,这可以通过对故障进行分析或启动进一步的测试以获取更多的数据进行分析。

(4)故障屏蔽。故障屏蔽向系统重构管理对象发起系统重构请求,通过对系统的重构以屏蔽故障。

系统故障处理与系统重构之间的关系如图 9 - 10 所示。在系统针对故障进行重构前,需对故障进行检测、屏蔽、限制及定位等处理。

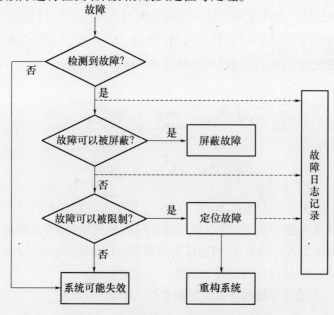

图 9 - 10   故障处理与系统重构关系视图

下面为 ASAAC 给出的典型 IMA 系统故障处理案例：

（1）Life Message 故障。

Life Message 主要用于检测硬件或网络故障。当系统中一条 Life Message 信息未能按时到达，并经过滤波处理确认故障后，系统将发起"Raise Error"消息表示遇到故障。

对于这类故障，系统故障处理流程如下：

```
If 第一次故障
    检查网络状态
    If 网络状态 OK
        检查远端节点
            If 远端节点状态 NOK 则远端节点故障,向系统管理请求合适的行动;
            Else 未发现故障,无进一步行动;
    Else 网络状态 NOK
        网络故障,向系统管理请求合适的行动;
Else 在规定的时间范围内接下来出现对此此类故障
    If 先前未发现故障,则向更高层汇报故障;
    Else 先前发现故障,且对应的重构行为未完成,则等待重构行为完成;
End
```

（2）应用故障。应用线程能够方便地检测到底层操作返回故障代码，并通过发起"Raise Application Error"向健康检测对象报告应用检测到的故障。

（3）应用超时故障。应用超时故障是另一种应用故障，如图 9 – 11 所示。

图 9 – 11 应用超时故障示例

应用 1 由构件 1、2、3 组成，构件 1 向构件 2 发送消息 1，构件 2 一旦收到消息 1 时，则向构件 3 发送消息 2。假设整个处理过程是周期的，并且构件 2、3 需要在规定的时间内收到各自的消息，则系统有可能产生以下超时故障，例如：

① 消息 2 传输故障导致构件 3 产生一个超时故障。

② 构件 1 失效将导致构件 2、3 分别产生一个超时故障。

9.4 系统应用管理

应用管理由应用管理对象负责,一方面接收来自操作员/控制面板的工作模式选择命令;另一方面负责对应用的例化、装载、注册、启动、装卸及应用参数加载等操作,如图9-12所示。

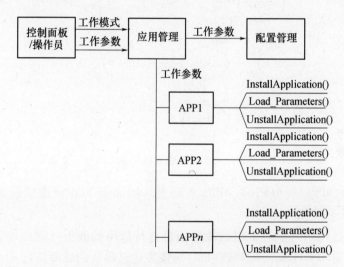

图9-12 系统应用管理

对于工作模式命令,应用管理对象将工作模式选择命令传递给配置管理对象,请求系统根据新的工作模式配置应用功能,若系统配置成功,则通过Install_Application()/Unstall_Application()操作安装/卸载应用。对于工作参数,应用管理对象通过Load_Parameters()操作装载应用参数。

应用构件对象与系统管理对象之间的关系如图9-13所示,假设某应用APP1由APP1.1、APP1.2、APP1.3三个构件组成。

应用构件APP1.1与应用构件APP1.2之间通过“虚通道”VC1通信,应用构件APP1.2与应用构件APP1.3之间通过“虚通道”VC2通信;

应用管理(AM)对象接收外部操作员注入的参数及命令,通过“虚通道”VC8、9、10分别向应用构件APP1.1、APP1.2、APP1.3发送参数装载等信息,通过“虚通道”VC15向配置管理(CM)对象发送配置请求信息。

应用构件APP1.1、APP1.2、APP1.3通过广播通道VC3向日志服务器发送日志信息。

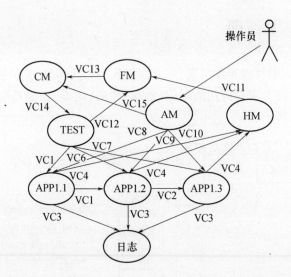

图 9-13　应用构件对象与系统管理对象之间的关系视图

应用构件 APP1.1、APP1.2、APP1.3 通过广播通道 VC4 向健康监测(HM)对象发送健康状态信息。

健康监测(HM)对象对上报的故障信息进行故障滤波等处理以便确认故障,并通过"虚通道"VC11 向故障处理(FM)对象发送已确认的故障信息。

故障处理(FM)对象对故障进行相关、识别、分析、定位等处理,如果有需要,启动 BIST 服务,通知系统配置管理(CM)对象重构系统,调度适当的测试(TEST)软件,分别通过"虚通道"VC5、6、7 向应用构件 APP1.1、APP1.2、APP1.3 发起测试信息,并通过"虚通道"VC12 向故障管理对象(FM)上报测试结果。

9.5　系统配置与重构管理

模块化综合集成系统本身的灵活性允许系统根据不同的资源及任务情况,使用不同的映射或配置方式。模块化综合集成系统存在着多种配置方式,系统在两个最终配置状态之间的转移过程称为系统的重构。

导致系统发生配置及重构的因素如图 9-14 所示,包括以下几点:

(1)操作员或任务规划改变工作模式。

(2)系统部分硬件或软件故障。

(3)地勤人员对系统进行测试及维护。

(4)系统上电、转电及关电。

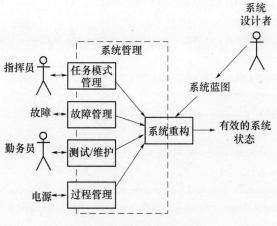

图 9 - 14　系统重构因素视图

为实现平台独立性、支撑系统可扩展、可升级等成长性设计,IMA 系统的配置分为逻辑配置及物理配置。逻辑配置用于标志系统所用到的软、硬件资源以及这些资源之间的关联关系,如硬件抽象、应用构件、虚通道、硬件需求等。物理配置是逻辑配置的具体实现,将逻辑配置所定义的详细信息转化为具体硬件实现。

在对系统进行配置及重构设计时,需要考虑以下因素:

(1) 虽然系统存在多种不同的配置方式,但为支持系统的测试验证,要求系统配置及重构过程都必须清晰的定义,从而在任何时候都能清晰的知道系统所处的状态,尤其对高安全性 IMA 系统。

(2) 在对系统进行逻辑配置、物理配置设计时,需综合考虑系统冗余、空闲资源、运行模式、任务优先级、降级配置等因素。

当模块化综合集成系统规模足够大时,从逻辑系统到物理系统的映射决策过程将极其复杂,为简化处理方法,这部分工作由系统蓝图完成。

本章介绍了模块化综合集成系统管理技术,从系统管理需求分析入手,重点介绍了系统管理对象设计,系统管理对象协同工作流程,系统故障管理、系统应用管理、系统配置与重构管理等内容。系统管理是模块化综合系统集成技术的关键之一,采用面向对象方法是系统管理设计的核心思想。

参 考 文 献

[1] NATO. MODULAR AND OPEN AVIONICS ARCHITECTURES Guideline for System Issues Vol. 1: System Management,2004.

[2] NATO. MODULAR AND OPEN AVIONICS ARCHITECTURES Guideline for System Issues Vol. 2: Fault Management, 2004.

[3] NATO. MODULAR AND OPEN AVIONICS ARCHITECTURES Guideline for System Issues Vol. 3: System Initialization and Shutdown, 2004.

[4] NATO. MODULAR AND OPEN AVIONICS ARCHITECTURES Guideline for System Issues Vol. 4: System configuration/Reconfiguration, 2004.

[5] Bradford R, Fliginger S. Exploring the Design Space of IMA System Architectures, 29th Digital Avionic System Conference, Oct. 3 ~ 7, 2010.

[6] Jean Mare. Object – Oriented Design of Real – time Telecom Systems, Proceedings of ISORC 20 ~ 22 April 1998 in Kyoto, Japan.

[7] Gangkofer M. Transitioning to Integrated Modular Avionics with a Mission Management System. RTO SCI Symposium on "Strategies to Mitigate Obsolescence in Defense Systems Using Commercial Components", Budapest, Hungary, Oct 23 ~ 25, 2000.

[8] Graig Larman, Applying UML and Patterns, An Introduction to Object – Oriented Analysis and Design and the Unified Process, Prentice Hall, 2004.

第 10 章　系统蓝图与重构

IMA 系统带来了系统配置问题,将一个逻辑系统映射到真实的物理系统存在着多种映射方式,这种映射过程需要综合考虑一系列的系统需求及限制,例如:

(1) 实时性问题。每个应用必须满足其实时性要求,因此,映射过程中必须考虑到硬件处理平台的能力。

(2) 内存问题。每个处理平台内存都有限,因此映射过程中必须考虑到应用内存需求与实际处理平台内存之间的关系。

(3) 通信问题。应用之间相互通信,必须考虑到物理平台能够提供的实际通信带宽。

另一方面,由于系统任务模式的切换、软硬件故障(尤其是故障的不确定性)导致的系统重配置、重映射过程具有极大的多样性及不确定性。

随着系统规模的不断增大,这种映射过程变得越来越复杂,因此,有必要寻找一些简化的处理方法,蓝图技术就是处理此类问题的简化方法。

使用蓝图将为 IMA 系统设计带来以下好处:

(1) 在很大程度上简化了 IMA 系统设计的复杂性。

(2) 允许使用相同的硬件模块、软件模块及应用进行裁剪,以适应不同的模式、角色及平台需要。

(3) 允许从一个预定的配置状态方便地转移到另一个配置状态,支持系统的重构。

尽管蓝图为 IMA 系统设计带来了极大的便利性,但蓝图本身设计过程相当复杂,是 IMA 系统设计的关键之一。

本章首先介绍系统蓝图设计基本概念,接着介绍了一种基于 State flow 的可视化模型驱动蓝图设计技术。

10.1　系统蓝图

在 IMA 系统中,蓝图的作用是产生系统所需的配置信息,以配置 IMA 系统完

255

成特定的系统功能。

蓝图的产生过程如图 10－1 所示。系统工程师通过蓝图设计工具设计顶层蓝图，并通过蓝图产生工具产生系统所需的运行蓝图，运行蓝图安装在目标系统中，指示系统如何配置以完成特定的系统功能。

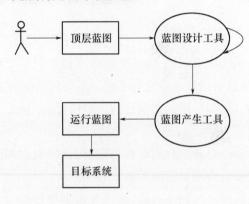

图 10－1　蓝图产生过程

顶层系统蓝图由系统工程师设计，包括：

（1）应用蓝图。描述每个应用的软件构件构成，"虚"通道连接关系，对内存的需求、对处理能力的需求、对通信带宽的需求、对实时性的需求等。

（2）硬件蓝图。描述系统中每种硬件模块类型、功能、内存、通信能力、处理器种类及运算速度等。

（3）重构决策蓝图。由于系统任务模式变化或系统内部故障导致系统重构，产生系统重构决策，并指导系统控制管理功能执行相应的动作，完成系统重构功能。

蓝图由蓝图设计工具设计，该工具输入高层蓝图信息，并根据预定的规则将应用映射到实际系统中。在设计蓝图时，应充分考虑系统的设计策略及系统的软硬件资源特性，具体而言，包括以下要素：

（1）系统的硬件特性。

（2）系统的应用软件特性。

（3）预定义的系统配置状态。

（4）系统各配置状态之间的转换条件。

（5）系统的健康监测策略。

（6）系统的安全策略。

（7）系统的故障树分析。

（8）系统的重构策略。

（9）系统的维护模式。

（10）系统的任务模式。

蓝图产生工具产生最终的系统运行蓝图,运行蓝图包括一系列的指令及数据信息,构成"行动列表",指示系统管理对象如何完成对系统的配置管理。

蓝图产生工具相当复杂,通常将这个过程进行简化,分解成一系列小的步骤,每个步骤由独立的工具支撑。根据系统蓝图特点,可将蓝图产生工具分为系统应用及硬件蓝图产生工具、重构决策蓝图产生工具。其中,系统应用及硬件蓝图产生工具已在第 6~8 章系统可视化建模、系统框架及软件通信体系结构等章节进行了介绍,主要设计工具有 Zeligsoft CX、GME 等。重构决策蓝图产生工具是本章的重点,将在后续章节主要介绍。

运行蓝图是蓝图产生工具的输出,安装在实际目标系统中,指导如何对系统进行管理。

10.2　系统重构决策

重构是在对整个系统体系结构和功能任务深刻认识的基础上,通过完善的系统逻辑来实现资源的高度共享从而提升系统可靠性的一门综合技术。引起系统重构的事件主要有两种:一种是系统工作模式发生变化;另一种是系统故障。通过系统重构技术,可以最优化系统资源配置,从而最优化系统基本可靠性及任务可靠性设计。

系统重构采用策略驱动型,由一系列的系统重构决策策略控制。这些策略对不同的状态下采取的行为进行了规定,从而确保系统按照规定的方式运行。这些策略通常在系统运行之前预先规范好。对于具有"智能型"的系统,这些策略可根据需要实时"学习"、更新。但对于高安全的模块化航空集成系统,则必须完全按预定的策略进行规范,并对各种策略进行覆盖性测试,从而保证系统在可控的情况下运行。

重构决策策略规定了在给定的条件下对系统资源进行分析,并根据分析结果产生对应的行动列表,重构决策策略可用服务原语表示:

重构决策策略:

{Action List} based on {analysis Results} when {condition}

举例:

例1　当某重要功能 A 信号处理硬件模块发生故障时,对系统当前信号处理资源进行分析,发现有非重要功能 B 有信号处理资源,可通过强占非重要功能 B

的信号处理资源重构该重要功能 A,则重构决策策略可表述如下:

```
Action list:
    {1. 通知重要功能 A 由于硬件故障,终止运行;
     2. 终止非重要功能 B,释放其信号处理硬件模块资源;
     3. 将该信号处理硬件模块资源划为重要功能 A 所有;
     4. 重新装配重要功能 A,并启动运行
    }
Based on analysis
    {1. 该信号处理硬件模块资源属于重要功能 A 所有;
     2. 当前系统存在非重要功能 B,有信号处理硬件模块资源
    }
When
    {某信号处理硬件模块资源发生故障}
```

例 2 当某重要功能 A 信号处理硬件模块发生故障时,对系统当前信号处理资源进行分析,发现系统当前已无可用信号处理资源,向上层系统汇报无法重构该重要功能 A,则重构决策策略可表述如下:

```
Action list:
    {1. 通知重要功能 A 由于硬件故障,终止运行;
     2. 向上层系统汇报无法重构该重要功能 A;
    }
Based on analysis
    {1. 该信号处理硬件模块资源属于重要功能 A 所有;
     2. 当前系统无可用信号处理硬件模块资源;
    }
When
    {某信号处理硬件模块资源发生故障}
```

随着系统规模的不断增加,这种系统重构决策规则也将越来越复杂,尤其是对开放式、可成长模块化综合集成系统。当新的功能或资源加入到系统时,将导致系统重构决策策略发生变化,如何快速的使用这种变化,如何将这种变化产生的影响降低到最小,是系统重构决策蓝图设计技术研究的重点。针对这一问题,采用一种基于 State flow 的系统重构决策蓝图设计技术。

10.3 基于 Stateflow 的系统重构决策蓝图设计

10.3.1 Stateflow 介绍

Stateflow 是 Matlab 公司在基于框图的动态系统建模仿真环境 Simulink 的基础

258

上进行系统动态逻辑建模与仿真的可视化开发平台。Stateflow 基于有限状态机理论,采用事件驱动方式对复杂逻辑系统进行建模和仿真。

Stateflow 集成于 Simulink 图形化开发与设计工具之中,通过开发有限状态机和流程图的设计环境扩展 Simulink 功能。利用 Stateflow 可视化的模型,可以以一种自然、可读和易理解的形式来表达复杂逻辑,同时与 MATLAB 和 Simulink 紧密集成,为复杂的嵌入式逻辑系统提供了高效的仿真及设计环境。

Stateflow 的基础是有限状态机理论,并在传统状态图的基础上扩展了控制流、图形函数、真值表、直接事件广播等元素。Stateflow 采用图形化的方式建立系统的状态模型,通过从标准的图形模块库中拖放状态(state)、节点(junction)和函数(function)等功能模块到绘图窗口,并连接状态和节点创建转移和流程的方式来描述系统的状态转变过程。

每个状态包括 Entry、During、Exit 和 On Event 四种动作(Action)。每个转移包括事件(Event)、条件、条件动作及转移动作。对于复杂的模块,可以使用子图(subchart)方式,将复杂的逻辑分解成一系列按层次组织起来的简单模型。Stateflow 还支持层次化图形建模方式、并行工作状态和其之间由事件驱动的逻辑转移关系,通过这种层次化、并行工作、具有明确执行语义的建模语言元素,Stateflow 以一种自然易懂的形式来描述复杂的逻辑系统。

状态描述的是系统的一种模式,具有布尔行为,任何给定的时刻,状态要么是活动的要么是非活动的。一旦状态被激活,则这个状态一直处于激活状态,直到退出为止。状态之间只有互斥或并行两种关系。

转移描述的是系统的逻辑流。从图形上看,转移是带有箭头的线,这就使整个状态图成为了有向图。状态之间的转换,直接受转移方向的约束。转移管理了系统从当前状态改变时可能发生的模式改变,当转移发生时,原状态变为非活动的状态,目标状态变为活动的状态。

事件是指触发的产生,触发可以由系统隐含,也可以显性的定义。例如,过零信号的发生就是显性定义的事件,由这种触发而引起的相应动作,被称为事件驱动。在 Stateflow 中,所有状态图的运行都是通过事件驱动的。根据事件的作用范围,定义了 3 种类型:

(1)Local:在状态图内部发挥作用。

(2)Input from Simulink:是从 Simulink 框图输入到 Stateflow 中的,也就是 Stateflow 框图的外部触发事件。

(3)Output to Simulink:是从 Stateflow 框图输出到 Simulink 中的,即利用 Stateflow 定义的事件驱动或者触发其他 Stateflow 框图或者子系统动作。

Stateflow 使用数据对象来管理维护 Stateflow 框图内部的数据信息。在 Stateflow 中,数据对象主要用于动作或条件中。用户既可以限制数据对象在相应的图形对象内部使用,也可以将数据对象作为 Stateflow 与 Simulink 模型之间的接口来使用。数据对象的类型主要有 3 种:

(1) Local:定义的数据对象被限制在其父对象的范围内。

(2) Input:定义的数据对象从 Simulink 模型中直接读取数据。

(3) Output:定义的数据对象将向 Simulink 模型输出数据。

状态动作主要用来使 Stateflow 完成有关数据的处理和计算,也可以通过状态动作触发其他系统或者状态的切换。Stateflow 定义的状态动作有以下 5 种:

(1) entry:当状态被激活时执行相应的动作。

(2) exit:当状态退出活动状态时执行相应的动作。

(3) during:当状态保持其活动状态时执行相应的动作。

(4) on event:当状态处于活动状态,且 event 发生时,而状态并不退出活动状态时所执行的动作。

(5) bind:bind 动作是指将事件或者数据对象与状态绑定的动作。

通过 Stateflow 建模,可以同时建立系统逻辑行为模型(如重构决策逻辑)和 Simulink 算法行为(如反馈控制、行为测试覆盖向量)。对 Stateflow 模型进行仿真和分析,可以很直观地观察系统状态转换过程,便于调试和修改,不断的验证模型的正确性。

Stateflow 建模流程如图 10 - 2 所示,包括以下 7 个步骤:

(1) 定义与 Simulink 的接口。

(2) 定义系统模型中的状态。

(3) 定义状态的动作和数据变量。

(4) 定义状态间的转移。

(5) 定义触发事件。

(6) 进行模型仿真。

(7) 根据仿真结果不断修订系统状态模型。

在得到正确的系统状态模型后,可以利用 Stateflow 提供的自动代码生成工具 Stateflow Coder,将系统状态模型转化为标准的 C 语言代码。该代码可作为独立可执行应用程序发布,也可作为子函数嵌入其他程序中。Stateflow Coder 允许集成用户自编的 C/C + + 代码,并且可以在 Stateflow 的动作中调用自定义代码中定义的函数、全局变量或者宏定义等。

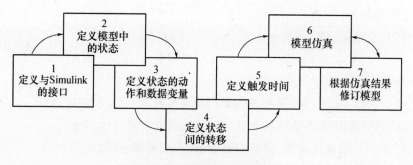

图 10 - 2　Stateflow 建模流程

采用 State flow 对系统进行重构决策蓝图建模,其主要设计输入依据是系统软、硬件资源模型及系统重构决策策略。

10.3.2　系统模型

为便于描述,下面以一个简化的模块化综合集成系统为例说明采用 Stateflow 技术进行系统可视化重构决策蓝图的设计过程。该简化的系统模型如图 10 - 3 所示。

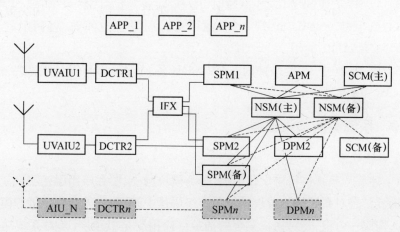

图 10 - 3　简化的模块化综合集成系统模型

在该系统中,包括 APP1,APP2,…,APPn 等应用功能,包括 AIU、DCTR、IFX、SPM、DPM、APM、SCM、NSM 等硬件模块资源。其中 APP1、APP2 功能用实线表示,是将要描述的主要描述对象,APPn 等其他功能用虚线表示,是辅助描述对象。

AIU 表示天线接口单元,DCTR 表示直接转换收发信机,SPM 表示信号处理模块,DPM 表示数据处理模块,APM 表示音频处理模块,SCM 表示系统控制模块,NSM 表示网络交换模块,IFX 表示中频电路交换模块(具有将 DCTR 信号交换到

SPM 模块的能力)。

APP1 为语音功能,优先级较高,默认配置包括:

UVAIU1 + DCTR1 + SPM1 + APM + SCM(主) + NSM(主)

APP2 为数据功能,优先级较低,默认配置包括:

UVAIU2 + DCTR2 + SPM2 + DPM2 + SCM(主) + NSM(主)

系统的资源配置情况如下:

(1) DCTR 为通用资源,系统未设计备份的 DCTR 资源。

(2) SPM 为通用资源,采用 $N+1$ 备份策略,系统有一个备份资源 SPM(备)。

(3) SCM、NSM 采用 $1+1$ 备份策略,系统有主、备资源。

(4) NSM 具有任意 SPM、DPM、APM、SCM 之间的路由交换能力。

(5) IFX 具有 DCTR1、DCTR2 与 SPM1、SPM2、SPM(备)之间的任意路由交换能力。

系统的顶层重构策略如下:

(1) APP1 优先级高于 APP2 优先级。

(2) 当 DCTR1 发生故障时,终止 APP2 功能,将 DCTR2 资源交给 APP1 使用。

(3) 当 SPM1 或 SPM2 发生故障时,用 SPM(备)资源代替 SPM1 或 SPM2。

(4) 当 SPM1、SPM2、SPM(备)任意两个同时发生故障时,将剩余的无故障 SPM 模块交给 APP1 使用。

(5) 当 NSM(主)发生故障时,启用 NSM(备)资源;当 SCM(主)发生故障时,启用 SCM(备)资源。

10.3.3 系统重构决策过程

1) 系统建模

对上述简化系统进行层次化建模,分为模块层、组层和应用层三层。其中模块层是最底层,是对系统硬件模块的抽象。组层是中间层,将需要作决策的模块组合在一起,构成一个组,是对模块集合的抽象。应用层是最顶层,是对系统功能线程的抽象。

在上述系统中,具体的模块实体包括 UVAIU1、UVAIU2、DCTR1、DCTR2、SPM1、SPM2、SPM(备)、IFX、APM、DPM2、NSM 和 SCM。每个模块有正常或故障两种工作状态,使用 Stateflow 状态图正常(On)子状态和故障(Off)子状态描述模块的工作状态。在任何时刻,模块要么是处于正常状态,要么是处于故障状态,这两个状态是互斥的,用实线表示。模型初始化时默认进入正常状态,当模块故障时进入故障状态。每个模块状态与其他模块状态是并行关系,用虚线表示。

对上述模块进行状态建模,如图 10 - 4 所示。

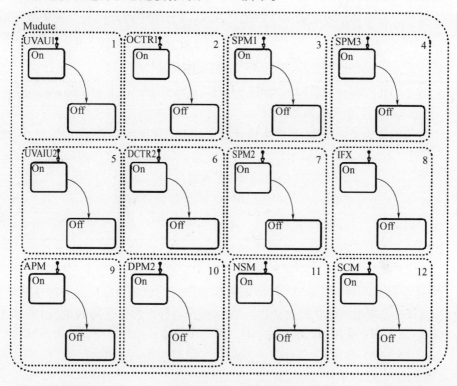

图 10 - 4　模块的状态

　　在 Stateflow 中,并行实体同时被激活,但在实际仿真时,仍需要确定其执行的先后顺序,因此,在状态框右上角用数字表示仿真时并行实体状态的执行顺序,该顺序可以调整。

　　组层是将需要作决策的模块组合在一起,对需要进行决策的模块集合的抽象。在图 10 - 4 所示的简化系统中,主要考虑 APP1、APP2 两个功能线程的重构决策过程,下面对 APP1、APP2 所有可能使用的资源进行如下分析:

　　(1) SCM、NSM 模块为所有应用通用,当主 SCM 或主 NSM 模块故障时,系统自动切换到备 SCM 或备 NSM 模块,重构决策相对简单。

　　(2) APM 模块为 APP1 专用,DPM2 为 APP2 专用。

　　(3) APP1、APP2 可能发生重构决策冲突的模块包括 UVAIU1、DCTR1、SPM1、UVAIU2、DCTR2、SPM2、SPM(备)、IFX 等。

　　根据以上分析,重点对情况 3 进行重构决策设计。对 APP1、APP2 可能发生重构决策冲突的模块进行组建模,根据系统体系结构及顶层重构策略,可建立 6 个组层实体,分别是 Group1、Group2、Group3、Group4、Group5 和 Group6,具体定义如表 10-1 所列。其中每个分组表示一种组合方式,当分组中的任何一个模块故障后,该分组故障,不能再使用。

表 10-1 组层实体定义

分组序号	天线接口单元	直接转换收发信机	信号处理模块	中频电路交换模块
分组 1	UVAIU1	DCTR1	SPM1	
分组 2	UVAIU1	DCTR1	SPM3	IFX
分组 3	UVAIU1	DCTR1	SPM2	IFX
分组 4	UVAIU2	DCTR2	SPM2	
分组 5	UVAIU2	DCTR2	SPM3	IFX
分组 6	UVAIU2	DCTR2	SPM1	IFX

每个实体有两种工作状态,一种是正常工作时的状态(On),另一种是故障时的状态(Off)。模型初始化时默认进入 On 状态,当分组实体故障时进入 Off 状态。分组层的状态定义如图 10-5 所示。

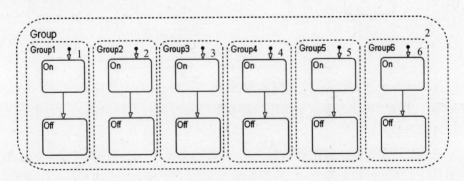

图 10-5 分组的状态

应用层是功能任务的抽象,模型中包括了 APP1 功能任务和 APP2 功能任务。每个功能任务用一个功能状态表示。功能状态定义 3 个子状态,即空闲态、运行态和故障态,分别代表功能任务未运行、正在运行、故障 3 种情况。功能的初始化状态为空闲状态(Standby),表示功能未运行。当功能运行时转移到运行状态(Run),功能故障时转移到故障状态(Disable)。应用层定义的状图如图 10-6 所示。

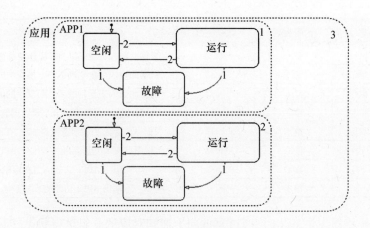

图 10 - 6 功能的状态

模块层、组层和应用层的各实体状态之间是并行关系,它们内部的各个子实体也是并行关系。通过这种可视化、层次化方式构建出系统状态模型后,可对模型进行状态覆盖性测试,实时观察到仿真结果。同时还提供了极强的灵活性,可根据需要进行调整和修改。

2)数据对象与事件

在建立系统模型后,下面对模型状态定义相关的数据对象及触发事件。

数据对象主要用于动作或条件中,作为参数传递。上述模型数据对象的具体定义如表 10 - 2 所列。

表 10 - 2　模型的数据对象定义

数据名称	作用类型	数据类型	数 据 用 途
UVAIU1 _ Sta	输入	int32	根据此输入变量判断 UVAIU1 模块的健康状态
UVAIU2 _ Sta	输入	int32	根据此输入变量判断 UVAIU2 模块的健康状态
DCTR1 _ Sta	输入	int32	根据此输入变量判断 DCTR1 模块的健康状态
DCTR 2 _ Sta	输入	int32	根据此输入变量判断 DCTR2 模块的健康状态
SPM1 _ Sta	输入	int32	根据此输入变量判断 SPM1 模块的健康状态
SPM2 _ Sta	输入	int32	根据此输入变量判断 SPM2 模块的健康状态
SPM3 _ Sta	输入	int32	根据此输入变量判断 SPM3 模块的健康状态
SCM1 _ Sta	输入	int32	根据此输入变量判断 SCM1 模块的健康状态

数据名称	作用类型	数据类型	数据用途
SCM2 _ Sta	输入	int32	根据此输入变量判断 SCM2 模块的健康状态
NSM1 _ Sta	输入	int32	根据此输入变量判断 NSM1 模块的健康状态
NSM2 _ Sta	输入	int32	根据此输入变量判断 NSM2 模块的健康状态
IFX _ Sta	输入	int32	根据此输入变量判断 IFX 模块的健康状态
APP1 _ CMD	输入	int32	根据此输入变量判断是否加载 APP1 功能
APP2 _ CMD	输入	int32	根据此输入变量判断是否加载 APP2 功能
APP1 _ Link	输出	int32	输出 APP1 功能的重构策略
APP2 _ Link	输出	int32	输出 APP2 功能的重构策略

当模块状态发生变化时,通过事件向上通知对应的分组进行状态转移。同理,当分组状态和模块状态发生变化时,也通过事件向上通知功能进行状态转移。为此,定义 Fault _ E、APP1 _ E 和 APP2 _ E 三种事件,如表 10 - 3 所列。

表 10 - 3　定义的事件

事件名称	作用类型	事件用途
Fault _ E	Local	包含此模块的分组接收到此事件后,工作状态从正常态转移到故障态
APP1 _ E	Local	当 APP1 功能接收到此事件后,功能状态转移到丧失态
APP2 _ E	Local	当 APP2 功能接收到此事件后,功能状态转移到丧失态

将定义好的事件和数据对象添加到对应的系统模型中,得到的 Stateflow 系统模型图如图 10 - 7 所示。

3）重构决策

首先对 APP1 功能进行重构决策设计。根据系统顶层定义的重构策略,APP1 功能优先级最高,可以占用所有可以使用的硬件资源。APP1 功能实现策略如表 10 - 4 所列。

表 10 - 4　APP1 功能重构决策策略

策略	触发条件	资源配置
策略 1	默认配置	分组 1（UVAIU1 + DCTR1 + SPM1）+ APM + NSM + SCM
策略 2	SPM1 故障	分组 2（UVAIU1 + DCTR1 + IFX + SPM3）+ APM + NSM + SCM
策略 3	分组 1 故障	分组 4（UVAIU2 + DCTR2 + SPM2）+ APM + NSM + SCM
策略 4	分组 1 和 SPM2 都故障	分组 5（UVAIU2 + DCTR2 + IFX + SPM3）+ APM + NSM + SCM
策略 5	分组 1、SPM2 和 SPM3 都故障	分组 6（UVAIU2 + DCTR2 + IFX + SPM1）+ APM + NSM + SCM
策略 6	分组 2、SPM1 和 SPM3 都故障	分组 3（UVAIU1 + DCTR1 + IFX + SPM2）+ APM + NSM + SCM

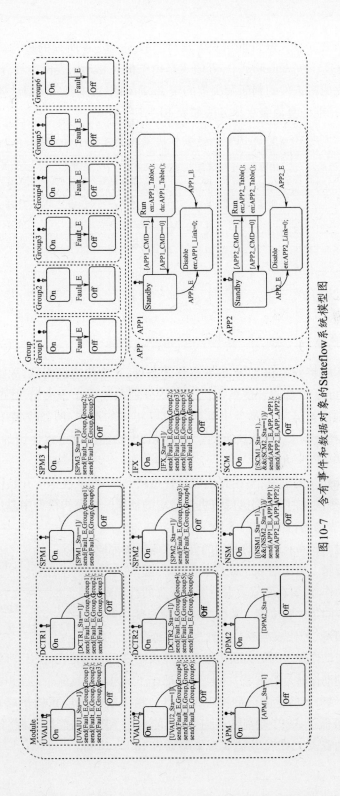

图10-7 含有事件和数据对象的Stateflow系统模型图

采用真值表的方式进行重构决策设计。将表 10 - 4 所列的重构决策转换为 Stateflow 真值表。在 Stateflow 中,真值表是由条件表和动作表两个部分组成,其中条件表主要完成对条件的判断及决策的定义,而动作表主要完成对决策的动作的定义。APP1 功能的真值表表示方法如表 10 - 5 所列。

表 10 - 5　APP1 功能重构决策的真值表表示方法

条　件	决策 1	决策 2	决策 3	决策 4	决策 5	决策 6	默认决策
分组 1 状态	正常	故障	故障	故障	故障	故障	-
分组 2 状态	-	正常	故障	故障	故障	故障	-
分组 4 状态	-	-	正常	故障	故障	故障	-
分组 5 状态	-	-	-	正常	故障	故障	-
分组 6 状态	-	-	-	-	正常	故障	-
分组 3 状态	-	-	-	-	-	正常	-
APM 状态	正常	正常	正常	正常	正常	正常	-
动作	APP1 _ Link = 1	APP1 _ Link = 2	APP1 _ Link = 3	APP1 _ Link = 4	APP1 _ Link = 5	APP1 _ Link = 6	APP1 _ Link = 0

表 10 - 5 中将分组和 APM 的状态作为条件,正常代表逻辑真,故障代表逻辑假,"-"则表示逻辑真或者逻辑假。这样就分别构成了 6 个决策,其中最后一个决策为默认的决策分支。每个决策都对应着相应的动作,例如决策 1 的动作是 APP1 功能选择分组 1。默认决策的动作是 APP1 功能没有可以使用的资源,向上级报不能重构 APP1 功能。

根据 Stateflow 的定义,当用真值表进行逻辑判断时,从决策 1 开始依次进行判断,当某个决策满足时,即刻执行该决策对应的动作。在重构模型中添加真值表对象,并对真值表命名,如图 10 - 8 所示。

之后通过 Stateflow 提供的专门的真值表编辑器完成对真值表的编辑。由于有 6 个条件和 6 个决策,每个决策对应一个动作,需要在真值表表中增加必要的行和列,以便定义相应的条件和决策。条件表的决策只能填写 3 个值:T 代表正常,F 代表故障,-,代表正常或故障。条

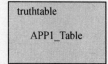

图 10 - 8　APP1 功能重构决策真值表对象

件表的决策与动作表之间的关联依赖于条件表中最后一行的每个决策列中的定义,相应决策列的动作就是动作表中对应行的动作。编辑好的真值表如图 10 - 9 所示。

其次,对 APP2 功能进行重构决策设计。由系统的顶层重构策略可知,APP2 功能的优先级低于 APP1 功能的优先级,不能占用 APP1 功能的资源,只能使用部分 UV 频段的资源。APP2 功能实现策略如表 10 - 6 所列。

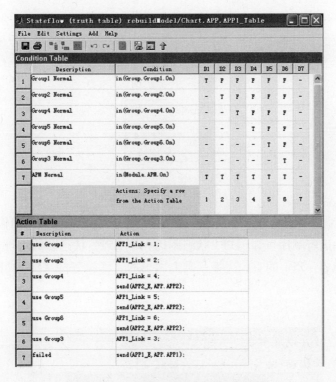

图 10－9　APP1 功能重构决策真值表

表 10－6　APP2 功能重构决策策略

策略	触发条件	资源配置
策略 1	默认配置且分组 4 未被 APP1 功能占用	分组 3（UVAIU2 + DCTR2 + SPM2）+ DPM2 + NSM + SCM
策略 2	SPM2 故障且分组 5 未被 APP1 功能占用	分组 4（UVAIU2 + DCTR2 + IFX + SPM3）+ DPM2 + NSM + SCM

将 APP2 功能实现策略转换为 Stateflow 真值表，真值表表示方法如表 10－7 所列。

表 10－7　APP2 功能重构决策的真值表表示方法

条件	决 策 1	决 策 2	默 认 决 策
分组 4 状态	正常且未被 APP1 功能占用	故障	－
分组 5 状态	－	正常且未被 APP1 功能占用	－
DPM2 状态	正常	正常	－
动作	APP2 _ Link = 4	APP2 _ Link = 5	APP2 _ Link = 0

表 10－7 中将分组和 DPM2 的状态作为条件，这样就分别构成了 3 个决策，其中最后一个决策为默认的决策分支，表示 APP2 功能没有可用资源。在重构模型中添加 APP2 功能真值表对象，并对真值表命名，如图 10－10 所示。

truthtable
APP2_Table

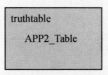

图 10－10　APP2 功能重构决策真值表对象

APP2 功能真值表有 3 个条件和 3 个决策，每个决策对应一个动作。由 Stateflow 状态图的运行顺序可知，APP1 状态图优先于 APP2 状态图的运行，所以 APP2 的重构决策是在 APP1 的重构决策基础上做出的。编辑好的 APP2 功能真值表如图 10－11 所示。

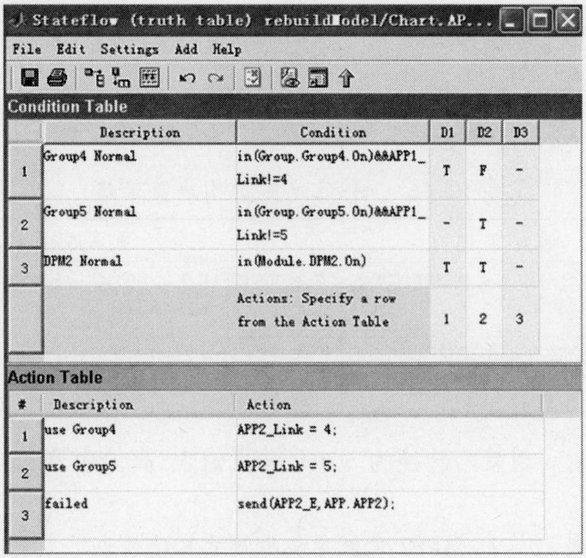

Stateflow (truth table) rebuildModel/Chart.AP...
File Edit Settings Add Help
Condition Table
Description
Condition
D1
D2
D3
1 Group4 Normal
in(Group.Group4.On)&&APP1_Link!=4
T F -
2 Group5 Normal
in(Group.Group5.On)&&APP1_Link!=5
- T -
3 DPM2 Normal
in(Module.DPM2.On)
T T -
Actions: Specify a row from the Action Table
1 2 3
Action Table
Description Action
1 use Group4 APP2_Link = 4;
2 use Group5 APP2_Link = 5;
3 failed send(APP2_E,APP.APP2);

图 10－11　APP2 功能重构决策真值表

将定义好的真值表加入到系统模型中，最终建立的 Stateflow 系统重构决策模型，如图 10－12 所示。

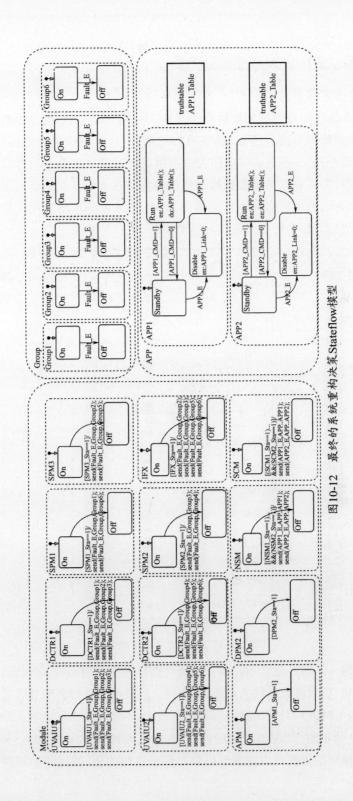

图10-12 最终的系统重构决策 Stateflow模型

271

10.3.4　系统重构决策蓝图模型仿真

1）创建仿真模型

在 Stateflow 中构造好重构策略模型之后,需结合 Simulink 构建仿真测试激励模型,对重构策略模型进行仿真,观察模型的运行、在线测试和验证模型的设计。在 Simulink 模型中,Stateflow 框图作为一个模块通过输入或输出信号与其他模块连接,通过这种方式可以共享数据和相应的事件。在 Simulink 仿真模型中添加信源模块作为输入,添加信宿模块作为输出,并利用 MATLAB 图形用户界面建立测试激励输入界面。整个重构策略仿真模型如图 10 – 13 所示。

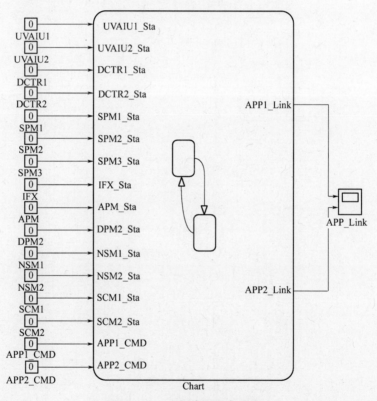

图 10 – 13　重构策略仿真模型

左边为输入的仿真测试激励信号以及功能任务加载/卸载控制激励信号,它们都是常量模块,负责将数据输入给模型 Chart。当数值为 0 时表示对应的硬件模块正常工作,为 1 时表示对应的硬件模块出现故障,不能正常工作。当 APP1 _ CMD、APP2 _ CMD 为 1 时,代表加载对应的功能,为 0 时卸载对应的功能。Simulink 中的所有常量模块的值都可以在图形用户界面中进行改变,通过图形用户界面可以

272

方便地修改常量模块的值,将故障信息注入到重构模型中。

中间部分为要仿真测试的重构策略模型。模块 Chart 是执行重构策略的重构模型,具有数据输入端口和输出端口,它根据输入的各个硬件模块的故障仿真测试激励信号来进行重构,并将重构结果输出。

右边为仿真测试结果显示,以波形变化的方式显示重构的输出结果。

模块 Inject Failures 是仿真测试的用户图形控制界面,方便用户将故障信息注入测试模型中。双击此模块就可以打开用户界面,如图 10 – 14 所示。

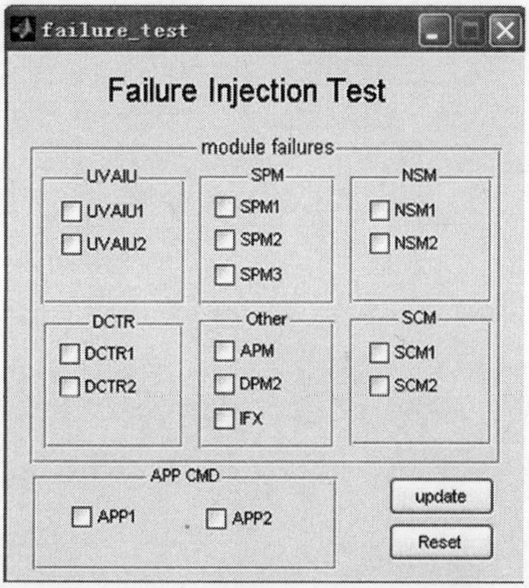

图 10 – 14　故障注入图形用户界面

故障注入图形用户界面分为 3 个部分,分别是硬件模块故障信息注入区、系统功能加载区和按钮区。硬件模块故障信息注入区又分为 6 个组,方便用户进行故障注入,当选中一个模块时,就代表此模块出现故障,不能正常工作。系统命令加载区包含 2 个选项,当选中一个命令时,就代表系统要加载此功能,取消选中的命令,就代表系统卸载此功能。

update 是测试激励信息注入按钮,当按下 update 键已选择的故障信息或系统命令将注入到重构模型中。Reset 是复位按钮,按下这个键后,图形用户界面恢复到原始状态。

2）模型仿真结果

运行重构策略仿真模型,通过 Stateflow 编辑器的图形界面可以查看模型的运行过程。在 Stateflow 框图运行的过程中,被蓝色高亮显示的状态为当前被激活的状态。而转移如果被蓝色高亮显示,则表示该转移正在被检测或执行。重构仿真模型刚开始运行时,按照默认转移进入各个子状态,即模块、组进入正常状态 On,应用进入空闲状态(Standby)如图 10 – 15 所示。

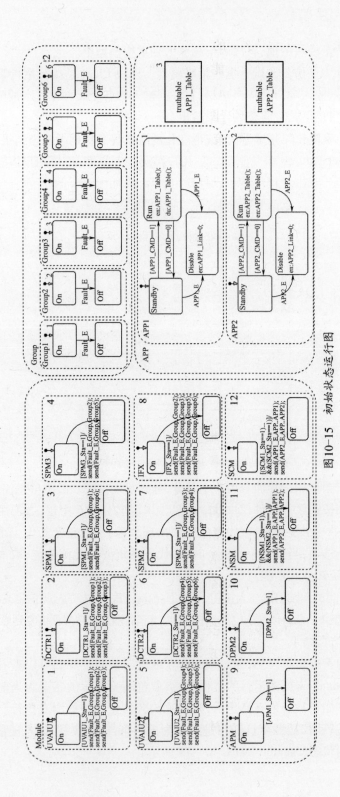

图10-15 初始状态运行图

选中故障注入图形用户界面的 APP1 和 APP2,点击更新按钮 update,注入测试激励,加载 APP1 功能和 APP2 功能任务。APP1 功能和 APP2 功能都由空闲状态(Standby)转移到了运行状态(Run),当进入运行(Run)状态时,由状态动作 en 执行真值表进行策略选择,状态运行图如图 10 – 16 所示。

选择几个模块故障测试重构策略模型,具体如表 10 – 8 所列。

表 10 – 8　故障仿真举例

时 间 点	故 障 模 块	期待的 APP1 重构策略	期待的 APP2 重构策略
0	无	APP1 _ Link = 0	APP2 _ Link = 0
2000	无	APP1 _ Link = 1	APP2 _ Link = 4
3000	SPM1 故障	APP1 _ Link = 2	APP2 _ Link = 4
4000	SCM1 故障	APP1 _ Link = 2	APP2 _ Link = 4
5000	UVAIU1 故障	APP1 _ Link = 4	APP2 _ Link = 0
6000	SPM2 故障	APP1 _ Link = 5	APP2 _ Link = 0
7000	APM 故障	APP1 _ Link = 0	APP2 _ Link = 0

当时间点为 0 时,系统加电,此时所有模块正常,APP1 和 APP2 功能没有加载。当时间点为 2000 时,通过故障注入图形用户界面的系统功能加载区加载 APP1 和 APP2 功能,根据预先定义的重构策略,APP1 功能选择链路 1 实现,APP2 功能选择链路 4 实现,两个功能均运行于默认配置。

在时间点为 3000 时,通过故障注入图形用户界面注入 SPM1 故障激励信息。SPM1 由正常状态 On 转移到了故障状态 Off,并且向包含它的分组 1 和分组 6 发送 Fault _ E 事件,通知有组成模块故障。分组 1 和分组 6 收到 Fault _ E 事件后,由正常状态 On 转移到了故障状态 Off。APP1 功能此时运行在 Run 状态,有 during 动作执行真值表选择策略。根据事先在真值表中设计好的重构策略,APP1 功能通过 IFX 模块连接用于备份的 SPM3 实现,即选择链路 2 实现。APP2 功能所使用的资源没有变化,所以 APP2 策略不变。

时间点为 4000 时,通过故障注入图形用户界面注入 SCM1 故障激励信息。由于 SCM1 和 SCM2 是热备份,当 SCM1 故障时,系统自动切换到 SCM2,所以对 APP1 和 APP2 功能没有影响。

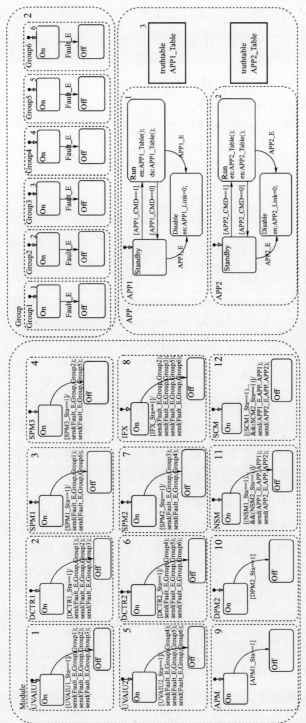

图10-16 加载功能状态运行图

时间点为 5000 时,通过故障注入图形用户界面注入 UVAIU1 故障激励信息。APP1 功能根据事先在真值表中设计好的重构策略,抢占 APP2 的资源链路 4 进行功能重构,而 APP2 功能丧失。

时间点为 6000 时,注入 SPM2 故障激励信息,APP1 功能通过 IFX 模块连接用于备份的 SPM3 实现,即选择链路 5 实现。

时间点为 7000 时,注入 APM 故障,由于 APM 没有备份模块,APP1 功能没有其他模块可以替代 APM,所以 APP1 功能丧失。

具体的仿真结果如图 10 - 17 所示。

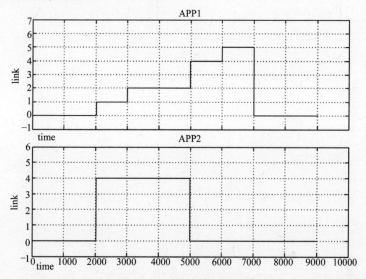

图 10 - 17　重构策略仿真结果

由仿真结果可以看出,重构模型能够根据事先设计好的重构策略完成重构。

10.3.5　系统重构决策蓝图自动代码生成

根据系统的重构蓝图,对系统进行重构决策模型建模并仿真分析正确后,可以利用 Stateflow 提供的自动代码生成工具自动生成重构决策代码,该代码可以作为独立软件嵌入到应用系统中。当应用系统模型或重构策略蓝图发生改变时,可以方便地对系统重构决策模型进行修改、重新仿真测试、重新自动生成新的代码。

上述系统生成的重构决策代码文件有 4 个,即

(1) c1 _ rebuildModel. c。

(2) c1 _ rebuildModel. h。

(3) rebuildModel _ mytarget. c。

（4）rebuildModel _ mytarget. h。

其中，状态图内部算法代码包含在 c1 _ rebuildModel. c 文件中，它的主要函数如表10 -9所列。

表 10 - 9　主要函数

函 数 名	对应模型中的对象
void c1 _ rebuildModel(void)	模块状态转移图和链路状态转移图
static void APP1(void)	APP1 功能状态转移图
static void APP2(void)	APP2 功能状态转移图
static void APP1 _ Table(void)	APP1 功能真值表
static void APP2 _ Table(void)	APP2 功能真值表

其中，由 APP2 功能状态转移图生成的部分代码如下：

```
static void APP2(void)
{
  if(chartInstance.is _ active _ APP2 ! = 0){
    switch(chartInstance.is _ APP2){
    case IN _ Run:
      if(_ sfEvent _ rebuildModel _ = = event _ APP2 _ E){
        chartInstance.is _ APP2 = (uint8 _ T)IN _ Disable;
APP2 _ Link = 0;
      } else if(APP2 _ CMD = = 0){
        chartInstance.is _ APP2 = (uint8 _ T)IN _ Standby;
} else {
APP2 _ Table();
      }
      break;
    case IN _ Standby:
      if(_ sfEvent _ rebuildModel _ = = event _ APP2 _ E){
        chartInstance.is _ APP2 = (uint8 _ T)IN _ Disable;
APP2 _ Link = 0;
      } else if(APP2 _ CMD = = 1){
        chartInstance.is _ APP2 = (uint8 _ T)IN _ Run;
APP2 _ Table();
      }
      break;
    }
```

```
        }

    }
```

　　由 APP2 功能真值表生成的部分代码如下所示：

```
static void APP2 _ Table(void)

{

    boolean _ T aVarTruthTableCondition _ 1;

    boolean _ T aVarTruthTableCondition _ 3;

    uint8 _ T b _ previousEvent;

    /*  Condition 1：Group4 Normal  */

    aVarTruthTableCondition _ 1 = ((chartInstance.is _ Group4 = = IN _
On) && (APP1 _ Link

        ! = 4));

    /*  Condition 2：Group5 Normal  */

    /*  Condition 3：DPM2 Normal  */

    aVarTruthTableCondition _ 3 = (chartInstance.is _ DPM2 = = IN _ On);

    if(aVarTruthTableCondition _ 1 && aVarTruthTableCondition _ 3) {

        /*  D1  */

        /*  Action 1：use Group4  */

        APP2 _ Link = 4;

    } else if ((! aVarTruthTableCondition _ 1) && ((chartInstance.is _
Group5 = = IN _ On)

    && (APP1 _ Link ! = 5)) && aVarTruthTableCondition _ 3) {

        /*  D2  */

        /*  Action 2：use Group5  */

        APP2 _ Link = 5;

    } else {

        /*  Default  */

        /*  Action 3：failed  */

        b _ previousEvent = _ sfEvent _ rebuildModel _;

        _ sfEvent _ rebuildModel _ = event _ APP2 _ E;

        APP2();

        _ sfEvent _ rebuildModel _ = b _ previousEvent;

    }

}
```

　　本章介绍了一种采用 Stateflow 工具设计系统重构决策的方法。该方法首先由系统工程师定义系统重构决策蓝图,之后根据系统体系结构及重构决策蓝图,采用分层的方法设计系统重构决策模型。接着对模型进行仿真测试,最终可自动生成系统重构决策代码。

对复杂的模块化综合集成系统重构决策蓝图进行抽象建模,并对模型进行仿真测试,最终自动生成重构决策代码,将为模块化综合集成系统设计带来以下好处:

(1)通过对系统重构决策进行抽象建模及仿真,采用分层建模设计方法,使复杂的系统重构决策任务"简而化之",从而易于任务实现。

(2)通过对系统重构决策进行抽象建模及仿真,可以使这部分工作独立出来,与其他工作(如硬件设计、加工等)并行开展,提前发现并解决问题,有助于减轻后期系统集成风险及压力。

(3)当系统体系结构或重构决策策略发生变化时,可以方便地修改模型并对修改后的模型进行仿真测试,快速地适应这种顶层需求变化。

(4)通过对模型仿真测试及自动代码生成,将提高测试的覆盖率,提高代码的质量,使工程师摆脱了繁琐的代码编写及调试工作。

参 考 文 献

[1] Mathworks Inc. Stateflow and Stateflow Coder™ 7 API.

[2] Mathworks Inc. Stateflow and Stateflow Coder™ 7 User's Guide.

[3] Mathworks Inc. Stateflow Getting Started Guide.

[4] 张威. Stateflow 逻辑系统建模. 西安:西安电子科技大学出版社,2007.

[5] 吕学志,于永利,刘长江. 基于Stateflow的复杂可修系统的建模与仿真方法. 指挥控制与仿真,2009,31 (6):15 – 20.

[6] 刘毅,臧红伟,谢克嘉. 基于实时分布式计算机系统的容错技术研究. 西北大学学报,2006,36 (1):41 – 45.

[7] 张凤鸣,楮文奎,樊晓光,等. 综合模块化航空电子体系结构研究. 电光与控制,2009,16(9):47 – 51.

附录 1　ASSAC 接口函数

ASSAC 定义了 APOS、MOS 两大类用户接口函数。

（一）APOS 用户接口函数

（1）线程管理。

Sleep( )：	睡眠一段时间；
sleepUntil( )：	睡眠直到一个绝对的本地时间；
getMyThreadId( )：	获取当前线程标志号；
startThread( )：	允许当前线程启动当前进程内的另一个线程；
suspendSelf( )：	挂起当前线程；
stopThread( )：	中断同一进程内的另一线程；
terminateSelf( )：	中断当前线程；
lockThreadPreemption( )：	禁止当前线程的调度；
unlockThreadPreemption( )：	允许当前线程的调度；
getThreadStatus( )：	获取当前线程的状态。

（2）时间管理。

getAbsoluteLocalTime( )：	获取本地绝对时间；
getAbsoluteGlobalTime( )：	获取全局的绝对时间；
getRelativeLocalTime( )：	获取本地的相对时间。

（3）同步管理。

createSemaphore( )：	创建一个同步信号量；
deleteSemaphore( )：	删除一个同步信号量；
waitForSemaphore( )：	等待一个同步信号量；
postSemaphore( )：	发送一个同步信号量；
getSemaphoreStatus( )：	获取一个同步信号量状态；
getSemaphoreId( )：	获取一个同步信号量标志号；
createEvent( )：	创建一个事件；
deleteEvent( )：	删除一个事件；
setEvent( )：	设置一个事件；

resetEvent( )：	复位一个事件；
waitForEvent( )：	等待一个事件；
getEventStatus( )：	获取一个事件的状态；
getEventId( )：	获取一个事件的标志号。

（4）故障处理。

logMessage( )：	写一个日志信息到日志记录模块；
raiseApplicationError( )：	向应用发送一个检测到 OSL 层故障的信号；
getErrorInformation( )：	获取健康监测的回调函数信息；
terminateErrorHandler( )：	终止故障处理线程的执行。

（5）调试。

| getDebugErrorInformation( )： | 为调试目的,获取最近的故障信息。 |

（6）通信。

sendMessageNonblocking( )：	通过 VC 以非阻断方式发送一条消息；
receiveMessageNonblocking( )：	通过 VC 以非阻断方式接收一条消息；
sendMessage( )：	通过 VC 发送一条消息；
receiveMessage( )：	通过 VC 等待接收一条消息；
lockBuffer( )：	等待直到有空闲的缓存或等待超时；
sendBuffer( )：	以无复制的方式通过 VC 发送一个锁定的缓存；
receiveBuffer( )：	等待直到接收到一个新的缓存或等待超时；
unlockBuffer( )：	释放一个缓存；
waitOnMultiChannel( )：	等待几个 VC 的消息到达。

（7）文件处理。

createDirectory( )：	创建一个目录；
deleteDirectory( )：	删除一个目录；
createFile( )：	创建一个文件；
deleteFile( )：	删除一个文件；
openFile( )：	打开一个文件；
closeFile( )：	关闭一个文件；
lockFile( )：	锁定一个文件；
unlockFile( )：	解锁一个文件；
getFileAttributes( )：	获取文件的属性；
seekFile( )：	查找文件；

282

readFile ( )：	读文件；
writeFile ( )：	写文件；
getFileBuffer ( )：	获取读写文件缓存；
releaseFileBuffer ( )：	释放文件缓存。

（8）电源转换。

setPowerSwitch ( )：	开关一个电源开关；
resetPowerSwitches ( )：	关闭所有电源开关；
getPowerSwitchStatus ( )：	返回电源开关状态。

（二）MOS 用户接口函数

（1）定时器类。

getAbsoluteLocalTime ( )：	获取本地绝对时间；
getRelativeLocalTime ( )：	获取本地相对时间；
getAbsoluteGlobalTime ( )：	获取全局绝对时间；
configureClock ( )：	配置模块时钟的工作模式
attachFederatedClock ( )：	为模块配置一个关联时钟
setupTimer ( )：	设置一个定时器；
startTimer ( )：	启动一个定时器；
stopTimer ( )：	停止一个定时器；
readTimer ( )：	读定时器时间。

（2）外设管理类。

readLogDevice ( )：	从日志外设读取信息；
writeLogDevice ( )：	向日志外设写信息；
erasePhysicalMemory ( )：	删除 CFM 物理内存的信息。

（3）回调服务类。

registerCallback ( )：	注册由事件引起的回调函数；
enableCallback ( )：	允许回调使用；
disableCallback ( )：	禁止回调使用；
deleteCallback ( )：	删除一个回调函数；
callbackHandler ( )：	回调函数处理模板。

（4）BIT 类。

getPbitResult ( )：	获取上电自检结果；
getCbitResult ( )：	获取连续自检结果；
startIbit ( )：	启动自检开始；

getIbitResult( )：　　　　　　　　获取启动自检结果；

startCbit( )：　　　　　　　　　　连续自检开始。

（5）CFM 资源类。

getCfmInfo( )：　　　　　　　　　获取 CFM 信息；

getCfmStatus( )：　　　　　　　　获取 CFM 状态；

getMyPeId( )：　　　　　　　　　获取当前正在运行的处理器标志号；

getPeInfo( )：　　　　　　　　　　获取当前正在运行的处理器信息。

（6）通信服务类。

configureInterface( )：　　　　　　配置本地通信接口；

configureTransfer( )：　　　　　　配置本地资源以处理 TC 层信息收发；

sendTransfer( )：　　　　　　　　在指定的 TC 上发送一个数据块；

receiveTransfer( )：　　　　　　　在指定的 TC 上接收一个数据块；

destroyTransfer( )：　　　　　　　释放先前分配的处理 TC 层信息收发的资源；

getNetworkPortStatus( )：　　　　获取网络端口状态信息；

receiveNetwork( )：　　　　　　　在网络的任何 TC 上接收数据。

（7）特殊服务类。

（7.1）针对 PCM 模块。

setPowerSwitch( )：　　　　　　　开关一个电源开关；

resetPowerSwitches( )：　　　　　复位电源开关，并关闭所有电源；

getPowerSwitchStatus( )：　　　　获取电源开关状态。

（7.2）针对 MMM 模块。

SetTxData( )：　　　　　　　　　允许数据复制到 MMM 模块以便存储；

SetRxData( )：　　　　　　　　　允许数据从 MMM 模块读取；

StartTransfer( )：　　　　　　　　启动 MMM 模块数据读写。

（7.3）针对 SPM 模块。

configureFragmentedTransfer( )：　配置分段传输；

sendFragmentedTransfer( )：　　　在指定的 TC 上发送一个数据块；

receiveFragmentedTransfer( )：　　在指定的 TC 上接收一个数据块。

附录2 名词术语

缩略语	英文全称	中文名
AIMS	Aircraft Information Management System	飞机信息管理系统
AM	Application Manager	应用管理
AIU	Antenna Interface Unit	天线接口单元
API	Application Program Interface	应用编程接口单元
APM	Audio Process Module	音频处理模块
APOS	Application to Operating System Interface	应用运行系统接口
ARINC	Aeronautical Radio Incorporation	航空无线电公司
ASAAC	Allied Standard Avionics Architectures Council	航空标准化体系结构联合组织
BIT	Built – in Test	自检
BSP	Board Support Package	板级支持包
CCM	Corba Component Model	Corba 构件模型
CIP	Core Integrated Processor	集成核心处理机
CF	Core Framework	核心框架
CFM	Common Function Module	通用功能模块
CNI	Communication Navigation Identification	通信导航识别
CORBA	Common Object Request Broker Architecture	通用对象请求代理
COTS	Commercial Off – The – shelf	商用货价产品
CRC	Cyclic redundancy Check	循环冗余效验
CSCI	Computer Soft Configure Item	计算机软件配置项
DIME	Distributed Integrated Module Electronics	分布式模块化综合电子系统
DCD	Device Configuration Descriptor	设备配置描述文件
DCTR	Director Convert Transceiver	直接转换接收机
DPD	Device Package Descriptor	设备包描述文件
DPM	Data Processing Module	数据处理模块
DX	Data Exchange	数据交换
EW	Electronic War	电子战
FC	Fiber Channel	光纤通道

缩略语	英 文 全 称	中 文 名
FPL	Fabric Primary Library	Fabric 基础函数库
GIOP	General Inter – ORB Protocol	通用 ORB 交互协议
GME	Generic Modeling Environment	通用建模环境
GPM	Graphic Processing Module	图形处理模块
GSM	General System Manager	通用系统管理
IA	Integration Area	集成区域
ICNIA	Integrated Communication Navigation Identification Avionics	综合化通信导航识别系统
IDL	Interface Description Language	接口描述语言
IFX	Inter – frequency Exchange Module	中频交换模块
IIOP	Internet Inter – ORB Protocol	Internet ORB 协议
IMA	Integrated Modular Avionic	模块化综合集成航空电子系统
IME	Integrated Modular Electronics	模块化集成综合电子系统
IPC	Intra – process communication	进程间通信
JAST	Joint Advanced Strike Technology	联合先进攻击技术
JIAWG	Joint Integrated Avionics Working Group	联合集成航空工作组
JSF	Joint Strike Flight	联合攻击飞机
LRM	Line Replaced Module	现场可替换模块
LRU	Line Replaced Unit	现场可替换单元
LVDS	Low Voltage Difference Signal	低压差分信号
MDA	Model Drive Architecture	模型驱动结构
MOS	Module Support to Operating System Interface	模块支持层与运行系统层接口
MMM	Mass Memory Module	大容量存储模块
MSU	Module Support Unit	模块支持单元
NIU	Network Interface Unit	网络接口单元
NSM	Network Support Module	网络支持模块
OMA	Object Management Architecture	对象管理结构
OMG	Object Management Group	对象管理工作组
ORB	Object Request Broker	对象请求代理
PCI	Peripheral Component Interconnect	外设部件互连
PCM	Power Conversion Module	电源转换模块
PRF	Properties Descriptor File	属性描述文件

缩略语	英 文 全 称	中 文 名
PSU	Power Supply Unit	电源支持单元
PU	Processing Unit	功能处理单元
RCM	RapidIO Communication Middleware	RapidIO 通信中间件
RIO	Rapid IO	RapidIO
RTOS	Real – time Operation System	实时操作系统
RU	Routing Unit	路由单元
SAD	Software Assembly Descriptor	软件装配描述文件
SPD	Software Package Descriptor	软件包描述文件
SCD	Software Component Descriptor	软件构件描述文件
SCA	Software Communication Architecture	软件通信体系结构
SCSI	Small Computer System Interface	小型计算机系统接口
SDR	Software Defined Radio	软件无线电
SMOS	System Manager to Operating System Interface	系统管理到运行层接口
SPM	Signal Processing Module	信号处理模块
SCM	System Control Module	系统控制模块
SMBP	System Manager to Blueprints Interface	系统管理与蓝图接口
XML	Extensible Marku PLanguage	可扩展标记语言